同期线损管理系统应用指南

Synchronous Line Loss
Management System Application Guide

冯凯　主编

中国电力出版社
CHINA ELECTRIC POWER PRESS

内 容 提 要

线损贯穿于电力生产、传输、分配、使用的各个环节，为了进一步提高线损管理水平，国家电网有限公司组织编写了本书。

本书本着“有效实用”的指导方针，将近年来线损管理理念，线损规定和标准、工作要求及管理经验等知识和内容编制到本书中，覆盖线损管理各个层面、各个专业。

本书分为基础篇、系统篇、应用篇、展望篇四篇，共11章，按照统一领导、分级管理的线损管理模式，全面阐述了线损基本理论知识、同期线损管理系统基本知识、同期线损管理系统应用技巧及线损大数据展望等内容。

本书可供同期线损管理各个环节和各管理层次人员日常工作、学习、培训使用，主要适用于线损管理负责人和高级管理人员等，以及相关专业及管理人员，给线损管理工作人员在工作中带来新的启发和认知。

图书在版编目（CIP）数据

同期线损管理系统应用指南 / 冯凯主编. —北京：中国电力出版社，2019.4
ISBN 978-7-5198-0446-6

Ⅰ. ①同…　Ⅱ. ①冯…　Ⅲ. ①线损计算–指南　Ⅳ.①TM744-62

中国版本图书馆CIP数据核字（2019）第034247号

出版发行：中国电力出版社
地　　址：北京市东城区北京站西街19号（邮政编码100005）
网　　址：http://www.cepp.sgcc.com.cn
责任编辑：刘　炽（010-63412395）　柳　璐
责任校对：黄　蓓　朱丽芳
装帧设计：张俊霞
责任印制：杨晓东

印　　刷：北京博海升彩色印刷有限公司
版　　次：2019年4月第一版
印　　次：2019年4月北京第一次印刷
开　　本：787毫米×1092毫米　16开本
印　　张：16
字　　数：345千字
印　　数：0001—2000册
定　　价：88.00元

编 委 会

编 写 组

组　长 辛　永

副组长 王佩光　陆　鑫

成　员（按姓氏首字母排序，排名不分先后）

鲍　锋　陈岸青　陈建华　陈　婧　陈　泉

董　烨　范成锋　方建亮　郭　雷　韩祝明

贺星棋　胡剑地　霍成军　李　榛　廖华东

林晓康　刘　烨　倪少峰　彭自强　宋　楠

宋文志　薛迎卫　杨　里　姚欣愚　张建永

郑建宁　赵滨滨　周　雪

前言 Preface

线损管理与电网企业经营效益息息相关，线损率作为一项综合性指标，从主网技术线损到低压管理线损，从电网规划到农网改造，从关口管理到线损“四分”管理，涉及点多、涉及面广，线损全过程管理贯穿国家电网有限公司各级网损和各大营业区块的各个业务环节。

“十二五”以来，国家电网有限公司用电增长形势放缓，电力体制改革深入推进，内外部环境发生了深刻变化，国家电网有限公司生产经营压力增大，对线损管理的精益化提出了更高要求。各省公司更是加强了对线损率的管控和考核制度，要求强化业务协同和过程管控，逐步实现“四分”线损管理，推进实现线损管理智能化和精益化。

线损率是衡量电网技术经济性的重要指标，它综合反映了电网规划设计、生产运行和经营管理的技术经济水平。当前，受输配电价核定、线损纳入全国统一市场的影响，社会各界对线损率的关注度持续提升，特别是经济新常态下，电量增长放缓，对做好线损管理工作以及节能挖潜提出了更高的要求。

受传统抄表手段限制，长期以来，供售电量发行不同步，统计不同期，导致月度线损率剧烈波动，呈现“大月大、小月小”的波动趋势，严重失真，掩盖了线损管理中存在的问题。2015 年以来，国家电网有限公司大力推进一体化电量与线损管理系统（简称同期线损管理系统）建设，全面推行供电量、同期售电量月末自动采集，实现“四分”线损率自动计算、实时监测和统计分析，实现线损管理智能化和精益化，开创了线损管理工作新时代。

同期线损管理系统实现了数据的跨专业跨系统集成，覆盖规划、生产、营销、运行四大专业的应用，克服了各专业系统部署模式、标准、进度不一样等问题，完成与 3 大专业、6 大系统、4 大平台的统一集成，按照“源头集成、自动计算、零输入”模式设计，打破信息壁垒，实现信息融合。打造了贯穿发输配售全过程的数据链条，建成了覆盖国家电网有限公司电网全电压等级、国家电网有限公司管理各层级、国家电网有限公司生产及各专业的企业级可视化大数据应用，客观真实反映电网经济运行水平。

依托同期线损管理系统可全面、实时掌握设备运行状态、电网运行效率等情况，分析电网运行薄弱环节，科学评估电网投入产出效益，提高电网规划计划的准确性和科学性，促进精准投资，有力支撑电网经济运行。

本书全面总结同期线损管理系统应用实践经验，着重从线损管理基础、同期线损管理系统关键技术、同期线损管理系统应用实践等方面入手，以技术结合案例的形式，为读者全方位、多视角展现同期线损管理系统应用给线损管理工作带来的发展创新和变革。基础篇介绍了线损及线损管理概念，线损管理发展现状及趋势，以及电网线损的相关概念。系统篇对系统建设背景及意义、系统架构设计、系统关键技术、系统特性与创新点、线损实施情况做了简介，并对系统功能进行了介绍。应用篇对四分模型、系统集成、电量接入、线损计算、异常数据分析与治理、应用管理提升等领域 70 多个典型应用，从场景描述、问题分析、解决措施、应用成效等角度进行细致分析，对于指导同期线损管理系统应用的深入开展、持续提升线损管理水平，具有借鉴价值。展望篇对同期线损管理系统大数据挖掘及系统功能更深层次的开发应用进行了展望。

同期线损管理系统为数据挖掘提供了丰富的数据基础，其更深层次应用仍等待我们去探索。未来，希望同期线损管理系统通过对线损计算结果开展聚类分析，得到高损线路和台区，并以此着手，深入分析问题、督促基层整改、跟踪整改情况、提炼典型经验。通过以点带面、由浅入深实现“以用促建，建管并行”，全面推进同期线损深化应用。基于大数据聚类分析进行分时防窃电技术挖掘，能够有效察觉并定位到窃电用户，提高稽查人员反窃电的工作效率，为国家电网有限公司降损增效做出贡献。配电网线损管理一直是线损管理的重点和难点，涉及工作部门多、管理难度大、复杂性突出。采用大数据处理技术对四分线损计算结果进行分析，可快速定位配网各异常设备。为进一步挖掘线损大数据价值，考虑到线损异常过程分析困难，线损治理时效性尚有较大提升空间，采用基于动态监测的线损移动管理应用可作为解决方案。

最后，衷心感谢所有对于本书编写提供支持和帮助的专家，以及参与编著的各位同志。希望本书能够帮助读者深入了解、领会同期线损管理系统的应用，同时帮助大家在日后的实际工作中继续不断挖掘同期线损大数据价值，提炼典型经验，能够为电力行业工作者，特别是从事线损相关工作的管理人员和技术人员带来帮助和启发。

编者

前言

第一部分 基础篇

第二部分 系统篇

第三部分　应　用　篇

第四部分　展　望　篇

第一部分

基础篇

第 1 章

线损管理发展现状及趋势

1.1 线损及线损管理概念

1.1.1 线损和线损管理

线损是电能从发电厂传输到用户过程中，在输电、变电、配电和用电各环节中所产生的电能损耗，主要由技术线损与管理线损两部分构成。线损率是在一定时期内电能损耗占供电量的比率，是衡量电网技术经济性的重要指标，它综合反映了电力系统规划设计、生产运行和经营管理的技术经济水平。

线损管理是指为确定和达到电网降损节能目标，所开展的各项管理活动的总称。线损管理作为电网经营企业一项重要的经营管理内容，应以“技术线损最优，管理线损最小”为宗旨，以深化线损“四分”（分区、分压、分元件、分台区）管理为重点，实现从结果管理向过程管理的转变，切实规范管理流程，提高线损管理水平。

线损包括技术线损和管理线损，技术线损是指经由输变配售设备所产生的损耗；管理线损是指在输变配售过程中由于计量误差、抄表失误、客户窃电及其他管理不善造成的电能损失。

1.1.2 线损“四分”管理

“四分”管理是指对所辖电网线损采取包括分区、分压、分元件和分台区等综合管理方式。

分区管理：对所管辖电网按供电范围划分为若干区域进行统计、分析及考核的管理方式。

分压管理：对所管辖电网按不同电压等级进行统计、分析及考核的管理方式。

分元件管理：对所管辖电网各电压等级线路、变压器、补偿元件等电能损耗进行分别统计、分析及考核的管理方式。

分台区管理：对所管辖电网各个公用配电变压器的供电区域损耗进行统计、分析及考核的管理方式。

1.1.3 网损、地区线损

网损是指由各级调度部门管理的送、变电设备产生的电能损耗，分为跨国、跨区、跨省、省网网损四部分。跨国、跨区、跨省网损是指跨国跨区跨省联络线以及“点对网”跨国跨区跨省送电线路的电能损耗。省网网损是指省调管理的输变电设施的电能损耗（目前主要为220kV及以上电能损耗）。

地区线损一般是指地级市（州）供电公司所管辖范围内的电网电能损耗。

各级网损与其所属的下级各单位线损构成分区线损，其校验逻辑为：

分区线损电量＝区域网损损失电量＋所属各单位综合线损电量

1.1.4 线损率计算方法

1. 线损率的计算方法

线损率＝线损电量/供电量×100%＝［（供电量－售电量）/供电量］×100%

其中：供电量＝电厂上网电量＋电网输入电量－电网输出电量

售电量＝销售给终端用户的电量

售电量包括销售给本省用户（含趸售用户）和不经过邻省电网而直接销售给邻省终端用户的电量。

2. 有损线损率的计算方法

有损线损率＝线损电量/（供电量－无损电量）×100%

＝［（供电量－售电量）/（供电量－无损电量）］×100%

其中，供、售电量定义与线损率计算方法相同。

无损电量是一个相对概念，是指在某一电压等级下或某一供电区域内没有产生线损的供（售）电量。

3. 各级线损率的计算方法

（1）跨国跨区跨省网损率＝跨国跨区跨省联络线和“点对网”送电线路（输入电量－输出电量）/输入电量×100%

（2）省网网损率＝（省网输入电量－省网输出电量）/省网输入量×100%

省网输入电量＝电厂220kV及以上输入电量＋220kV及以上省间联络线输入电量＋地区电网向省网输入电量

省网输出电量＝省网向地区电网输出电量＋220kV及以上用户售电量＋220kV及以上省间联络线输出电量

（3）地区线损率＝（地区供电量－地区售电量）/地区供电量×100%

地区供电量＝本地区电厂220kV以下上网电量＋省网输入电量－向省网输出电量

地区售电量＝本地区用户抄见电量

（4）分压线损率＝（该电压等级输入电量－该电压等级输出电量）/该电压等级输入电量×100%

该电压等级输入电量＝接入本电压等级的发电厂上网电量＋本电压等级外网输入电量＋上级电网主变压器本电压等级侧的输入电量＋下级电网向本电压等级主变压器输入电量（主变压器中、低压侧输入电量合计）

该电压等级输出电量＝本电压等级售电量＋本电压等级向外网输出电量＋本电压等级主变压器向下级电网输出电量（主变压器中、低压侧输出电量合计）＋上级电网主变压器本电压等级侧的输出电量

（5）分元件线损率＝元件（输入电量－输出电量）/元件输入电量×100%

变压器输入电量是变压器各侧流入变压器的电量之和，变压器输出电量是变压器各侧流出变压器的电量之和。

（6）分台区线损率＝（台区总表电量－用户售电量）/台区总表电量×100%

两台及以上变压器低压侧并联，或低压联络开关并联运行的，可将所有并联运行变压器视为一个台区单元统计线损率。

1.1.5 辅助指标

1. 母线电能不平衡率

变电站母线输入与输出电量之差称为不平衡电量，不平衡电量与输入电量的比值为母线电能不平衡率，该指标反映了母线电能平衡情况。

母线电能不平衡率＝（输入电量－输出电量）/输入电量×100%

2. 月末抄表电量比重

月末25日及以后抄表电量比重是指25日零时至本月最后一天24时累计抄表电量之和占全月抄表电量的比例。

3. 月度等效抄表时间

$$月度等效抄表时间 = \sum e \times i/E$$

式中：e为每日抄表发行电量；i为日历天数；E为每月售电量。

4. 变电站站用电量

变电站站用电量是指变电站内部各用电设备所消耗的电能。主要是指维持变电站正常生产运行所需的电力电量，具体包括：主变压器冷却系统用电，蓄电池用电，保护、通信、自动装置等二次设备用电，监控系统及其附属设备用电，深井泵和消防水泵用电，生产区照明及冷却、通风等动力用电，断路器、隔离开关操作机构用电、设备检修用电等。

5. 办公用电

办公用电是指供电企业在生产经营过程中，为完成输电、变电、配电、售电等生产经

营行为而必须发生的电能消耗，电能所有权并未发生转移，包括供电企业所属机关办公楼、调度大楼、供电（营业）所、检修公司、信息机房、集控站等办公用电，不包括供电企业租赁场所用电（非供电单位申请用电的）、供电企业出租场所用电、多经企业用电和集体企业用电、基建技改工程施工用电。

6. 分线、分台区管理比例

是指以线路或台区为单元开展线损管理的情况。分线管理比例按照电压等级进行分别统计。

某一电压等级分线管理比例＝该电压等级进行线损管理的线路条数/该电压等级线路总条数×100%

分台区管理比例＝按台区进行线损率统计分析管理的个数/台区总数×100%

7. 配电变压器三相负荷不平衡率

反映某配电变压器所带三相负荷的均衡度情况，通常采用三相电流进行衡量，三相电流不平衡率不应超过 15%。为了便于月度统计，采用三相电量进行衡量，其不平衡率也不应超过 15%。

$$\beta = \frac{E_{\max} - E_{\min}}{E_{\max}} \times 100\%$$

式中：β为三相电量不平衡率，%；$E_{\max}$为三相电量中最大值，MWh；$E_{\min}$为三相电量中最小值，MWh。

1.1.6 关口电能计量点分类

发电上网关口：发电公司（厂、站）与国家电网公司系统电网经营企业或其所属供电企业之间的电量交换点。

跨国输电关口：国家电网公司系统与其他国家或地区电网经营企业之间的电量交换点。

跨区输电关口：国家电网公司与南方电网公司之间、国家电网公司与其所属区域公司之间、国家电网公司所属区域公司之间的电量交换点，包括用于计算线损分摊比例的电量计量点。

跨省输电关口：国家电网公司所属各网省公司之间的电量交换点。

省级供电关口：国家电网公司所属省级电力公司与其所属地（市）供电企业之间以及各地（市）供电企业之间的电量交换点。

地市供电关口：地（市）供电企业与其所属县级供电企业之间以及各县级供电企业之间电量交换点。

趸售供电关口：省级电力公司及所属地（市）供电企业的趸售电量计量点。

内部考核关口：供电企业内部用于经济技术指标分析、考核的电量计量点。关口电能计量点安装的电能计量装置统称为关口电能计量装置，包括电能表、计量用电压、电流互感器及其二次回路、电能计量屏（柜、箱）等。

1.2 四 分 线 损

四分线损模型分为分区线损模型、分压线损模型、分元件线损模型、分台区线损模型。以深化线损四分管理（线损四分指：分区、分压、分元件、分台区线损）为重点，达到降损增效的目的。通过线损四分管理工作的开展不仅可以有效促进线损率指标的明显下降，同时也可以切实提高线损管理精细化水平。

1.2.1 分区线损计算

分区管理的区域，一是指按照行政区划分为省、地市、县级等电网，二是指变电站围墙内各种电气设备组成的区域。

区域模型计算根据区域关口信息建立一定区域内的线损计算模型，区域模型依据区域层级和关口分为省、地市、县三类计算模型。

分区线损模型如图 1－1 所示。

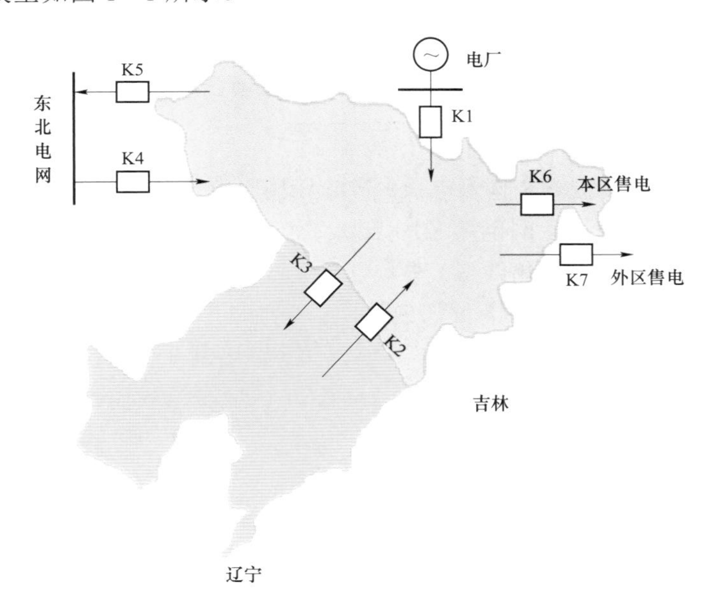

图 1－1　分区线损模型

基于分区线损模型，计算分区线损率，公式如下：

分区（综合）线损率＝［区域供电量（供电量）－区域售电量（售电量）］/供电量×100%

供电量＝区域管辖电厂上网电量 K1＋（同级区域之间联络线输入电量 K2－同级区域之间联络线输出电量 K3）＋（上级管理区域送入电量 K4－向上级管理区域送出电量 K5）

售电量＝本区域售电量 K6＋售外区域电量 K7

1.2.2 分压线损计算

分压线损模型是指依据电网的电压等级，对一定区域内同一电压级别电路线损建立线损模型，并完成模型线损计算功能。电网的电压等级包含 1000、750、500（330）、220、110、35、10（20/6）、0.4kV。

以 220kV 为例，分压线损模型如图 1－2 所示。

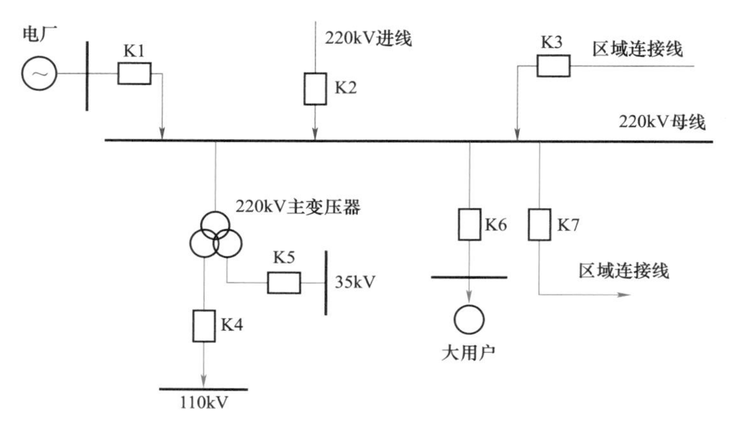

图 1－2 分压线损模型

基于分压线损模型，分压线损计算公式如下：

分压线损线损率＝（220kV 输入电量－220kV 输出电量）/220kV 输入电量×100%

220kV 输入电量＝电厂上网电量 K1＋220kV K2 进线电量（500kV 送 220kV）＋220kV 区域联络线 K3 输入电量＋由 110kV K4 反送电量＋由 35kV K5 反送电量

220kV 输出电量＝K4 输出到 110kV 电量＋ K5 输出到 35kV 电量＋由 K2 反送 500kV 电量＋直售大用户电量 K6＋区域联络线输出电量 K7

1.2.3 分元件线损计算

分元件线损模型是指一套计算站及站内各元器件、办公用电的处理模型，并依据模型计算各部分设备的电量损耗情况等。

以 500kV 输电线路（变压器损失和母线平衡参照线路计算关系）为例，分元件模型如图 1－3 所示。

图 1－3 500kV 输电线路线损模型

基于 500kV 输电线路模型，列出计算公式如下：

线损电量＝A 开关正向＋B 开关正向－A 开关反向－B 开关反向

线损率＝线损电量/（A 开关正向＋B 开关正向）×100%

直接为用户服务的配电线路结构复杂、数量较多，分析配电线路模型有着重要意义，10kV 配电线路模型如图 1－4 所示。

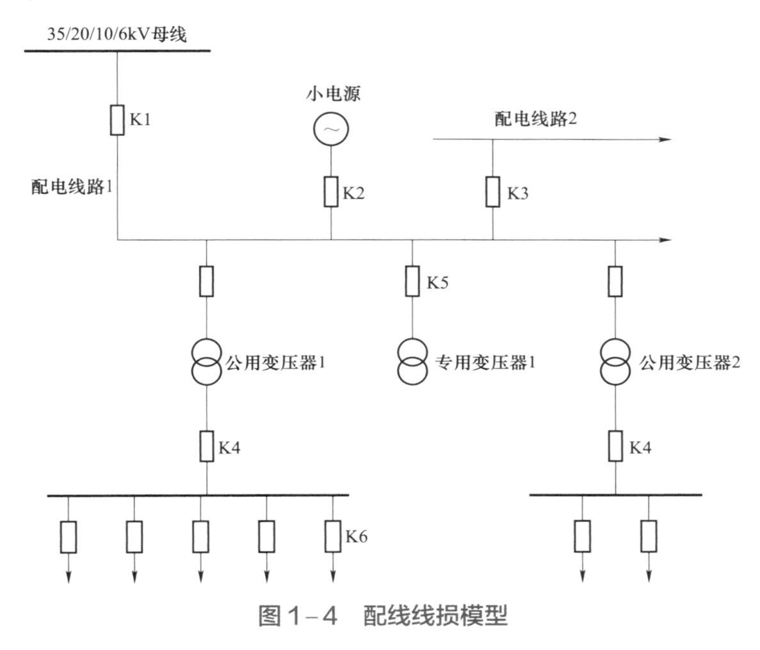

图 1－4　配线线损模型

$$\text{配线单层线损L1}=\frac{\text{配线输入电最P1}-\text{配线输出电量P11}}{\text{配线输入电量P1}}\times 100\%$$

输入电量 P1＝（K1 配线出线关口正向电量＋K2 分布电源正向电量＋K3 互供正向电量）－（K1 配线出线关口反向电量＋K2 分布电源反向电量＋K3 互供反向电量）

输出电量 P11＝K4 台区总表＋K5 专用变压器计量点

配线综合线损L2=（配线供电量P2－配线售电量P22）/配线供电量P2×100%

输入电量 P2＝（K1 配线出线关口正向电量＋K2 分布电源正向电量＋K3 互供正向电量）－（K1 配线出线关口反向电量＋K2 分布电源反向电量＋K3 互供反向电量）

输出电量 P22＝K5 专用变压器计量点＋K6 台区总表

1.2.4　分台区线损计算

分台区线损模型指的是建立与台区关口关系，取得台区对应的台区总表及台区下所属的户变关系，根据台区计算模型进行计算。

分台区模型如图 1－5 所示。

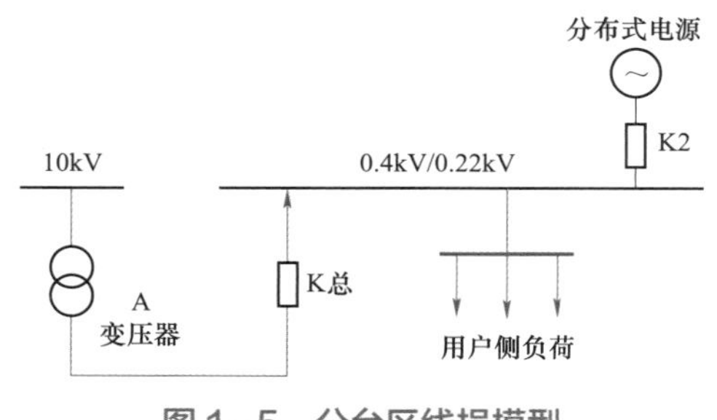

图 1－5　分台区线损模型

基于台区模型，线损计算公式如下：

台区线损率＝（台区输入电量－台区输出电量－台区售电量）/台区输入电量×100%

台区输入电量＝台区总表 K 正向电量＋分布式电源反向电量 K2

台区输出电量＝台区总表 K 反向电量

台区售电量＝Σ台区用户售电

1.3　国内外线损管理发展现状及趋势

随着国家电网有限公司信息化系统的建设，线损管理相关业务支撑系统得到了长足的发展。国家电网有限公司系统各单位已开发运行能量管理系统、变电站电能量自动采集系统，营销管理系统、生产管理系统、电网地理信息系统、负荷控制管理系统等。运行能量管理系统、电网地理信息系统已实现了 35kV 及以上电网设备负荷数据及线路运行状况的实时监控；变电站电能量采集系统基本覆盖了 35kV 及以上变电站及主要电厂关口点；负控系统已基本实现对 100kVA 及以上用户及变压器台区总表的实时管理；低压载波抄表系统基本实现了对低压用户的电量采集；营销管理系统已基本实现上线运行；另外，随着智能电能表的推广、用电信息系统的建设，数据的完整性和同时性较以前有了较大的提高，线损业务管理条件越来越完善。同时各省公司先后开始计量关口改造，建立集抄系统，完成了部分线损综合管理的功能，但多数存在分析功能薄弱的问题，且各单位管理模式存在较大差异性。由于各单位仍处于独立摸索阶段，导致规范不统一，束缚了线损管理模式的进步。

为有效解决线损管理所面临的各项问题，应尽快建立统一的管理模式、技术规范，以实现线损统计分析、同期计算、理论计算、优化分析关口属性定义、设备状态监控、负荷预测、基础数据为核心功能，最终实现精益化、实时化的线损管理与分析目标。

国外在线损数据治理方面主要对数据错误、冗余、无效、缺失等问题具有较为灵活强大能力的算法。在一步步优化算法的同时，国外同时致力于研究标准化数据，修改数据管理标准和规范，大大减少了数据计算量，提高了线损数据治理效率。线损数据正确计算后，通过数据挖掘算法分析线损波动和电量波动的关系，精确定位异常用户，开展线损的针对性治理。由于线损数据量庞大，所以必须采用大数据的挖掘算法。这方面常用的算法有TF－IDF 算法，是一种用于信息检索与数据挖掘的常用加权技术，TF－IDF 是一种统计方法，TF－IDF 加权的各种形式常被搜寻引擎应用，作为文件与用户查询之间相关程度的度量或评级。除了 TF－IDF 以外，因特网上的搜寻引擎还会使用基于连结分析的评级方法，以确定文件在搜寻结果中出现的顺序。该算法能运用到大型数据库中，而且方法简单、准确率高、速度快。

由于线损数据来源广泛，导致数据之间规格不一样，而且在采集的过程中可能会出现数据错误、数据冗余等问题，加大了线损数据治理的难度，需要采用大数据相关的数据治理技术应对数据错误、冗余、无效、缺失等问题，保证数据的完整性和正确性。国内对数据治理相关的方法已经有很多，比如 VFP 法、填补法等，但是针对线损数据治理的方法还有待研究。同样，国内对线损异常分类技术的研究很少，不过数据分类的方法却有一些，比如 Trees 算法。Trees 算法即决策树算法，决策树是对数据进行分类，以此达到预测的目的。决策树方法先根据训练集数据形成决策树，如果该树不能对所有对象给出正确的分类，那么需选择一些例外加入到训练集数据中，重复该过程一直到形成正确的决策集。决策树代表着决策集的树形结构。决策树由决策结点、分支和叶子组成。决策树中最上面的结点为根结点，每个分支是一个新的决策结点，或者是树的叶子，每个决策结点代表一个问题或决策，通常对应于待分类对象的属性，每一个叶子结点代表一种可能的分类结果。沿决策树从上到下遍历的过程中，在每个结点都会遇到一个测试，对每个结点上问题的不同的测试输出导致不同的分支，最后会到达一个叶子结点，这个过程就是利用决策树进行分类的过程，利用若干个变量来判断所属的类别。使用该方法可以更加准确的辨别异常数据，针对线损异常定位时，还应对该方法作出改进，以便应用在线损管理中。

1.4 国网线损管理发展现状及趋势

线损是电能从发电厂传输到终端用户过程中，在输电、变电、配电和用电环节中所产生的电能损耗。线损率是一定时期内损耗电能占供电量的比率，是衡量电网技术经济性的重要指标。它反映了电力系统规划设计、生产运行和经营管理的技术经济水平。线损由技术线损和管理线损两部分组成。技术线损是指电能在传输过程，经由输变电设备传导产生的损失。管理线损是指电能在经营过程中发生的损失。

1.4.1 管理模式

为加强线损管理工作，国家电网有限公司 2014 年发布了《国家电网公司线损管理办法》，该办法适用于国家电网有限公司总（分）部、省级、地市、县级各层级。

线损管理坚持“统一领导、分级管理、分工负责、协同合作”原则，各级单位建立健全由分管领导牵头，发展、运检、营销、调控中心、技术支撑单位等有关部门（单位）组成的线损组织管理体系，加强线损管理的组织协调。各级单位发展部是线损归口管理部门，要明确线损管理岗位，配备专职人员，其他部门应有专职或兼职人员负责线损管理有关工作。线损管理组织体系见表1-1。

表1-1　国家电网有限公司线损管理组织体系

层级	归口管理部门	专业管理部门			技术支撑单位		牵头领导
总部	发展部	营销部	运检部	调控中心	电科院	经研院	分管
省公司	发展部	营销部	运检部	调控中心	电科院	经研院	分管
地市公司	发展部	营销部	运检部	调控中心	经研所		分管
县公司	发建部	营销部	运检部	调控中心			分管

1. 国家电网有限公司总（分）部

国网发展部负责制定国家电网有限公司线损管理办法、考核办法，监督检查各级单位线损管理工作开展情况；组织编制国家电网有限公司降损规划、理论线损计算分析报告；负责国家电网有限公司总（分）部直调电网发电上网、跨国跨区跨省输电以及内部考核关口电能计量点的设置和变更工作。

国网运检部负责组织开展国家电网有限公司10（20/6）kV线损管理、变电站站用电管理；组织开展技术降损工作、负责无功补偿与调压设备管理。

国网营销部组织开展国家电网有限公司0.4kV与专线用户线损管理、办公用电管理；负责组织开展管理降损工作、负责国家电网有限公司营业抄核收管理等工作。

国调中心负责直调网损管理，监督指导下级单位网损管理；负责直调电网经济调度、中枢点电压监测和质量管理，负责组织网损统计与分析所涉及的电网运行基础资料维护。

国家电网有限公司分部负责跨省网损管理、编制跨省网损降损规划和理论线损计算分析报告。

中国电科院、国网经研院为国家电网有限公司线损管理提供技术支撑，开展线损相关专题研究；负责线损管理信息系统运行维护、总（分）部发电上网、跨国跨区跨省输电以及内部考核关口电能计量点台账管理。

总（分）线损管理职责分工见表1-2。

表1-2　总（分）线损管理职责分工

部门/单位	工作界面	降损工作	其他工作
国网发展部	负责国家电网有限公司线损率计划管理	组织编制国家电网有限公司降损规划	负责制定线损管理办法、考核办法
国网运检部	10（20/6）kV线损管理	负责组织开展技术降损工作	负责无功补偿与调压设备管理

续表

部门/单位	工作界面	降损工作	其他工作
国网营销部	0.4kV与专线用户线损管理	负责组织开展管理降损工作	负责国家电网有限公司营业抄核收管理等工作
国调中心	直调电网网损分析与管理	参与本单位降损规划编制	负责电网经济调度管理
国家电网有限公司分部	跨省网损管理	负责跨省网损降损规划编制	开展跨省网损理论计算工作
中国电科院 国网经研院	线损相关专题研究	协助	线损管理信息系统的运行维护

2. 省公司

省公司发展部组织开展线损统计、分析工作，监督检查所属单位线损管理工作开展情况；组织编制本单位降损规划、理论线损计算分析报告；负责本单位发电上网、省级供电、内部考核关口电能计量点的设置和变更工作。

省运检部负责组织开展本单位10（20/6）kV线损管理、变电站站用电管理；组织开展技术降损工作、负责无功补偿与调压设备管理；负责线损管理相关的电网设备基础台账建设与维护。

省营销部组织开展本单位0.4kV与专线用户线损管理、办公用电统计；负责组织开展管理降损工作、负责公司营业抄核收管理等工作；负责线损管理相关的计量与用户基础台账建设与维护。

省调中心负责本单位220kV及以上电网网损管理、电网经济调度、中枢点电压监测和质量管理；组织开展本单位220kV及以上电网理论线损计算工作；负责组织网损统计与分析所涉及的电网运行基础资料维护。

省电力科学研究院、电力经济技术研究院为省公司线损管理提供技术支撑，开展线损相关专题研究；负责线损管理信息系统运行维护；负责发电上网、省级供电关口电能计量点台账管理。

省公司线损管理职责分工见表1－3。

表1－3　　省公司线损管理职责分工

部门/单位	工作界面	降损工作	其他工作	台账管理
省发展部	线损统计、分析工作	降损规划并督导落实	负荷实测和理论线损计算工作	发电上网、省级供电、内部考核关口电能计量点的设置和变更工作
省运检部	10（20/6）kV线损管理	技术降损	无功补偿、调压设备管理	电网设备基础台账建设与维护
省营销部	0.4kV与专线用户线损管理	管理降损	营业抄核收管理等工作	计量与用户基础台账建设与维护
省调中心	220kV及以上电网网损管理	参与	220kV及以上电网经济调度等	电网运行基础资料维护
省电科院、经研院	线损相关专题研究	协助	线损管理信息系统的运行维护	负责发电上网、省级供电关口电能计量点台账管理

3. 地市公司

地市公司发展部开展线损统计、分析工作，监督检查所属部门及单位线损工作开展情况；组织编制并实施本单位降损规划；编制理论线损计算分析报告；负责本单位发电上网、地市供电、内部考核关口电能计量点的设置和变更工作。

地市运检部负责组织开展本单位10（20/6）kV线损管理、变电站站用电管理，承担本单位城（郊）区10（20/6）kV线损计划指标、理论线损计算工作；组织开展技术降损工作、负责无功补偿及电能质量管理；负责线损管理相关的电网设备基础台账建设与维护。

地市营销部组织开展本单位0.4kV与专线用户线损管理、办公用电统计，统计并分析专线用户时差电量对线损影响；承担本单位城（郊）区0.4kV台区线损指标、负荷实测和理论线损计算工作；负责组织开展管理降损工作、负责公司营业抄核收管理等工作；负责线损管理相关的计量与用户基础台账建设与维护。

地市调控中心负责本单位35kV及以上电网网损管理、电网经济调度、中枢点电压监测和质量管理；组织开展本单位35kV及以上电网理论线损计算工作；负责组织网损统计与分析所涉及的电网运行基础资料维护。

电力经济技术研究所为地市公司线损管理提供技术支撑，开展线损相关专题研究；负责线损管理信息系统运行维护。

地市公司线损管理职责分工见表1－4。

表1－4　地市公司线损管理职责分工

部门/单位	工作界面	降损工作	其他工作	台账管理
地市发展部	开展线损统计、分析工作	组织编制并实施降损规划	负荷实测及理论线损计算	发电上网、地市供电、内部考核关口电能计量点的设置和变更工作
地市运检部	10（20/6）kV线损管理；承担城（郊）区10kV线损指标	技术降损	无功补偿设备及电能质量管理	电网设备基础台账建设与维护
地市营销部	0.4kV与专线用户线损管理；承担城（郊）区0.4kV台区线损指标	管理降损	营业抄核收管理等工作	计量与用户基础台账建设与维护
地调中心	35kV及以上网损管理	参与	35kV及以上电网经济调度	电网运行基础资料维护
经研所	线损相关专题研究	协助	协助开展负荷实测及理论线损计算	线损管理信息系统的运行维护

4. 县公司

县公司发建部开展线损统计、分析工作，监督检查所属部门（机构）线损工作开展情况；组织编制并实施本单位降损规划；编制理论线损计算分析报告；负责本单位内部考核关口电能计量点的设置和变更工作，负责审核并批准追退电量。

县运检部负责组织开展本单位10（20/6）kV线损管理、变电站站用电管理，开展指标监控、统计与分析，制定并落实降损措施；开展10（20/6）kV理论线损计算工作。负责技术降损工作、负责无功补偿及电能质量管理；负责线损管理相关的电网设备基础台账建设与维护。

县公司营销部（客户服务中心）组织开展本单位0.4kV与专线用户线损管理、办公用电统计，开展指标监控、统计与分析，制定并落实降损措施。开展本单位0.4kV台区理论线损计算工作；负责组织开展管理降损工作、负责公司营业抄核收管理等工作；负责线损管理相关的计量与用户基础台账建设与维护。

县公司调控中心负责本单位35kV网损管理、中枢点电压监测和质量管理；开展本单位35kV及以上电网理论线损计算工作；负责组织网损统计与分析所涉及的电网运行基础资料维护。

县公司线损管理职责分工见表1－5。

表1－5　县公司线损管理职责分工

部门/单位	工作界面	降损工作	其他工作	台账管理
发建部	开展线损统计、分析工作	组织编制并实施降损规划	负荷实测及理论线损计算工作	负责本单位内部考核关口电能计量点的设置和变更工作
运检部	10(20/6)kV线损管理、线损指标	技术降损	无功补偿设备及电能质量管理	电网设备基础台账建设与维护
营销部（客户服务中心）	0.4kV与专线用户线损管理、线损指标	管理降损	营业区域抄核收管理等工作	计量与用户基础台账建设与维护
县调	35kV网损管理	参与	中枢点电压监测和质量管理	电网运行基础资料维护

目前省市县各级公司均建立了发展部归口、各专业部门协同配合的线损管理体系。以省公司为例，发展部归口管理公司综合线损管理工作；运检部负责公司无功电压管理，协助公司技术线损管理工作；营销部负责公司电能计量管理和管理线损工作；农电工作部协助县及县以下电网线损管理工作；财务资产部负责线损成本预算管理工作；人力资源部负责线损管理奖惩考核工作；审计部负责线损管理审计监督工作；电力调度通信中心负责电网经济运行管理和无功优化工作。同时，电网经济技术研究院协助公司负责电网节能规划设计工作；电力试验研究院协助公司负责电网节能降损技术研究工作。归口管理部门设置线损管理岗位，配备专责人员，其他部门设置专职或兼职人员协助线损管理相关工作。各市（县）供电局（公司）管理职责、机构设置、分工界面基本参照省公司。

1.4.2　管理流程

线损率指标与电量息息相关，一脉相承，目前线损率统计与管理主要依托电量相关报表进行计算。各层级发展部门线损专责汇总相关部门报送的网供电量、小水电、火电售电量数据报表，自动计算线损指标后逐级上报。

1.4.3　电量与线损管理存在问题

受传统抄表手段限制，长期以来，供售电量发行不同步，统计不同期，导致月度线损率剧烈波动，呈现“大月大、小月小”的波动趋势，严重失真。

由于电量统计不同期，造成供、售电量增速偏差较大，线损率异常波动，甚至出现高线损或负线损，尤其对于县级公司，调控手段单一，调控区间狭窄，且受控量较大，缺乏有效的抑制方法。在电量、线损统计分析过程中难以剔除供售不同期影响因素，增加了波动分析的难度，掩盖了导致异常波动的真实因素（如电网结构、负荷结构、运行方式、窃电或人为调整等），无法充分发挥指标监测作用，难以通过线损率敏感性反映人为调整数据等公司经营管理中的各种深层次问题。

（1）线损率异常波动影响因素被掩盖。

供售不同期对线损波动影响最大，且难以剔除，线损率变化趋势难以分析、判断和把握，掩盖了导致线损异常波动的各种影响因素，难以发现公司经营管理中的各种深层次问题。

（2）线损指标失真或人为“调控”结果难以真实反映线损工作中的管理真空地带，无法有效促进部门协作工作。

随着管理模式的转变，发展部统筹线损管理工作，运检部负责技术线损工作，营销部负责管理线损工作，因此，对线损工作在跨部门、跨专业的统筹协调方面提出了更高的要求。但是，由于当前线损统计数据的失真，难以暴露线损管理工作流程中存在的问题，如：中低压线损率管理的真空地带，各相关部门未及时制定针对性的管理措施，使得线损统计分析无法成为线损管理工作监督及过程管控的有效手段，也不利于促进各部门之间的协作、配合。

（3）信息系统的集成度水平和管理水平不高造成数据的冗余和偏差。

随着信息化技术的发展，线损率统计和管理工作取得了很大的进步，但是数据的唯一性管理和对应关系管理与实际仍有较大的差距，尤其是中低压配电网数据，多数据系统的管理和分部门管理模式缺乏对数据的有效性论证，极易形成数据的冗余和偏差，影响数据准确性和有效性。同时，还存在各相关系统管理专业不一，开发年代不同，系统之间存在电网模型命名不统一、数据接口运行维护难等问题。

目前由于各公司缺乏专业化的统一线损管理工具，且线损管理工作主要依托用电信息采集系统进行辅助分析，线损数据存在来源不统一、勾稽关系不规范、人为干预等问题，线损管理目标分散，要求难以落实，指标难以监测，线损管控力度和效果亟待加强。

（4）由于缺乏统一的电量、线损统计与管理工具，基层人员需要从多个系统中抽取数据并人工核对、填报，手工计算工作量大、效率低。

以县公司为例，目前需要报送的电量、线损相关报表有关口计量原始数据表、售电量月报表、电力生产情况明细表、供电生产调度情况表、用电分类表（基表）、用电分类表（总表）、电量收支平衡表（总表）这七张统计类月报和一张节能减排月报。除关口计量原始数据表、电力生产情况明细表和节能减排月报外，其余月报的数据均从营销系统内取得。现阶段是由营销部报送至发展部，或发展部专责从营销系统、电能量采集系统中获得数据，由统计专责手工录入报表系统。

（5）电量及线损统计管理协同机制需进一步完善。

在目前专业分工模式下，缺乏用户—台区—线路—变电站—电网一体化实时联动与协同机制，电网切改等拓扑改变信息难以及时反馈到营销部门，而调度、运检等部门也不关心用户电表更换等信息，用电信息采集系统与SG186营销系统用户档案信息对接更新机制也尚不完善等，电量及线损统计管理各环节信息难以实时更新，难以保障完全对应，导致线路、台区线损率指标或电量供售关系错误，直接影响了线损率指标的准确性，更影响了各公司线损“四分”管理的深入实施。

长期以来，受传统抄表手段限制，供、售电量不能同步发行，导致线损率月度间剧烈波动，“大月大”“小月小”的问题无法解决，掩盖了线损管理中存在的问题，降低了其在电网企业管理中本应发挥的监控、指导作用。同时受指标考核影响，电量、线损等月度关键指标不可避免受到人工干预，严重影响了各公司经营管理。近两年，各公司投入大量资金，改造安装具有自动采集功能的智能电能表，推广建设用电信息采集系统，为加强电量与线损同期统计管理创造了有利条件。

第 2 章

电网线损概述

2.1 统 计 线 损

统计线损是目前采用的线损计算方式，包含分区、分压、分线、分台区线损计算。它是根据电能表的读数计算出来的线损，是供电量和售电量两者之间的差距，同时是上级考核线损指标完成情况的唯一依据。

分区、分压、分线供电量是按照供电量关口管理计划规定的关口由月末24点表码计算得到的电量，售电量是按照营销抄表例日发行统计的用户售电量。台区供售电量分别以营销抄表例日统计的配变表计电量、台区所带用户发行电量汇总得到，一个台区下的用户采用同一抄表例日进行抄表并发行电量。

统计线损存在电量时差的问题，对于专线用户，其一般为无损用户，统计时差电量对分区统计线损率的影响程度，有如下计算关系：

专线用户时差电量 = 专线用户供电量 – 专线用户售电量

专线用户时差线损率 = 专线用户时差电量/专线用户供电量

其中，专线用户供电量为该用户月末24点表码计算的电量，专线用户售电量指该用户发行电量。

2.2 同 期 线 损

同期线损是指线损计算中供售电量使用同一时刻电量的计算方法。由于受传统抄表手段限制，供、售电量不能同步发行，导致线损率月度间剧烈波动，“大月大”“小月小”的问题无法解决，掩盖了线损管理中存在的问题，降低了其在电网企业管理中本应发挥的监

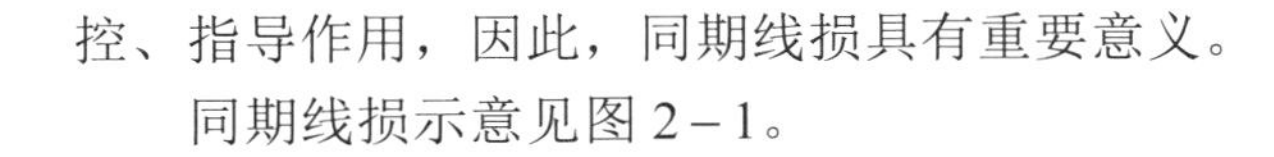

控、指导作用，因此，同期线损具有重要意义。

同期线损示意见图 2－1。

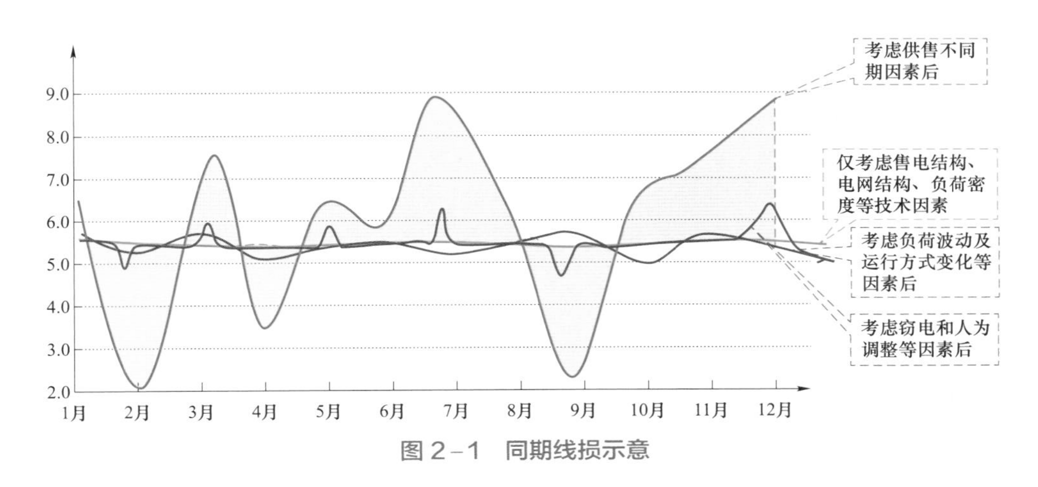

图 2－1　同期线损示意

1. 供售电量同期措施

一是对照售电量等效抄表日（如 25 日）提前发行供电量，使供电量与售电量同周期统计。这个做法一定程度上可以减少不同期的影响，但由于各地区、各阶段售电量与结构都存在差异，难以统一具体确定公司供电量发行日，既难以保证供售电量完全匹配，也难以统一指导各基层单位实施执行。更重要的是，提前发行供电量与国家各类经济指标统计周期不一致，不符合国家统计管理要求，容易造成管理混乱。另外，由于发（供）电量涉及与电厂结算，调整供电量将直接影响电厂财务指标与数据报表，将引起电监会、证监会等对发电公司的监管问题和审计风险，调整发（供）电量的发行时间很难与电厂协调，难以落实。

二是售电量月末日发行，与发（供）电量同步。改变现有售电量分类定期轮抄模式，通过用电信息采集系统采集月末日电量，统一调整售电量为月末日发行。这种措施涉及所有的售电用户，影响面广，但主要造成内部业务流程的调整和变化，在智能电表和用电信息采集系统保障的情况下，具有较强的可行性。

2. 开展同期线损管理意义

（1）线损指标归真，敏感反映生产管理问题；

（2）有效指导电网规划建设，解决配电网薄弱问题；

（3）促进专业协同，推进“三集五大”体系建设；

（4）加强专业管理，提升精益化管理水平；

（5）深化成本效益分析，有力支撑公司决策；

（6）电量指标同步，客观反映经济用电情况。

2.3 理 论 线 损

在电力网的实际运行中，线损是不可避免的，它是由输送负荷的大小和送、变、配电设备的参数决定的，这部分损失电量可以通过理论计算的方法求得。

理论线损是根据主网、配电网的实际负荷及正常运行方式，计算主网、配电网中每一元件的实际有功功率损失和在一定时间段内的电能损失。理论线损率是供电企业对其所属输、变、配电设备的参数、负荷潮流、特性等计算得出的线损率，其影响因素主要有拓扑参数、运行方式、负荷变化、运行电压等。

理论线损率＝（理论线损电量/理论线损供电量）×100%

理论线损供电量＝（发电厂上网电量＋外购电量＋电网输入电量）

理论线损计算时，计算每个设备的损耗电量，如变压器的损耗电量；架空及电缆线路的导线损耗电量；电容器、电抗器、调相机中的有功损耗电能；调相机辅机的损耗电量；电晕损耗电量＋绝缘子的泄漏损耗电能（数量较小，可以估计或忽略不计）；变电所的所用电量；电导损耗。

1. 理论计算的目的

（1）通过理论线损计算，可以鉴定主网、配电网结构及其运行方式的经济性，查明电网中损失过大的元件及其原因，考核实际线损是否真实、准确、合理以及实际线损率和技术（理论）线损率的差值，确定不明损失的程度，减少不明损失。可通过对技术线损的构成，即线路损失和变压器损失所占比重的分析，发现主网、配电网的薄弱环节，确定技术降损的主攻方向，以便采取相应措施，降低线损。

（2）主网、配电网的线损理论计算是规划设计以及制订年、季、月线损计划指标和降损措施的理论依据。开展线损理论计算是搞好降损节电的一项基础工作，它有利于提高供电企业的线损管理水平，有利于加快电网建设和技术改造，有利于加强电网经济运行，有利于制订落实降损节电经济责任制，增强节能意识。

2. 理论线损计算的影响因素

在理论线损计算时，应统一程序、统一计算时间、统一计算边界条件。统一程序便于汇总、使计算结果一致；统一计算时间和统一计算边界条件使不同单位的计算结果具有可比性。计算边界条件包括温度、功率因数、配网的电容电抗投入量和时间、站用电等。

3. 理论计算的基础数据

理论线损计算所需要的数据分为两类，一类是有关电力网结构和元件参数；另一类是有关电力网运行的数据（如电流、电压、功率因数、有功和无功功率、有功和无功电量等）。

电力网元件参数比起运行数据来说变化较小，只有设备检修、运行方式变化、增加设备等情况下，才会发生变化。然而由于负荷的随机性，运行的数据变化较大。

2.4 线损指标管理

2.4.1 分区监测指标体系

分区监测指标有 15 项（见表 2–1），其中：

（1）关口状态异常数、电量异常关口数、35kV 及以上关口表底缺失数、10kV 小水电关口电量缺失数等指标可以反映省市县公司分区供电关口电量质量。

（2）10kV 及以上高压用户电量异常数、营销同期售电量与表底计算电量比对异常数等指标可以反映同期售电量数据质量。

（3）分区线损电量与各单位线损电量偏差率、分压与分区售电量偏差率、分压与分区线损电量偏差率等指标可以反映省市县公司分区、分压模型的配置质量。

表 2–1　分区监测指标

分区监测指标
关口状态异常数
电量异常关口数
35kV 及以上关口表底缺失数
10kV 小水电关口电量缺失数
关口电量异常波动数
小水电关口虚拟建档数
统计与报表电量偏差率
关口计量点所在母线不平衡数
关口计量点连续采集失败数（三个月）
10kV 及以上高压用户电量异常数
营销同期售电量与表底计算电量比对异常数
分压售电量合计与分区售电量偏差率
分压线损电量合计与分区线损电量偏差率
分区与各单位线损电量偏差率
分区关口计量点故障个数

2.4.2 分压监测指标体系

分压监测指标有 8 项（见表 2–2），其中：

（1）变电站图形不完整数、虚拟开关数等指标可以反映省市县档案及拓扑关系缺失情况。

（2）分压关口配置异常、区域关口未设置分压关口数等指标可以反映省市县公司分压关口模型的配置情况。

（3）电量异常关口数、关口电量波动异常数等指标可以反映分压关口电量数据质量。

（4）关口计量点连续采集失败数（三个月）、分压关口计量点故障数等指标可以反映分压关口计量点采集等质量。

表 2–2　　分压监测指标

分压监测指标
电量异常关口数
变电站图形不完整数
分压关口配置异常
区域关口未设置分压关口数
关口电量波动异常数
虚拟开关数
关口计量点连续采集失败数（三个月）
分压关口计量点故障数

2.4.3　分线–输电线路监测指标体系

分线–输电线路监测指标有 15 项（见表 2–3），其中：

（1）输入或输出表计缺失线路数量、输入或输出有表计采集缺失线路数、关口当月表底缺失的计量点数、计量点故障数等指标可以反映各单位公司供电关口电量采集质量。

（2）输入输出模型一致数、输入输出模型为单一计量点数、输入输出母线为同一变电站数等指标可以反映各单位公司输电线路模型的配置质量。

（3）特殊、异常、单元接线，轻载、空载、备用线路条数，超长线路，智能变电站输电线路条数等指标可以反映各单位电网基础情况。

表 2–3　　分线—输电线路监测指标

分线—输电线路监测指标
当月模型变动数量
输入或输出关口电量异常线路条数
输入或输出表计缺失线路数量
输入或输出有表计采集缺失线路数
轻载、空载、备用线路条数

续表

分线—输电线路监测指标
超长线路
输入输出模型一致数
输入输出模型为单一计量点数
输入输出母线为同一变电站数
关口当月表底缺失的计量点数
计量点故障数
智能变电站输电线路条数
模型只配置了输入或输出
特殊、异常、单元接线
公司资产用户专线

2.4.4 分线—配电线路监测指标体系

分线—配电线路监测指标有 12 项（见表 2–4），其中：

（1）供电关口电量异常线路数、供电侧关口无表线路数、供电侧关口有表无采线路数、供电关口电量表底缺失线路条数、计量点故障个数、10kV 高压用户表底不完整数等指标可以反映各单位配电线路供电关口电量采集质量。

（2）无线变关系线路数、打包率等指标可以反映各单位配电线路模型的配置质量。

（3）轻载、空载、备用线路条数、超长线路条数、智能变电站 10（20/6）kV 配线条数等指标可以反映各单位电网基础问题。

表 2–4　分线—配电线路监测指标

分线—配电线路监测指标
无线变关系线路数
供电关口电量异常线路数
供电侧关口无表线路数
供电侧关口有表无采线路数
供电关口电量表底缺失线路条数
轻载、空载、备用线路条数
超长线路条数
打包率
计量点故障个数
智能变电站 10（20/6）kV 配线条数
10kV 高压用户表底不完整数
公司资产用户专线

2.4.5 分台区监测指标体系

分台区监测指标有 9 项（见表 2－5），其中：

（1）无台区总表台区数、台区总表电量异常台区数、总表电量占比满载月电量大于等于 2 台区数、台区总表故障数等指标可以反映各单位台区关口电量采集质量。

（2）无台区变压器关系台区数、台区下用户数量超过 2000 台区数、打包率等指标可以反映各单位台区模型的配置质量。

（3）轻载、空载、备用台区数、农排灌台区数等指标可以反映各单位电网基础问题。

表 2－5　分台区监测指标

分台区监测指标
无台区变压器关系台区数
无台区总表台区数
台区总表电量异常台区数
总表电量占比满载月电量大于等于 2 台区数
台区下用户数量超过 2000 台区数
打包率
轻载、空载、备用台区数
农排灌台区数
台区总表故障数

第二部分

系统篇

第 3 章

同期线损管理系统简介

3.1 系统建设背景及意义

3.1.1 建设背景

在产业结构调整与环境污染治理的双重压力下，公司售电增速总体放缓，为推动电网公司持续、健康发展，必然要求线损逐步转为精益化管理，降本增效，挖掘公司经营效益。但线损管理环节多、链条长，涉及发展、运检、营销、调控、信通等多个专业，缺少统一平台进行整合，专业协同和数据末端融合困难，造成分区管理不精，分压管理不准，分线管理不实，台区管理不严，统计线损指标严重失真。在一体化信息系统建设的大背景下，国家电网有限公司党组决定，通过建设一体化电量与线损管理系统（简称同期线损管理系统），利用电能量采集、用电采集、营销业务、生产管理、调度管理、SCADA 等 6 大专业系统数据，自动生成线损指标，实现对关口、计量、设备、电量等关键节点信息实时统一监控，掌握各层级、各环节、各元件的线损情况，及时发现电网高损问题，因类施策，提升经济运行水平。同时强化电量、电费精细管理，杜绝跑冒滴漏，确保电量、电费颗粒归仓，最大限度保障公司经营效益，有效规避审计风险和经营风险。

3.1.2 建设目标

建设同期线损管理系统的总体目标是充分发挥专业系统、数据作用，以加强基础管理、支撑专业分析、满足高级应用、实现智能决策为功能主线，实现电量源头采集、线损自动生成、指标全过程监控、业务全方位贯通协同，实现电量与线损管理标准化、智能化、精益化和自动化，有力支撑公司坚强智能电网、现代配电网建设。

1. 归真电量数据，实现电力生产全过程监控

充分发挥智能电能表作用，利用信息系统集成，实现电量等核心指标数据源头采集、自动生成、系统传输、同期统计，客观反映经营管理薄弱环节和电网薄弱点。

建立“发－输－变－配－用”各个环节电量计算模型，实现能量流输送和转化过程中全过程监测，为公司电量管理精益化和交易结算等经营管理提供有力支撑。

2. 归真线损指标，实现“四分”精益管理

应用自动化、多元化、组件化的数据模型，自动计算同期线损率，实现分区、分压、分元件、分台区“四分”线损管理，快速定位高损环节，实现精益化线损管理。

突出理论线损、统计线损与同期线损“三率”并重：以同期线损为核心，强化统计线损与同期线损比对，发现管理线损问题；强化理论线损与同期线损比对，全方位诊断线损薄弱环节，发现技术线损空间，提升降本增效措施的有效性。

3. 规范全过程信息数据，促进专业信息共享融合

通过同期线损管理系统集成，规范发、输、变、配、用电力生产全过程数据信息，建立“厂－站－线－变－户”拓扑一体化维护机制，实现全公司在一张网上实现“营销、运检、调度、规划”数据的共维共享，促进业务融合与数据共享，有力支撑公司一体化信息系统建设和数据管理。

4. 强化专业协同，建设坚强智能电网

充分发挥线损率作为公司核心经营指标的管控作用，强化运检、营销、调度专业协同，在电网资产管理和终端客户服务之间搭建起有效畅通、高度融合的电力流、信息流和业务流，强化专业信息交互和成效校验，推进营配贯通、经济运行、配电自动化、供电可靠性提升等工作，有力支撑坚强智能电网和现代配电网。

3.1.3 建设意义

开展“四分”同期线损管理，实现了电力经营管理全过程能量损失监测，为能量流、价值流、信息流有机贯通提供支撑，为公司经营成本管控提供数据化决策依据。

1. 分区同期线损管理

各单位分区同期线损率月度波动较分区统计线损率相对平稳，与电网结构特点、负荷变化情况基本一致，线损率更加真实、准确、可靠。

（1）线损率指标制定更加科学。分区同期线损率客观反映电网发展和经营管理水平，在指导电网优化与改造、节能调度等方面针对性更强，同时为有效核定各电网企业成本空间，制定利润、电量等核心指标等方面提供更为客观的基础支撑。

（2）管理更加有力。同期线损管理系统为实现了同期统计分析，解决长期以来线损管理中出现的负损、异常高损管控难题，将线损管理的重心转移到降损增效中，有效提升各单位经营效益。

2. 分压同期线损管理

（1）分压线损管理标准进一步明确。高电压等级分压线损波动得到有效控制，500kV

及以上分压线损不高于 2%，110kV 分压不高于 3%，110kV 分压不高于 4%，35kV 分压线损不高于 5%，分压管理标准更加明确，有助于各单位指导电网规划。

（2）基于分压线损指标的电价核算更加科学。在分压线损模型中，明确了供电单位、供电电压、受电单位、受电电压等属性，在分压统计中能够提供明细数据，区分各个电压层级互相转入转出电量，为电网规划、运行方式优化、分电压核算电价提供数据支撑。

3. 分元件同期线损管理

对变电站、主变压器、母线、线路等每个元件进行损耗计算，可以为大修技改项目安排、运维成本预算、资产折旧情况提供更有效数据支撑。

（1）快速开展异常消缺。通过母线不平衡、站损、变损监测，协同运检、营销、调控、计量和通信等专业实时监测各设备运行工况，及时发现异常点，建立“异常工单”治理机制，强化缺陷处理的闭环管理，提升异常处理效率。

（2）科学制定技术降损措施。以“问题”为导向，全面梳理变压器老旧、截面积偏小、线路过长、功率因素过低以等线损异常原因，通过更换经济型变压器或线路、负荷切改、无功优化、经济运行等方式优化线损管理，并汇集成配网线损异常治理经验库，指导降损项目安排。

4. 分台区同期线损管理

进一步推动末端专业信息交互，能够为供电所末端融合、打造全能型供电所提供更有效支撑。

（1）实现末端融合。通过台区同期线损率指标的监测分析，帮助基层开展采集故障消缺、营配关系核查和反窃电业务等工作，实现业务末端融合，提升配电网现代化管理水平。

（2）开展低压线损治理。综合利用台区同期线损率指标，进一步对三相不平衡、配变重载轻载、无功补偿等问题进行分析，为后期业扩工程、配网改造和无功优化提供有力支撑。

3.2 系统架构设计

同期线损管理系统以公司企业级应用平台为目标，系统采用云计算与存储技术，将软件、平台、基础设施整合建立标准体系，全面支撑专业关口管理、电量管理、线损管理和规划计划业务，与调度、运检、营销相关业务融合互动，实现线损全过程闭环管理。系统总体架构见图 3-1。

1. 接入层

根据 SG-CIM 标准将营销业务应用、用电信息采集、电量信息采集、PMS、GIS、SCADA 等系统数据接入云计算与存储平台，为线损提供基础支撑；数据集成采用“适配器”模式，定制数据集成接口。

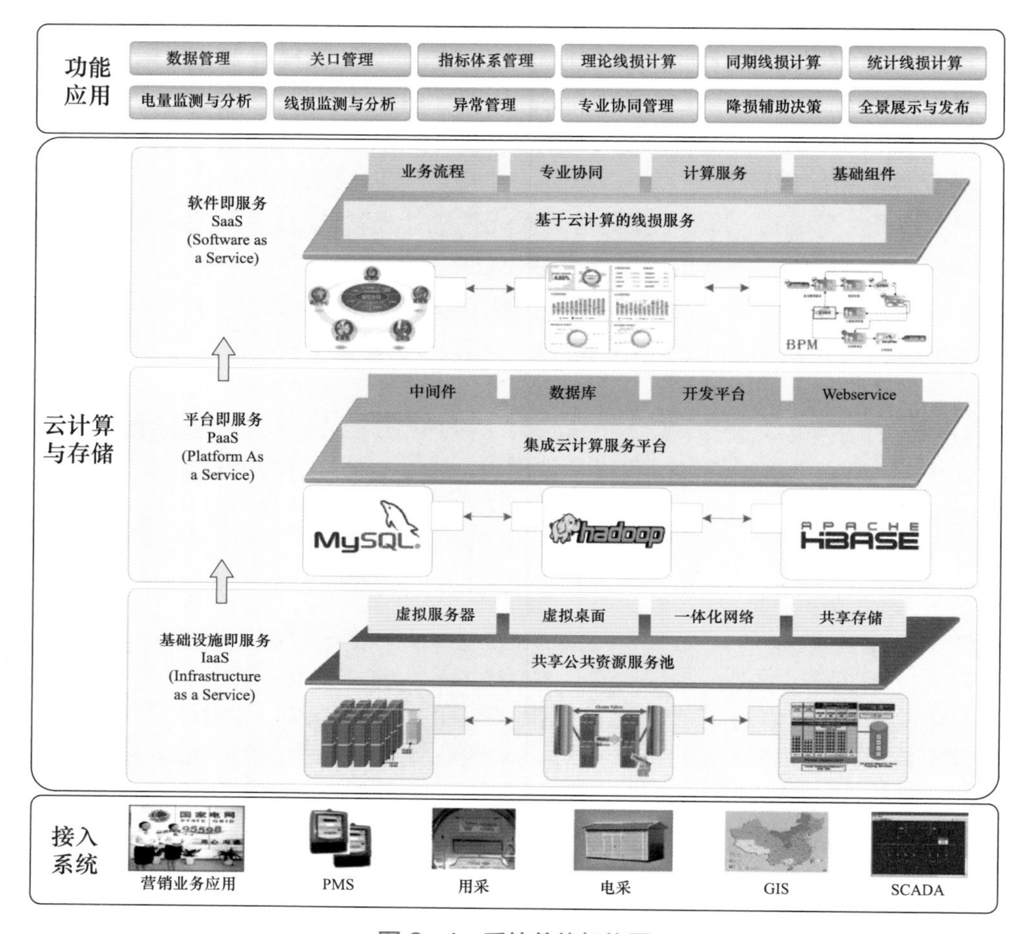

图 3-1 系统总体架构图

2. 云计算与存储层

通过虚拟技术，提供数据处理、存储、网络和其他计算资源的利用；并采用各种服务的核心框架、开发平台、数据库、中间件等技术标准提供云服务；最后使用业务流程、专业协同、计算服务、基础组件等多种 SAAS 服务。

云存储与计算服务平台核心由云存储环境、开发工具集、并行计算环境（MapReduce）、系统监控工具、运行调度工具、并行 ETL 工具、实时数据库和业务应用服务接口八大部分组成，以支撑六大业务的应用。各部分分别为：

（1）云存储环境。分布式存储环境由扩展的 Hadoop 平台构成。云存储通过并行 ETL 工具从原有关系型数据库中导入查询及计算涉及的档案信息。向上通过查询引擎支撑复杂查询，通过 MapReduce 并行环境，支持大规模的分析计算。

（2）开发工具集。包括库表管理、索引管理、任务管理、ETL 管理以及 SQL 解析等几个工具。具体实现六大应用逻辑到云计算环境的转换，提供包括库表结构、索引定义以及 MapReduce 的优化等等功能。

（3）并行计算环境 MapReduce。承载并运行业务应用的 MapReduce 代码，并为并行 ETL 提供支撑环境，实现大规模数据的处理及并行计算。

（4）系统监控工具。负责监控系统运行状态、业务应用以及其中 MapReduce 任务的具体运行情况，方便管理用户进行运维管理。

（5）运行调度工具。按照任务规划运行业务应用的 MapReduce 任务，维护任务之间的依赖性和关联，保障任务执行的正确性。

（6）实时数据库。用于对来自前置机集群的采集类数据进行存储，并对此类采集数据进行数据加工，以向上实现对业务数据的曲线查询和断面查询的支撑。

（7）并行 ETL 工具。实现关系型数据库到分布式存储环境之间的数据一致性维护。支持数据源到数据目标的数据高速导入和导出。

（8）业务应用服务接口。以服务的形式对外部系统提供接口，支持包括数据的复杂查询、大规模分析计算在内的主要业务应用。

3. 功能应用层

开发发－输－配－变用关口全过程管理、配网异常预警、业务贯通、降损仿真计算、节能建议、基于 GIS 展示于分析、线损主题分析、防窃电预警分析、考核管理、数据治理管理以及数据模型完善等功能，提供给国家电网有限公司总部、省、市、县等多级单位、多部门交互应用。

系统提供基于电量与模型的数据管理，进行线损在线同期、实时线损统计、线损理论计算，运用线损计算结果分析具体线损异常、波动的真实原因；为线损考核提供全周期闭环管理；为降损提供辅助决策支持。通过线损指标、数据的全景展示，实现线损指标的层层穿透，透明实时在线管控；为社会经济、公司线损精益化管理水平提供支撑。

3.2.1 业务架构

同期线损管理系统以公司企业级应用平台为目标，全面支撑发展专业关口管理、电量管理、线损管理和规划计划业务，与调度、运检、营销相关业务融合互动，实现线损全过程闭环管理。

根据图 3－2 所示业务架构，重点对同期线损管理系统的业务需求进行分析，各专业主要涵盖的业务如下：

（1）发展专业：档案查看、电网拓扑查看、设备关系勾对、异常工单管理、关口管理、电量管理、同期统计线损管理、理论线损管理、指标管理等业务。

（2）营销专业：档案管理、电量发行管理及用电采集管理。

（3）运检专业：设备台账管理、设备运行状态管理及配网、低压运行维护等。

（4）调控中心：主网运行维护、供电测点信息维护及关口电量采集等。

根据上述分析，同期线损管理系统的业务架构遵从对照见表 3－1。

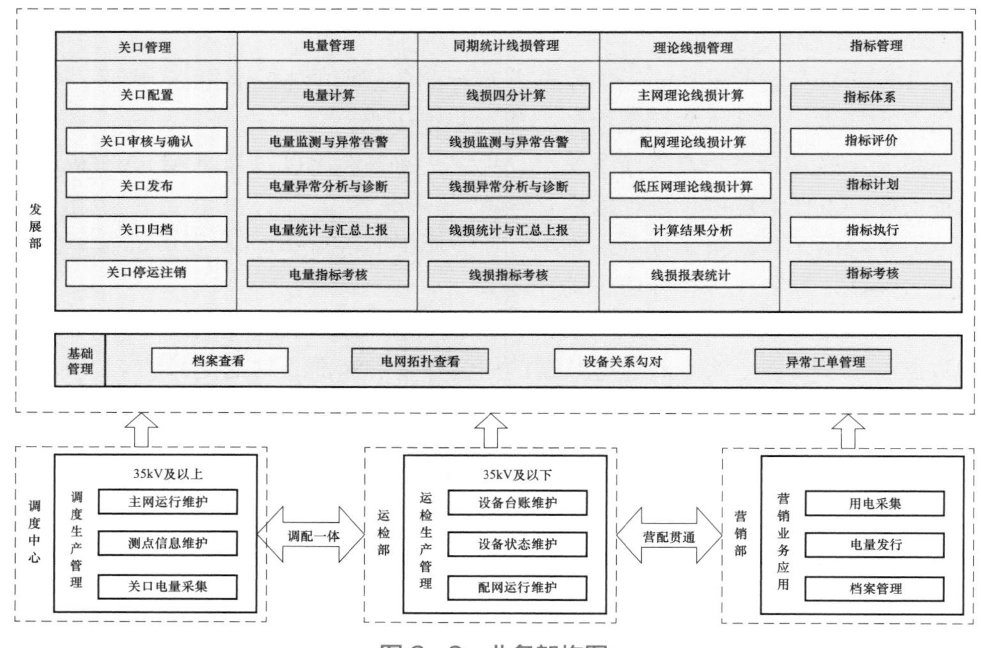

图 3-2 业务架构图

表 3-1 业务架构遵从对照

<table>
<tr><td colspan="3">业务域</td><td colspan="3">规划计划与规划设计管理</td></tr>
<tr><td colspan="6">业务职能</td></tr>
<tr><td colspan="2">系统架构：业务功能</td><td colspan="2">业务架构：业务职能</td><td colspan="2">遵从说明</td></tr>
<tr><td colspan="2">电量管理</td><td colspan="2">线损管理</td><td colspan="2">细化</td></tr>
<tr><td colspan="2">同期统计线损管理</td><td colspan="2">线损管理</td><td colspan="2">遵从</td></tr>
<tr><td colspan="2">指标管理</td><td colspan="2">线损管理</td><td colspan="2">遵从</td></tr>
<tr><td colspan="2">全景展示</td><td colspan="2">线损管理</td><td colspan="2">遵从</td></tr>
<tr><td colspan="2">电网拓扑查看</td><td colspan="2">基础管理</td><td colspan="2">遵从</td></tr>
<tr><td colspan="2">异常工单管理</td><td colspan="2">基础管理</td><td colspan="2">遵从</td></tr>
<tr><td colspan="6">业务流程</td></tr>
<tr><td colspan="2">系统架构：业务流程</td><td colspan="2">业务架构：业务流程（子流程）</td><td colspan="2">遵从说明</td></tr>
<tr><td colspan="2">异常工单处理业务流程</td><td colspan="2">异常工单处理业务流程</td><td colspan="2">细化</td></tr>
<tr><td colspan="2">配网线损异常诊断业务流程</td><td colspan="2">配网线损异常诊断业务流程</td><td colspan="2">细化</td></tr>
</table>

3.2.2 应用架构

在系统业务架构的基础上抽取应用模块和应用组件，其应用架构如图 3-3 所示，应用架构遵从对照见表 3-2。

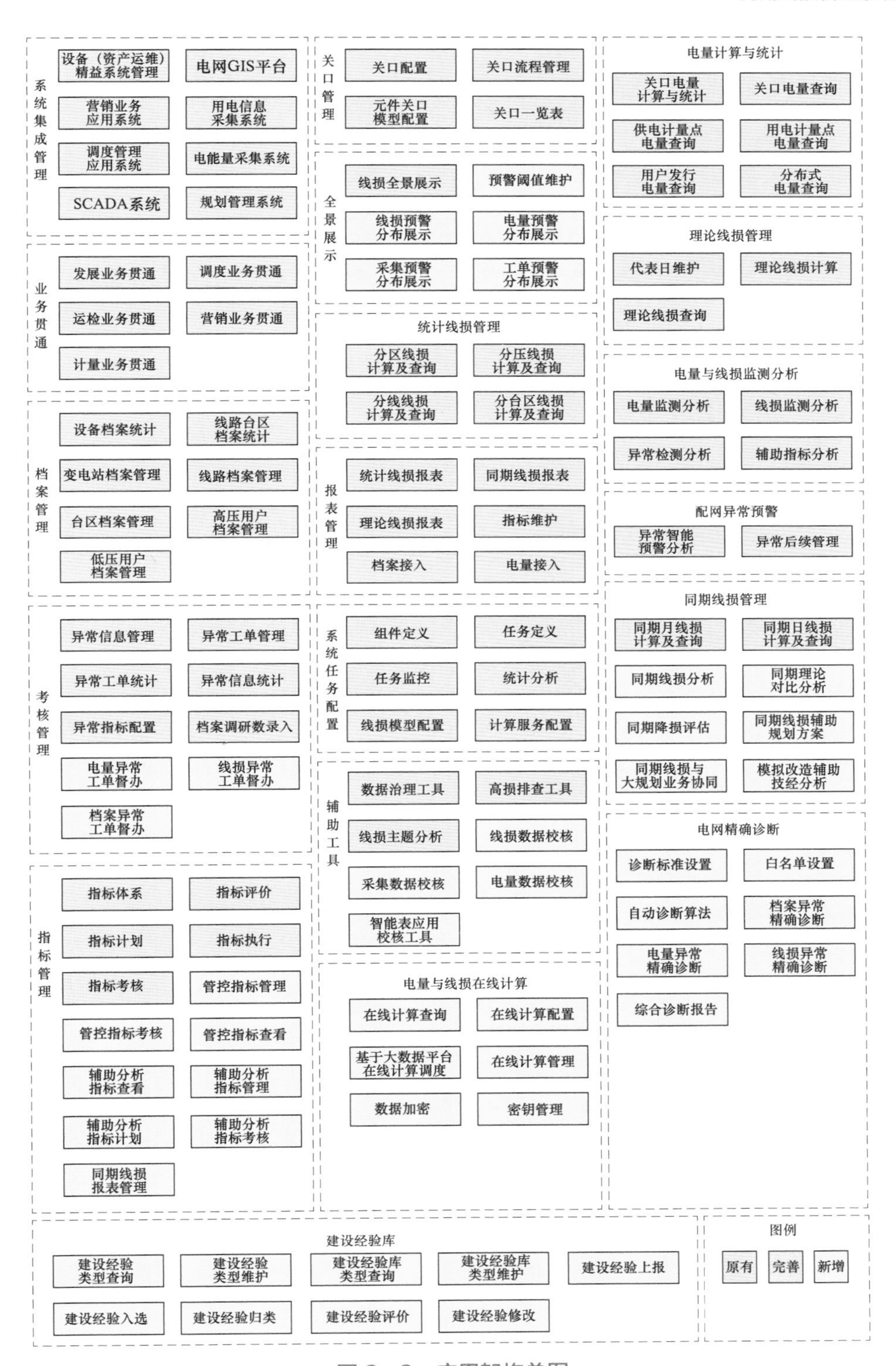
系统集成管理
设备（资产运维）精益系统管理
电网GIS平台
营销业务应用系统
用电信息采集系统
调度管理应用系统
电能量采集系统
SCADA系统
规划管理系统
业务贯通
发展业务贯通
调度业务贯通
运检业务贯通
营销业务贯通
计量业务贯通
档案管理
设备档案统计
线路台区档案统计
变电站档案管理
线路档案管理
台区档案管理
高压用户档案管理
低压用户档案管理
考核管理
异常信息管理
异常工单管理
异常工单统计
异常信息统计
异常指标配置
档案调研数录入
电量异常工单督办
线损异常工单督办
档案异常工单督办
指标管理
指标体系
指标评价
指标计划
指标执行
指标考核
管控指标管理
管控指标考核
管控指标查看
辅助分析指标查看
辅助分析指标管理
辅助分析指标计划
辅助分析指标考核
同期线损报表管理
关口管理
关口配置
关口流程管理
元件关口模型配置
关口一览表
全景展示
线损全景展示
预警阈值维护
线损预警分布展示
电量预警分布展示
采集预警分布展示
工单预警分布展示
统计线损管理
分区线损计算及查询
分压线损计算及查询
分线线损计算及查询
分台区线损计算及查询
报表管理
统计线损报表
同期线损报表
理论线损报表
指标维护
档案接入
电量接入
系统任务配置
组件定义
任务定义
任务监控
统计分析
线损模型配置
计算服务配置
辅助工具
数据治理工具
高损排查工具
线损主题分析
线损数据校核
采集数据校核
电量数据校核
智能表应用校核工具
电量与线损在线计算
在线计算查询
在线计算配置
基于大数据平台在线计算调度
在线计算管理
数据加密
密钥管理
电量计算与统计
关口电量计算与统计
关口电量查询
供电计量点电量查询
用电计量点电量查询
用户发行电量查询
分布式电量查询
理论线损管理
代表日维护
理论线损计算
理论线损查询
电量与线损监测分析
电量监测分析
线损监测分析
异常检测分析
辅助指标分析
配网异常预警
异常智能预警分析
异常后续管理
同期线损管理
同期月线损计算及查询
同期日线损计算及查询
同期线损分析
同期理论对比分析
同期降损评估
同期线损辅助规划方案
同期线损与大规划业务协同
模拟改造辅助技经分析
电网精确诊断
诊断标准设置
白名单设置
自动诊断算法
档案异常精确诊断
电量异常精确诊断
线损异常精确诊断
综合诊断报告
建设经验库
建设经验类型查询
建设经验类型维护
建设经验库类型查询
建设经验库类型维护
建设经验上报
建设经验入选
建设经验归类
建设经验评价
建设经验修改
图例
原有
完善
新增

图 3-3 应用架构总图

表 3-2　　应用架构遵从对照

应用架构：应用域	规划计划与规划设计管理	
应用架构：应用	线损管理	
系统架构：一级功能	应用架构：一级应用功能	遵从说明
考核管理	线损管理	细化
指标管理	线损管理	遵从
全景展示	线损管理	遵从
辅助工具	线损管理	遵从
电量与线损在线计算	线损管理	细化
同期线损管理	线损管理	细化
电网精确诊断	线损管理	细化
建设经验库	线损管理	细化

3.2.3 数据架构

同期线损管理系统建设相关数据涉及 SG-CIM 的 12 个主题域中 4 个主题域，包括电网、设备、客户和综合，具体如图 3-4 所示。

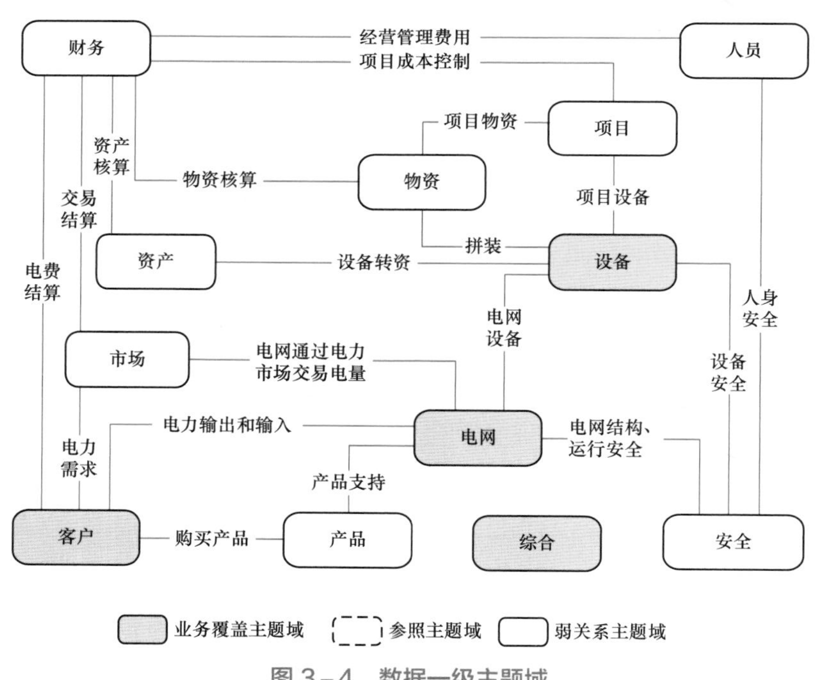

图 3-4　数据一级主题域

系统建设涉及设备、电网、客户和综合主题域中的 9 个二级主题域，如图 3－5 所示，相关主题域定义参见表 3－3。

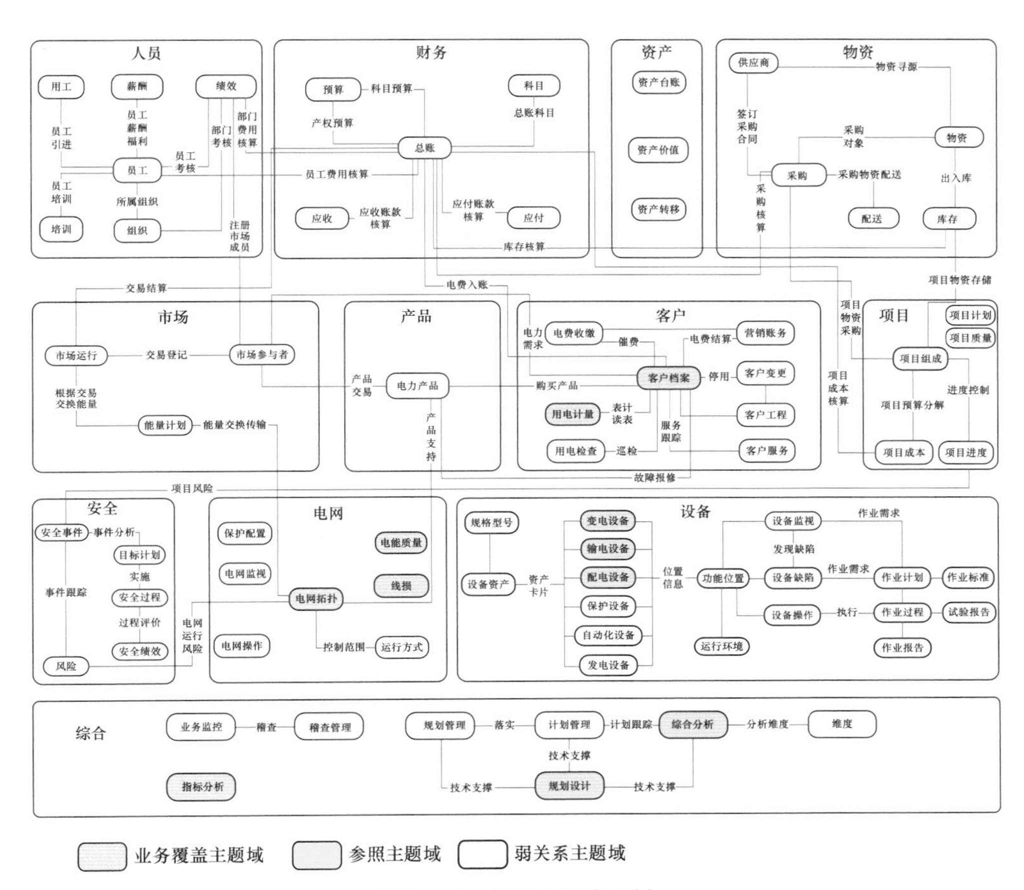

图 3－5　数据二级主题域

表 3－3　　数据架构遵从对照

数据域	设备数据主题	
数据主题	变电设备、输电设备、配电设备	
系统架构：数据实体	数据架构：数据实体	遵从说明
电站	变电设备	遵从
间隔单元	变电设备	遵从
变压器	变电设备	遵从
母线	变电设备	遵从

续表

系统架构：数据实体	数据架构：数据实体	遵从说明
开关	变电设备	遵从
电容器	变电设备	遵从
电抗器	变电设备	遵从
电源	变电设备	遵从
调相机	变电设备	遵从
发电机	变电设备	遵从
电厂	变电设备	遵从
线路	输电设备	遵从
电力线缆	输电设备	遵从
杆塔	配电设备	遵从
配线段	配电设备	遵从
配电终端	配电设备	遵从
台区	配电设备	遵从
表箱	配电设备	遵从
数据域	客户数据主题	
数据主题	客户档案、用电计量	
系统架构：数据实体	数据架构：数据实体	遵从说明
电能表档案	客户档案	遵从
用电客户档案	客户档案	遵从
高压计量点档案	客户档案	遵从
供电计量点档案	客户档案	遵从
低压计量点档案	客户档案	遵从
供电单位月发行电量	用电计量	遵从
台区月发行电量	用电计量	遵从
高压用户月发行电量	用电计量	遵从
低压用户月发行电量	用电计量	遵从
电能表抄见电量	用电计量	遵从
调整电量	用电计量	遵从
追补电量	用电计量	遵从
计量点有功电量	用电计量	遵从
计量点无功电量	用电计量	遵从

续表

系统架构：数据实体	数据架构：数据实体	遵从说明
计量点功率因数	用电计量	遵从
计量点测点电压	用电计量	遵从
计量点测点电流	用电计量	遵从
数据域	电网数据主题	
数据主题	电能质量、电网拓扑、线损	
系统架构：数据实体	数据架构：数据实体	遵从说明
供电计量点日电量数据	电能质量	遵从
供电计量点月电量数据	电能质量	遵从
高压用电电能表日电量数据	电能质量	遵从
低压用电电能表日电量数据	电能质量	遵从
高压用电电能表月电量数据	电能质量	遵从
低压用电电能表月电量数据	电能质量	遵从
主网网架信息	电网拓扑	遵从
站内拓扑信息	电网拓扑	遵从
配网拓扑信息	电网拓扑	遵从
关口档案	线损	细化
关口模型库	线损	细化
统计线损模型	线损	细化
统计线损电量	线损	细化
同期线损模型	线损	细化
同期线损电量	线损	细化
关口日电量数据	线损	细化
关口月电量数据	线损	细化
线损日电量数据	线损	细化
线损月电量数据	线损	细化
关口电量监测	线损	细化
分行业售电量	线损	细化
站用电量	线损	细化
分区域线损	线损	细化
分压线损	线损	细化
分线线损	线损	细化
分台区线损	线损	细化
线路运行数据	线损	细化

续表

系统架构：数据实体	数据架构：数据实体	遵从说明
台区运行数据	线损	细化
异常信息	线损	细化
异常工单	线损	细化
数据域	综合数据主题	
数据主题	综合分析	
系统架构：数据实体	数据架构：数据实体	遵从说明
节点电压功率	综合分析	细化
主变压器损耗	综合分析	细化
输电线段损耗	综合分析	细化
其他损耗（电容、电抗、调相机）	综合分析	细化
出力负荷	综合分析	细化
变电站损耗	综合分析	细化
输电线路损耗	综合分析	细化
全网分时分片总损耗	综合分析	细化
全网总损耗	综合分析	细化
主变压器评价	综合分析	细化
输电线段一评价	综合分析	细化
配电变压器损耗	综合分析	细化
配电线路损耗	综合分析	细化
低压台区损耗	综合分析	细化
馈线段损耗	综合分析	细化
指标基础信息	指标分析	遵从
指标计划编制信息	指标分析	遵从
指标考核规则	指标分析	遵从
线损率考核情况	指标分析	遵从
售电量考核情况	指标分析	遵从

3.2.4 技术架构

技术架构如图 3－6 所示，技术架构遵从对照见表 3－4。

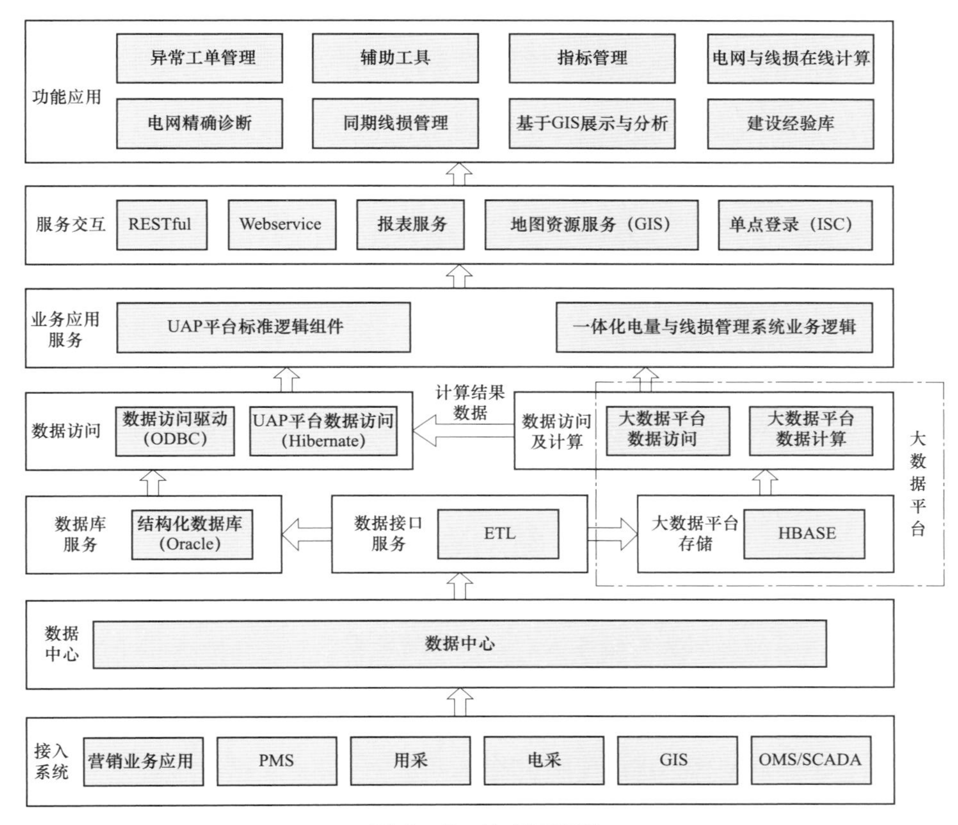

图 3-6　技术架构图

表 3-4　　技术架构遵从对照

本系统名称	总体架构：系统名称	遵从说明
同期线损管理系统	“大规划”系统	遵从
集成场景		
系统架构：集成场景	技术架构：集成场景	遵从说明
与 PMS2.0 集成	数据集成	遵从
与营销业务应用系统集成	数据集成	遵从
与电能量信息采集系统集成	数据集成	遵从
与用电信息采集系统集成	数据集成	遵从
与电网 GIS 平台集成	数据集成、应用集成	遵从
与调度自动化系统集成	数据集成	遵从
与总部统一权限系统集成	数据集成、应用集成	遵从
与规划计划管理系统集成	数据集成	遵从
与 IMS 系统集成	应用集成	遵从
与总部企业门户集成	界面集成	遵从

续表

产品标准		
系统架构：软件产品	技术架构：软件产品	遵从说明
操作系统：Redhat Linux	延用二期（Linux Redhat 6.8、64 位）	遵从
应用中间件：Weblogic	延用二期（Weblogic10.3.6.0）	遵从
关系数据库：Oracle	延用二期（Oracle11.2.0.4）	遵从
非关系数据库：国网大数据平台数据库组件（Hbase）	国网大数据平台数据库组件（Hbase）	遵从
应用开发平台：SG－UAP	延用二期（SG－UAP 2.8）	遵从
大数据框架：国网大数据平台组件（Hadoop、Spark、集群监控及管理）	国网大数据平台组件（Hadoop、Spark、集群监控及管理）	遵从

3.3 系统关键技术

同期线损管理系统采用数据级灾备，系统中的数据以结构化数据和非结构化数据为主，存储于 Oracle 数据库和大数据平台列式数据库（Hbase）中，因此结构化数据选用数据库复制技术，非结构化数据选用存储复制技术。

同期线损管理系统总体采用应用一级部署，数据二级接入存储部署，部署应用服务器、数据库服务器、接口服务器，大数据服务采用国网统推大数据平台，对横向各专业、纵向各层级提供电量与线损相关业务服务，通过电量与线损的监测分析，发现档案数据问题、运行数据问题以及计算结果数据问题，分别向各专业部门发出协同工单，逐步提升数据质量，提高设备运行效果，推动电力信息化管理进程，促进各专业部门整体管理水平。

目前，在总部海量平台、营销基础数据平台都还不成熟的前提下，系统集成主要还是从各省公司进行抽取。各单位的支撑系统差异情况决定了需要充分考虑集成的方式、集成粒度，集成方式涉及界面集成、应用集成和数据集成；集成粒度是否面向深度集成，抽取方式、抽取频度、服务范围等。其具体集成通过源头采集售电侧的用电信息采集数据，供电侧的电能量信息采集数据；从生产管理系统获取电网设备档案数据、参数，从营销业务应用获取用户档案信息、台区变压器关系；采用接口服务调用的方式获取输电网、配电网的拓扑关系数据，从调度 SCADA 采集电网运行数据，供电量参与同期线损管理系统的计算。

用户交互服务遵循一级部署、多级应用的实际要求，按照分类分层［模型－视图－控制器（MVC）、模型－视图－呈现（MVP）］的方式进行数据处理、业务处理、业务发布和业务展现。同期线损管理系统的应用结构按照分层模型的方式，基于对象的服务，基于 SG－UAP 组件的服务来进行开发与实现。一级应用的物理部署遵循总体架构的设计思想，按照业务服务、组件服务，来分类业务的物理部署单元，并面向用户交互服务的特点实现业务处理和业务展现的分离。

因此，同期线损管理系统将按照业务架构、技术架构、数据架构、集成架构、系统部署以及物理环境、安全服务等方面进行细分设计和实现，架构决策见表3-5。

表3-5　架构决策

分类	选型原则
技术选型	采用SG-UAP前端展现框架 采用jQuery，GIS图形展现技术 采用WebService技术 采用JavaEE技术规范（JavaEE规范采用5.0以上版本，JDK采用1.6以上版本） 采用SG-UAP即席报表 采用国网大数据平台
部署模式	应用系统总部一级部署、数据二级部署（总部、省、地市、县公司四级应用）
开发平台	SG-UAP2.8开发平台、国网大数据平台
操作系统	延用二期（Linux Redhat 6.8、64位）
中间件	延用二期（Weblogic10.3.6.0）
数据库	结构化数据库：延用二期（Oracle11.2.0.4） 非结构化数据库：国网大数据平台数据库组件（Hbase）
开源软件	jQuery2.0.3 echarts3.0 Apache poi3.6 Kettle spoon5.2

（1）采用大数据技术，提升海量数据处理性能。线损和反窃电分析在新的业务环境下出现数据量大（数据数量达到百亿级，数据容量达到TB级）、数据来源多（需要集成用电信息采集、电能量采集、生产、营销等多个系统）、分析算法复杂等问题，系统性能面临巨大挑战，传统技术手段不能满足业务对系统的性能要求。

本次试点采用Hadoop、Spark等分布式存储及分布式计算技术，对智能表计、电能量等电网海量运行数据，利用维度聚合、演化、异类分析等数据挖掘算法，同时在多台机器并行运行，将海量明细数据处理为维表、索引、聚合等业务模型数据，然后将业务预处理结果数据同步到关系数据库中进行在线分析，有效解决数据体量大带来的性能问题。

分析相关来源系统的数据特性，通过建立信息模型（如用电信息列式存储模型、电能量信息列式存储模型）及信息交换标准，对定时同步过来的数据采用多个存储节点并行将数据存入分布式文件系统中，显著提高数据集成性能。

对计算密集，计算任务无法分解的算法模型，如关联分析算法一般情况下需要对全量数据进行多次循环扫描，计算任务无法分解。对这类算法，需要将业务模型所需数据在内存计算集群的内存中进行分布式缓存，对数据进行多次迭代，缩短数据处理时间，提高数据处理性能。

（2）建立基于营配贯通的数据治理机制，全面提升数据质量。电网线损与窃电预警分析是基于营配贯通的大数据应用，当前这些基础数据包含在六套业务系统中，由三大业务部门各自维护，系统中台账数据存在录入错误、与现场实际状况不符、录入不规范等问题，造成系统间数据无法完全有效关联整合，采集数据仍存在漏采、错采等异常情况，造成无法有效应用。为满足电网线损和窃电预警分析集成应用需求，需要进行全面数据治理。

根据营配贯通数据采录与数据治理工作要求，细化营配一体化数据模型技术标准，建立数据采录与治理规范。按照现场核查与源头系统规范维护相结合的方式进行数据的初步治理，同时利用基础数据平台中台账对照功能实现系统间同一台账的关联对照，从而实现异构系统间的互通互联与数据的整合应用。

由于自动采集数据的数据量大，无法进行人工处理，需要根据不同采集数据类型业务特性，利用海量采集数据，采用聚类分析方法，挖掘出数据异常模型以及对应的修正规则。建立采集数据质量监控机制，采用异类分析方法及时发现各类数据异常，同时配置针对异常数据的柔性修正规则，采用分布式处理方式，实现采集数据的自动修正，并能够对异常修正过程进行记录，保障数据的可追溯性，有力保障电网线损和窃电预警分析所依赖数据的完整性、有效性。

（3）构建分析模型，深入挖掘海量数据中潜在的业务价值。参照 SG－CIM 建立电网能量节点数据模型，实现电网能量节点主数据和能量数据的管理，利用国网 GIS 中电网拓扑数据建立电网拓扑分析模型，并在此基础上根据现有业务需求分析结果建立主网电量与损耗分析模型、配网分线损耗分析模型、窃电预警分析模型等与电网线损计算与窃电预警分析业务相关的分析模型。

利用营配贯通过程中各类公用、专用变压器基础台账数据，自动采集负荷数据，电网线损计算与窃电预警分析模型计算结果和气象、经济等海量数据，采用聚类、回归、分类、关联分析等数据挖掘算法以及多维度分析技术，深入挖掘海量数据中蕴含的业务价值，分析电网线损的构成及原因，形成线损成因分析模型，通过结合网损优化技术，制定相关线损降损优化方案，通过线损降损优化方案执行后的数据对比分析，反向完善各类分析模型，提升分析模型的准确性和精确性；同时利用线损计算结果和用户用电数据进行数据挖掘分析，结合窃电预警分析模型，快速查找用户用电异常，发现窃电嫌疑，通过分析确定的窃电用户行为特征数据，不断补充和完善窃电相关模型，缩小窃电预警的范围，提高窃电预警的可靠性。

（4）与其他业务系统的应用集成。本项目需要实现与电量采集、营销 SG186、用电信息采集、PMS 系统、SCADA 系统、生产统计分析系统等信息系统的集成，涉及了多个业务系统，并且各个业务系统由不同厂商、不同技术开发，因此集成技术是本项目的一个难点。

3.4 系统特性与创新点

3.4.1 系统特性

3.4.1.1 电量全过程监控

通过源头数据采集，贯通全量关口、电网设备、计量表计等信息，在“发–输–变–配–用”各个环节实现电量全过程管控，实现电量分段测量和全天候监控。系统结构如图3–7所示。

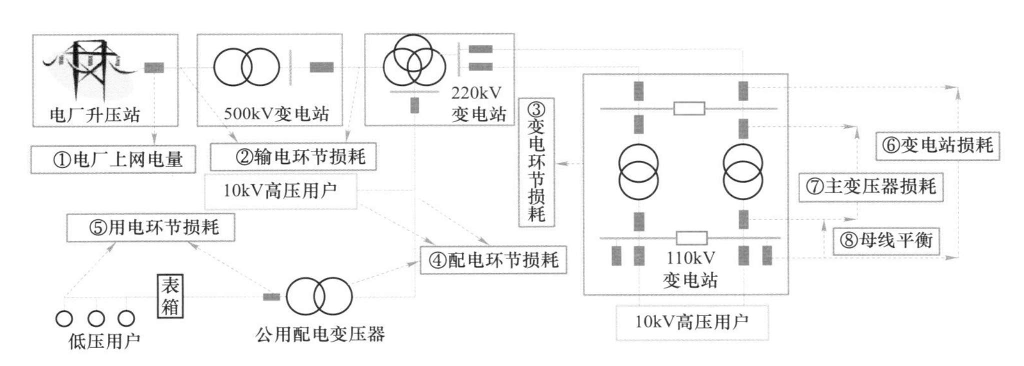

图3–7 系统结构图

1. 发电环节

实现对统调电厂、小水电和分布式能源电厂电量在线计算，及时预警异常关口或电量信息，分类型掌握风电、火电、水电、太阳能等电量上网情况，为精益化开展购电成本分析提供坚实基础。

实时监测并网关口电量情况，出现异常波动及时排查表计故障、计量装置更换、母线平衡等情况，便于及时消缺，保障购电量贸易结算准确无误。同时，精准掌握并网线路损失情况，为确定结算协议、资产回购等提供准确依据。

2. 输电环节

通过准确计算输电电量情况，可以有效掌握省间交易、区间交易开展情况，为科学制定中短期交易安排提供有力支撑，同时为合理测算输变电工程效益及运维成本提供详实数据。

3. 变电环节

针对各电压等级变电站，建立变电站、主变压器、母线平衡等电量监测模型，实现各计量点运行工况的有效监控以及站内设备损耗情况监测，指导基层人员开展技术降损或现场消缺。

4. 配电环节

在营配调贯通成果基础上，通过对配电线路、台区的电量监测，直观反映配网运行效率和经济运行情况，有助于快速定位卡脖子、轻载等薄弱环节，为配网规划、降损规划等提供数据基础。

5. 用电环节

全面归集用户档案信息，采用分级部署模式和电量穿透服务，可直接查看单位所有用户基本档案、电量、表底情况，直观展示高压用户的功率、电流、电压数据，解决海量用户电量无法监测问题。

通过对用户电量连续监测，能够快速定位用户异常用电情况，辅助开展反窃电，保障公司经营效益。通过汇总分析各行业用电特性，掌控不同用户用电规律和负荷特点，能够更有效开展需求侧管理工作。

3.4.1.2 “四分”线损精益管理

基于调控 CIM/E 文件生成的电网设备拓扑关系信息，实现“分区”“分压”“分元件”“分台区”线损四分计算模型、网损模型、手拉手计算模型、开闭所计算模型自动配置，满足总部、省、市、县、供电所各级单位线损多元化管理需求。电网设备拓扑如图 3－8 所示。

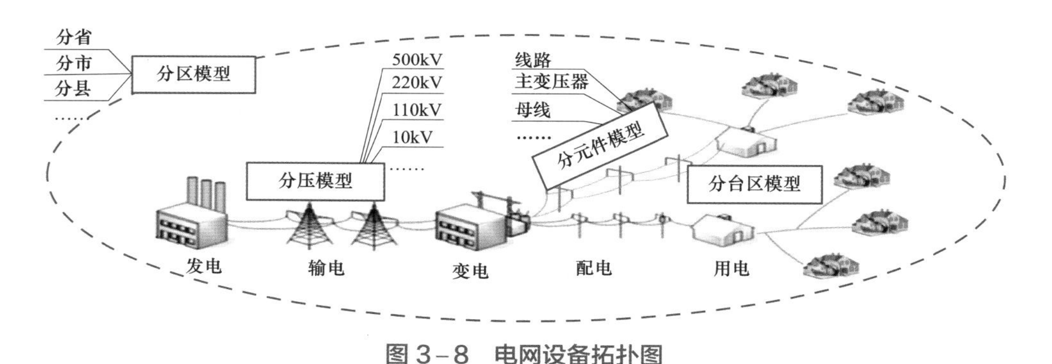

图 3－8　电网设备拓扑图

3.4.2 创新点

（1）采用跨域计算、大数据技术与线损数学模型相结合的方式进行线损计算，提升线损计算效率及准确性。

基于同期线损管理平台实现跨域计算、大数据技术与线损数学模型的结合。总部线损平台下达计算任务，省公司线损平台通过本地大数据平台进行本地数据的计算，然后将计算结果返回给总部线损平台，实现了从传统“搬数据”模式向“搬计算”模式的转变。平台采用分布式数据库 Hbase 对海量表底数据进行分布式存储，解决传统关系型数据库处理海量数据时存在的读写瓶颈问题，实现海量数据的高效率读写，同时，平台采用 Spark 并行分布式计算方法代替传统的串行和并行计算方法，快速计算电量和线损，为线损分析提供数据支撑。平台建立四分线损数学算法模型，并基于线损模型开展四分同期线损计算，设置线损率阈值并进行全天在线监测，重点关注连续一周出现线损异常的元件，协助业务部门在线分析分元件线损异常原因，为技术降损辅助决策提供依据。

（2）提出了一种基于贝叶斯法则的线损异常分析算法，归纳采集数据波动特征，智能诊断采集数据异常；解析电网拓扑档案断面信息，校验模型配置准确性；综合分析采集数据、线损计算模型、电量与线损间的相关系数，判明高损及负损成因，从而实现降损增效。

线损平台中，电量采集、结算等都是通过关口实现的，因此，关口至关重要，高损及负损成因的判明，应从关口入手。首先，要诊断关口采集数据。正常采集数据具有一定特征，随季节等时间变化而发生连续改变，现场中常存在固定时间间隔，关口计量点采集数据波动较大、采集不完整、关口所在母线输入与输出电量不平衡等情况，导致关口电量不准确。另外，要校验关口模型准确性，判断模型是否与实际业务情况一致。通过采用综合分析算法对上述两方面进行分析，并结合电量与线损间的相关性分析，对异常进行诊断监测，并将诊断结果展示出来，方便电网公司排查原因，实现降损增效。

（3）实现了基于动态绘图显示技术的电网拓扑图，根据源网荷拓扑关系与设备物理档案，结合系统自动生成的线损模型，基于动态绘图显示技术实时绘制拓扑图，从而实现了图模一体化，以及“发–输–变–配–用”各个环节电量的全过程管控和“分区–分压–分线–分台区”各个层级线损的勾稽联动，打破了信息壁垒。

同期线损平台按照“调度画图、运检建档、营销挂户、线损校核”的档案管理机制，基于调度拓扑与营配调关系建立“电厂–变电站–线路–变压器–表箱–用户”的源网荷拓扑关系，基于开关等物理档案建立“设备–关口–计量点–表计”的电量关系，根据源网荷拓扑关系及电量关系，自动生成线损模型，并通过动态绘图显示技术实时绘制接线图，实现图模一体化，从而实现了“发–输–变–配–用”各个环节电量的全过程管控，以及“分区–分压–分线–分台区”各个层级线损的勾稽联动，确保每个关口、表计、用户电量，每层、每段线损数据准确可查，为经营统计和管理提供有力支撑。

（4）提出了供、售电量同期的线损计算模式，建立同期线损计算标准，研发了覆盖规划、生产、营销、运行四大专业的同期线损管理平台，解决供、售不同期引起的线损率月间波动严重、线损率失真等问题，实现线损全过程闭环管理。

同期线损管理平台实现了数据的跨专业跨系统集成，覆盖规划、生产、营销、运行四大专业的应用，克服了各专业系统部署模式、标准、进度不一等问题，完成与3大专业、6大系统、4大平台的统一集成，严格按照“源头集成、自动计算、零输入”模式设计，打破信息壁垒，实现信息融合。因其数据全部源头采集和自动生成，除模型配置外均不需人工干预，所以该平台既不会产生从其他信息系统基层重复录入的问题，也从技术上杜绝了线损专业造假凑数的问题。线损平台建设应用充分检验了调度、运检、营销等专业源端系统的数据质量，也有效评估了海量数据平台、数据中心、大数据平台等公司公共信息平台的传输效率，推动基层专业进一步规范数据信息管理，明确各专业接入数据口径、质量、明细及时效性要求，建立了数据及时更新维护与协同共享机制，有效解决了“信息跨系统”数据质量问题。

3.5 线损实施情况

按照“总体设计、试点先行、分步实施”原则，国家电网有限公司首先选择 7 个省公司下辖 3 个地市公司、7 个县公司开展同期线损管理试点。

2015 年 3 月，国家电网有限公司召开试点实施启动会，部署试点工作。国网发展部与国网信通部共同成立管控组，制定试点方案，协调推进试点实施。各试点单位历经 10 个月，高质量完成系统部署、数据集成、数据治理、经验总结等工作。

试点建设充分验证同期统计管理的可行性，验证了调度、营销、生产等业务系统信息融合共享的可操作性，切实归真了试点单位的线损指标，达到了预期成效和作用。

2015 年 12 月，国家电网有限公司第 48 期党组会明确全面实行同期线损管理，通过了全面推广建设工作方案，明确三年建设任务，要求按照“横到边、纵到底”的思路全面推广同期线损管理系统，提升线损管理智能化和精益化水平。

2016 年 3 月，国家电网有限公司召开线损管理领导小组会议，4 月组织召开同期线损管理系统建设推进会议，对系统建设推广实施工作进行全面部署。

结合智能电能表和营配调贯通工作进展，以线损“四分”同期管理为目标，分三个阶段稳步实施，见图 3－9。

第一阶段：2016 年，全面部署同期线损管理系统，开展同期线损管理系统基础应用。

（1）总部、6 个分部、27 家省公司同期线损管理系统全部上线。

（2）27 家省公司实现 35kV 及以上分压、分线同期管理。

（3）31 家大型供电企业实现 10kV 及以上分压、农网分线和分台区同期管理。

第二阶段：2017 年，深化应用同期系统，逐步推进“四分”同期管理。

（1）27 家省公司实现 10kV 及以上分压同期管理。

（2）第一批 15 家省公司全面实现“四分”同期管理。

（3）第二批 12 家省公司实现农网 10kV 分线和分台区同期管理。

（4）31 家大型供电企业全面实现“四分”同期管理。

第三阶段：2018 年，总结经验完善提升，全面实现同期管理。

（1）第二批 12 家省公司全面实现“四分”同期管理。

（2）国家电网有限公司全面实现“四分”同期管理。

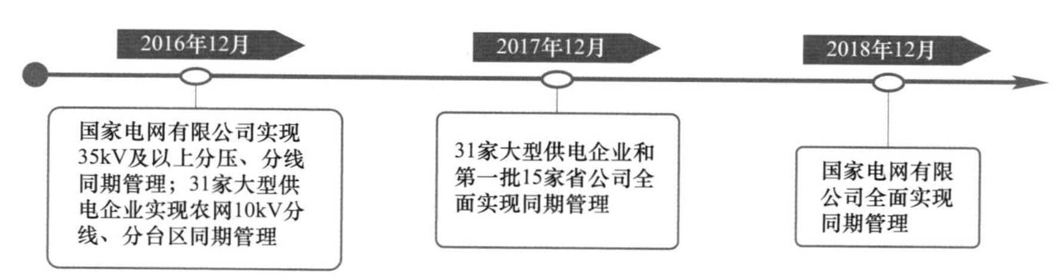

图 3－9　系统实施步骤

第 4 章

同期线损管理系统功能介绍

4.1 系统功能说明

系统功能分成基础管理、专业管理、高级应用、智能决策四大类，分别实现档案、模型、关口、计算与统计、指标管理，同时实现智能监测、异常管理、全景展示与发布等相关功能，见图 4－1。

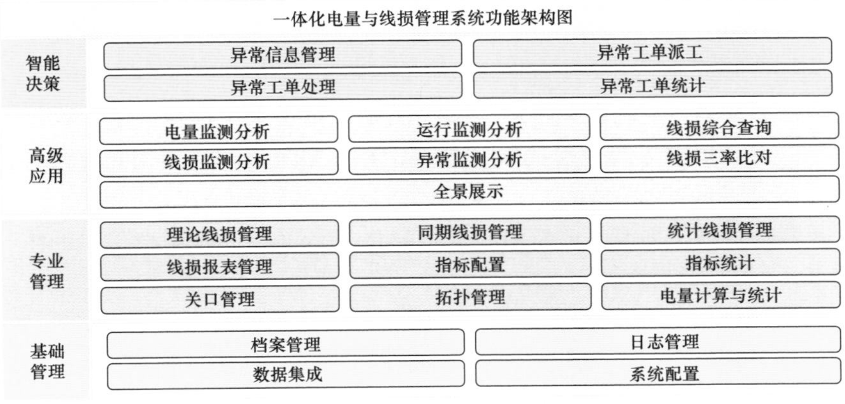

一体化电量与线损管理系统功能架构图

智能决策	异常信息管理	异常工单派工	
	异常工单处理	异常工单统计	
高级应用	电量监测分析	运行监测分析	线损综合查询
	线损监测分析	异常监测分析	线损三率比对
	全景展示		
专业管理	理论线损管理	同期线损管理	统计线损管理
	线损报表管理	指标配置	指标统计
	关口管理	拓扑管理	电量计算与统计
基础管理	档案管理	日志管理	
	数据集成	系统配置	

图 4－1　功能架构图

4.2 档案管理

同期线损管理系统通过集成调度主网数据，PMS2.0、营销和营配贯通数据，接入了各省、地市以及区县公司管辖的变电站及站内设备、线路、台区、高低压用户、分布式电源等基础档案信息，并为用户提供基础档案的明细数据查询、异常档案统计与查看，以及不匹配档案勾对梳理功能，见图 4－2。

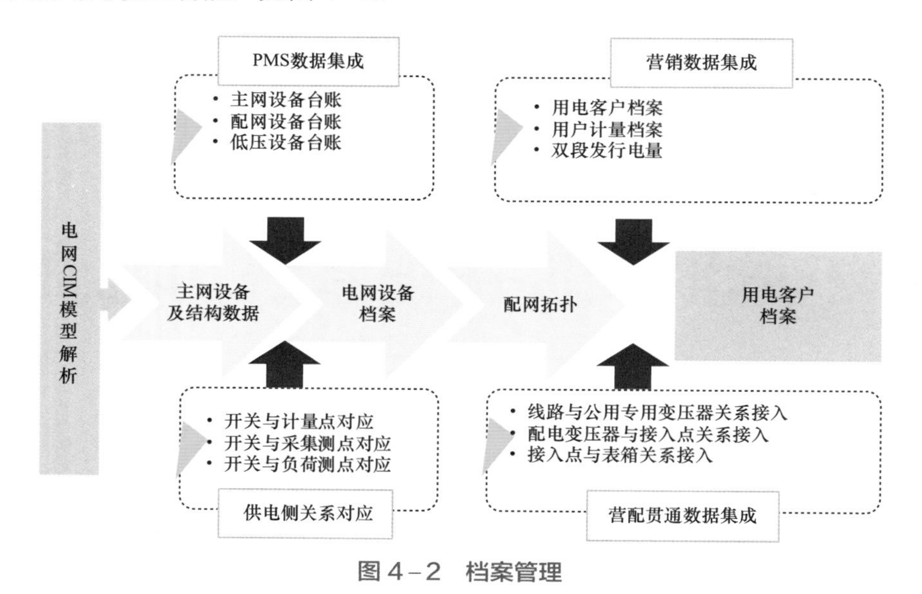

图 4－2　档案管理

（1）变电站档案管理。实现各单位对变电站以及变电站主变压器、母线、配电线路、输电线路、开关、已勾稽开关等信息的统计查询，并提供穿透查询变电站、变压器、母线、输电线路、配电线路、其他设备、开关等明细信息功能，实现开关与计量点、采集测点、负荷测点的勾稽，以及站内用电、无损线路的标记。

（2）线路档案管理。实现各单位对线路高压用户以及采集覆盖、台区数量以及采集覆盖、低压用户以及采集覆盖等信息的统计查询，并可穿透查询高压用户、台区、低压用户等明细信息，实现专线的标记。

（3）台区档案管理。实现各单位对台区信息以及台区下低压用户信息的统计查询，并可穿透查询低压用户明细信息。

（4）高压用户档案管理。实现各单位对高压用户信息的统计查询。

（5）低压用户档案管理。实现各单位对低压用户信息的统计查询。

4.3　关　口　管　理

关口管理包含了关口配置、区域关口确认、区域关口清单审核、分压关口清单审核、分压关口清单审核、元件关口模型配置、台区关口管理、关口一览表等 12 项主要功能。这些功能主要是对整理好的基础档案，根据线损计算规则，手动或自动的生成四分线损关口模型。关口是同期线损管理系统进行统计、计算的依据，根据性质不同，可分为分区、分压、分元件、线路、台区以及游离关口等，每个关口可以是一种属性也可以是多重属性。

关口管理包括关口配置、确认、审核和关口一览表。主要实现对区域关口、分压关口、分元件关口的模型配置与信息变更维护，各类关口模型和电量等信息的查询，以及当关口计量有差错时，对供电关口的电量追补，见图 4－3。

图 4－3　关口管理

4.4　统计线损管理

统计线损管理包含了分区域线损查询、分压线损查询、分线线损查询、分台区线损查询、分区线损统计网损等功能，见图 4－4。关口模型配置完成之后，系统可按要求进行分月线损计算，并自动生成报表。统计线损和现有线损管理体制保持一致，供电量根据设定的抄表例日进行统计计算，售电量取自于营销月度发行电量，系统中统计线损率指标与大规划系统中线损报表数据保持一致。本管理功能主要侧重对四分统计线损的展示及明细数据分析。

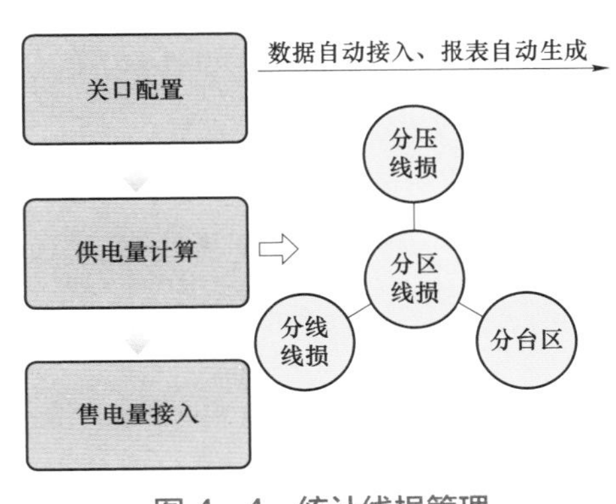

图 4－4　统计线损管理

（1）分区统计线损计算。供电量按照区域关口配置计算获得，售电量根据下级各单位营销月度发行电量进行汇总获得。数据质量未达到计算要求时，如拓扑关系错误、电量数据缺失等，需重新配置或上传。同时，提供按照历史网架计算线损的功能。

（2）分区统计线损查询。用户可查看各单位及下级单位的区域统计线损穿透数据，以及区域关口表计明细，并可结合计算明细追溯电量详情，自动生成所需报表及报告并逐级统计报送。

（3）分压统计线损计算。输入、输出电量根据分压关口配置计算获得，可计算日、月分压统计线损。数据质量无法达到计算要求，如拓扑关系、电量数据等，需重新配置或上传。同时，提供按照历史网架计算线损的功能。

（4）分压统计线损查询。用户可查看本级及下级单位的分压统计线损穿透数据，以及分压关口表计明细，并可结合计算明细追溯电量详情，自动生成所需报表及报告并逐级统计报送。

（5）线路统计线损查询。用户可查看下级单位的线路统计线损穿透数据，以及线路关口表计明细，并可结合计算明细追溯电量详情。

（6）台区统计线损查询。用户可查看下级单位的台区统计线损穿透数据，以及台区关口表计明细，并可结合计算明细追溯电量详情。

4.5 同期线损管理

同期线损管理包含了区域同期月线损、区域月网损、分压同期月线损、分元件同期月线损、分线路同期月线损、分台区同期月线损以及相关“四分”同期日线损等功能，见图4-5。同期线损计算所需关口模型与分区统计线损关口一致，仅计算时间区间不同，通过日、月“四分”同期线损的计算和查询操作，可实现对同期日、月电量的展示与线损分析，消除了统计线损供售不同期的影响，真实反映各单位实际线损状态，并能够按照分区、分压、分元件、分线、分台区逐级细化，支撑线损归真和高（负）损治理工作，有序推进同期“四分”线损管理工作。

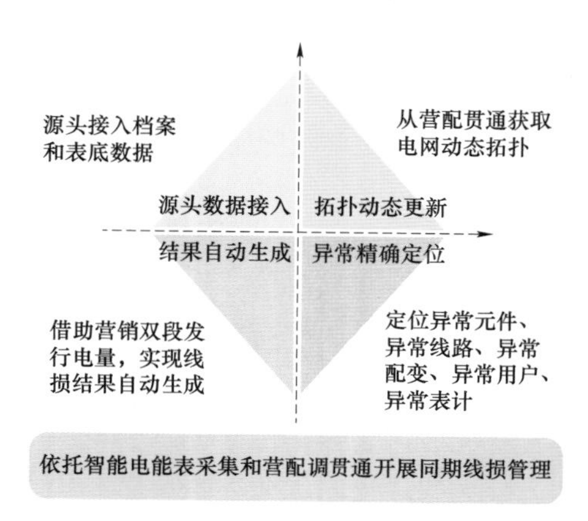

图4-5　同期线损管理

（1）区域同期线损计算。供电量根据区域关口配置计算每日（月）零点之间电量，售电量获取相同时间段的电量。数据质量未达到计算要求时，如拓扑关系错误、电量数据缺失等，需重新配置或上传。同时，提供按照历史网架计算线损的功能。

（2）区域同期线损查询。用户可查看的区域同期线损数据，以及区域关口表计明细。用户可穿透查看分压日、月售电量，点击“售电量”，查询专用公用变压器售电量明细。

（3）分压同期线损计算。分压统计线损计算：输入、输出电量根据分压关口配置计算获得，可计算日、月分压统计线损，能够将本单位与下级单位管辖电网分压同期线损进行汇总，生成全网分压同期线损结果。数据质量无法达到计算要求时，如拓扑关系、电量数据等，需重新配置或上传。同时，提供按照历史网架计算线损的功能。

（4）分压同期线损查询。用户可查看分压同期线损与电量穿透数据，以及分压关口表计明细，并可结合计算明细追溯电量详情，自动生成所需报表及报告并逐级统计报送。用户可穿透查看分压日、月售电量，点击“售电量”，若电压等级小于等于 10kV 则进入公用变压器售电量明细。

（5）分元件同期线损计算。按照分元件模型配置情况按月计算主变压器、母线、输电线路等元件同期线损。数据质量无法达到计算要求时，如拓扑关系、电量数据等，需重新配置或上传。同时，提供按照历史网架计算线损的功能。

（6）分元件同期线损查询。用户可查看主变压器、母线、输电线路同期线损穿透数据，以及分元件关口表计明细，并可结合计算明细追溯电量详情。

（7）线路同期线损计算。按照线路模型配置情况计算本单位下的所有配电线路同期线损。数据质量无法达到计算要求时，如拓扑关系、电量数据等，需重新配置或上传。同时，提供按照历史网架计算线损的功能。

（8）线路同期线损查询。用户可查看区县、所的配电线路同期线损穿透数据，以及线路关口表计明细，并可结合计算明细追溯电量详情。

（9）台区同期线损计算。按照分台区模型配置情况计算本单位下的所有各台区的同期线损。数据质量无法达到计算要求时，如拓扑关系、电量数据等，需重新配置或上传。同时，提供按照历史网架计算线损的功能。

（10）台区同期线损查询。用户可查地市、区县的台区同期线损穿透数据，以及分台区关口表计明细，并可结合计算明细追溯电量详情。

（11）自定义区域线损。实现按自定义供电区域计算分压线损。

4.6 理论线损管理

理论线损管理利用电网模型，以及实时采集的电压、电流以及负荷（电量）等运行数据，实现对本级电网代表日的理论线损计算，并提供科学的评价体系。对电网所有元件的损耗值做出定量分析，给出定性的评价结论，以利于技术降损决策，见图4－6。

1. 理论线损代表日选取原则

（1）电力网的运行方式、潮流分布正常，能代表计算期的正常情况，负荷水平在年最大负荷的85%～95%之间。

（2）代表月（日）的供电量接近计算期的平均月（日）供电量。

（3）计算期有多种接线方式时，应考虑多种对应的形式。

（4）气候情况正常，气温接近计算期的平均温度。

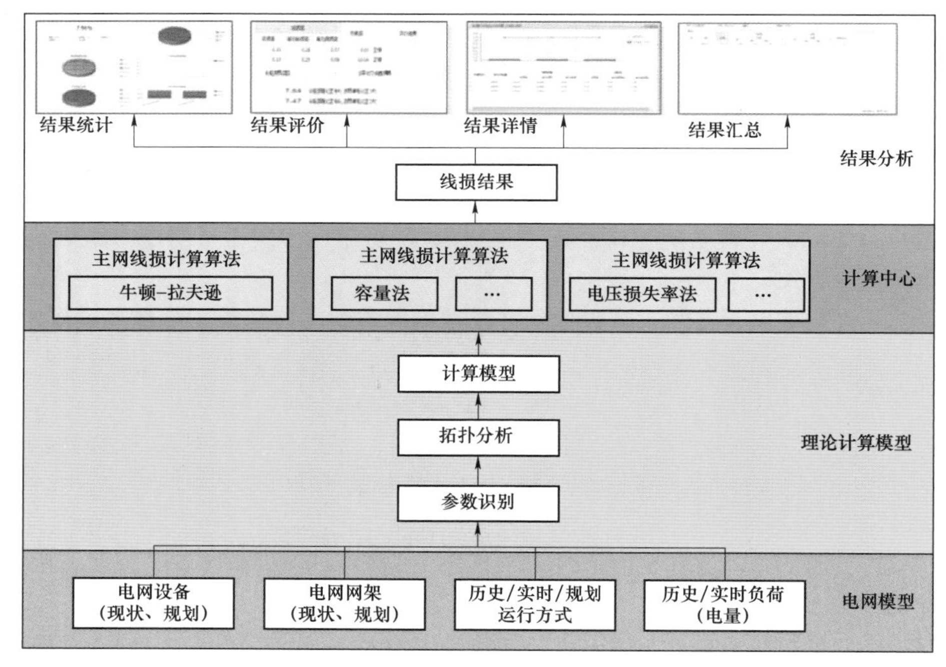

图 4-6　理论线损管理

（5）代表月（日）负荷记录应完整，能满足计算需要，一般应有电厂、变电所、线路等一天 24 小时正点的发电（上网）、供电、输出、输入的电流，有功功率和无功功率，电压以及全天电量记录。

2. 理论线损管理主要功能

在理论线损管理中，用户可对 220kV 及以上电网进行理论线损计算、分析展示、汇总、生成报告操作。主要功能包括：

（1）代表日维护。实现本单位主网、配网、低压网理论线损代表日、月新增、编辑、删除。

（2）主网理论线损计算。计算典型日、月配置；实现本省 220kV 及以上主网理论线损计算、计算日志输出、计算结果明细及评价结果、汇总、图形展示、结果导出 Excel。

（3）主网查询。实现本单位及下级单位 35kV 及以上主网理论线损计算结果（变电站、变压器、输电线路、输电线段、分段导线、其他设备）汇总查询及对钻取明细查询、全网总损耗、全网分电压损耗查询、查询结果导出 Excel。

（4）配网查询。实现下级单位 10/6/20kV 配网理论线损计算结果（配电线路、配电线段、配电变压器）汇总查询及钻取配电线路明细查询、查询结果导出 Excel。

（5）低压网查询。实现下级单位上报的 0.4kV 低压网理论线损计算结果汇总及明细查询、查询结果导出 Excel。

（6）设备典型参数维护。根据设备型号、电压等级对电缆、架空线路、变压器等电网设备进行典型参数维护。

（7）设备典型参数设置。根据设备型号、电压等级从设备典型参数库中取相应设备的典型参数，对于匹配失败的设备，可根据设备类型、电压等级去配型相应设备的典型参数。

（8）电网失电分析。运行状态，对电网拓扑进行失电分析。

4.6.1 主网理论线损计算

1. 计算方法

采用牛顿拉夫逊法算法，利用潮流迭代的方式，通过设定迭代次数和允许误差作为是否收敛的判断条件，计算过程中均换算成标幺值来简化计算。

2. 计算步骤

第一步：生成设备拓扑关系。

第二步：依据运行方式和母线类型划定供电区域。

第三步：传入计算参数，计算设备标幺值。

第四步：从负荷节点由下而上计算设备损耗。

第五步：转化成有名值。

第六步：输出计算结果。

4.6.2 配网理论线损计算

1. 计算方法

采用等值容量法，依据配电变压器的容量计算等值电阻（10kV 配电网总均方根电流流过它所产生的电能损耗等于 10kV 配电网全部配电变压器负载损耗的总和）。运行数据只需配线电源点的有功电量、无功电量，所需数据很少，但是要注意采用本算法的前提条件为近似地假设全网的配电变压器平均负荷率相同。

2. 计算步骤

第一步：计算电源点电流值。

第二步：计算配电变压器等值电阻。

第三步：计算配电变压器铜损。

第四步：计算配电变压器铁损。

第五步：计算配线段等值电阻。

第六步：计算配线段损耗。

第七步：输出计算结果。

4.6.3 低压理论线损计算

1. 计算方法

采用电压损失率法，将台区的损耗分为低压主干线损耗、进户线损耗、表计损耗三部分，运行数据需用户的抄见电量及主干线节点实测电压。

2. 计算步骤

第一步：计算每日每户有功电量。

第二步：计算进户线损耗。

第三步：计算低压主干线供电的用户电量。

第四步：计算低压主干线损耗。

第五步：计算表计损耗。

第六步：计算总损耗及损耗率。

4.7 电量计算与统计

电量计算与统计部分主要涉及的功能是关口明细、高压用电计量点明细、供电计量点明细、低压用电计量点信息4类功能，主要对相应关口关系、计量点日、月电量的统计与明细展示，并进行相应计量点电量的查询以及供电计量点电量的追补，见图4－7。

电量计算包括供电量、关口电量、“四分”线损计算、异常统计，网省公司可以配置日、月电量与线损计算任务，计算服务器按照轮询方式进行电量与线损计算。

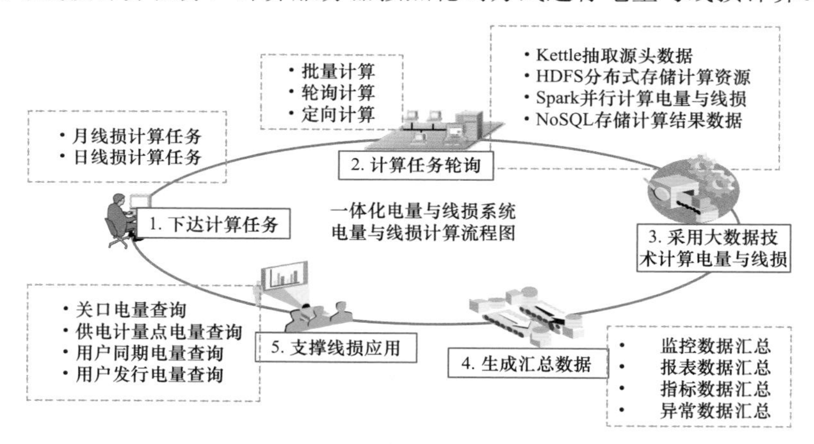

图4－7　电量计算与统计

在电量计算与统计中，系统基于关口档案与电能量采集、营销、用电信息系统接入的数据计算关口电量，并汇总统计“四分”电量。用户可对电量进行查询和追补操作。具体功能包括：

（1）高低压用户发行电量查询。用户能够按照用户编号、用户名称、月份查询不同用户的在指定时间内的发行电量。用户点击用户名称穿透到用户发行电量详细界面，展示该用户在一定时间段之内每个月的发行电量。

（2）关口电量明细查询。用户可以根据关口类型、关口性质、关口编号、关口名称、供电单位、供电电压等级、受电单位、受电电压等级、变电站名称、电量类型、日期、结算类型等信息查询关口电量的详细信息。

（3）高压用户计量点同期电量查看。用户可以根据单位名称、计量点名称、计量点编号、用户编号、用户名称、线路名称、日期等条件查询用户月电量信息。选择查询记录之后显示该用户使用电能表的详细信息，包括表号、倍率、出厂编号、资产编号、日期、上表底、下表底等信息。

（4）供电计量点明细。用户可以根据单位名称、计量点编号、变电站编号、结算类型、开关编号、计量点名称、变电站名称、电压等级、电量类型、日期等信息查询计量点的详细信息，包括计量点的总电量（正向有功、反向有功）、追补变量（正向有功、反向有功）、上表底（正向有功、反向有功）、下表底（正向有功、反向有功）等信息。用户点击查询计量点供电明细记录的追补按钮，打开电量追补界面，用户需要选择追补类型及电量追补值，完成电量追补。

（5）低压用户计量点同期电量查询。用户可以根据单位名称、计量点名称、计量点编号、用户编号、用户名称、线路名称、日期等条件查询用户月电量信息。选择查询记录之后显示该用户使用电能表的详细信息，包括表号、倍率、出厂编号、资产编号、日期、上表底、下表底等信息。

（6）分布式电源电量明细。用户可以根据所属单位、出厂编号、资产编号、用户编号、用户名称、计量点编号、计量点名称、电压等级、计算类型、电量类型、日期等信息查询计量点电量的详细信息，包括加减关系（正向有功、反向有功）、总电量（正向有功、反向有功）、上表底（正向有功、反向有功）、下表底（正向有功、反向有功）等信息。

4.8 全景展示

全景展示（见图4-8）以线损地图展示线损率、同比、环比等信息，实现逐层穿透，可灵活切换到网架示意图；并根据县—市—省—总部多级报送管理需要，配置报表流程，实现线损结果的逐级上报、审批、流转与汇总。

在全景展示中，用户可对主网/配网档案、线损指标、电量指标、采集情况、负荷情况、主网/配网网架拓扑及潮流进行查看展示。具体功能包括：

（1）元件搜索界面。实现对各单位元件（变电站、线路、台区、用户）进行模糊搜索功能，输入元件名称后能够进行模糊匹配功能，并将查询出来的元件信息显示在下方列表中，点击列表中的某一具体元件名称，能够直接定位到地图上。

（2）关键指标对应元件明细界面。实现当地图可视范围发生变化时，关键指标也随之发生变化，当点击关键指标名称时，能定位到地图关键指标对应的元件上，当点击关键指标对应数字时，能显示元件明细信息，变电站（单位、电压等级、变电站名称、线损率），线路（单位、电压等级、变电站、线损率），台区（单位、电压等级、所属线路、线损率），用户（单位、电压等级、所属线路、线损率）。明细界面能够依次按照单位、电压等级、线损率进行排名。

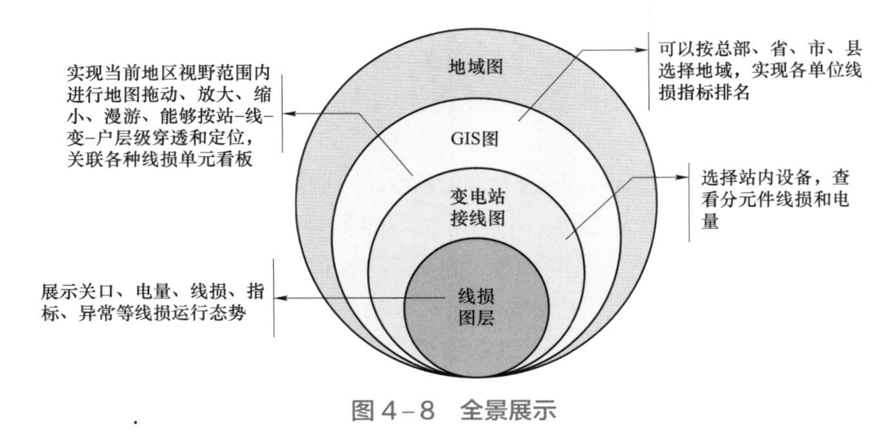

图4-8　全景展示

（3）变电站详细信息界面。实现当定位到具体变电站时，能够查看变电站的详细信息，变电站详细信息包含变电站基本信息，站内主变压器、母线、联络线、站用电、开关详细信息。

（4）变电站一次接线图界面。实现当定位到具体变电站时，能够查看变电站站内具体的一次接线图，并能通过点击主变压器、联络线、母线等，查看变电站站内具体元件信息。

（5）线路详细信息界面。实现当定位到具体线路时，能查看线路的详细信息，线路通过线路档案、线损情况、线损三率比对来对线路进行展示，线路档案主要描述线路档案及八大指标情况；线损情况内主要包括当前线路的供售电量、线损率和异常信息；线损三率比对主要是通过计算当前线路的同期、统计和理论线损率来对线路进行比对。

（6）台区详细信息界面。实现当定位到具体台区时，能查看台区的详细信息，台区通过台区档案、台区运行数据、线损三率分析来对台区进行分析，台区档案主要描述台区档案及三大指标、供售电量、线损率和异常情况；台区运行数据主要描述当前台区的功率曲线、三相电流平衡、电压和功率因数情况；线损三率分析主要是通过计算当前台区的同期、统计和理论线损率来对台区进行分析。

（7）用户详细信息界面。实现当定位到具体用户时，能查看用户的详细信息，用户通过用户档案和运行数据来对用户进行描述，用户档案主要包含基础档案、计量档案、电量分析、运行异常；运行数据主要描述当前专用变压器用户的功率曲线、三相电流平衡、电压和功率因数。

（8）潮流展示。实现主网、配网网架拓扑及潮流的展示。

4.9　线损指标管理

1. 分区监测指标体系

分区监测指标有15项（见表4-1），其中：

（1）关口状态异常数、电量异常关口数、35kV及以上关口表底缺失数、10kV小水电关口电量缺失数等指标可以反映省市县公司分区供电关口电量质量。

（2）10kV及以上高压用户电量异常数、营销同期售电量与表底计算电量比对异常数等指标可以反映同期售电量数据质量。

（3）分区线损电量与各单位线损电量偏差率、分压与分区售电量偏差率、分压与分区线损电量偏差率等指标可以反映省市县公司分区、分压模型的配置质量。

表4－1　分区监测指标

序号	指标名称	用途
1	关口状态异常数	省市县公司分区供电关口电量质量
2	电量异常关口数	
3	35kV及以上关口表底缺失数	
4	10kV小水电关口电量缺失数	
5	关口电量异常波动数	
6	小水电关口虚拟建档数	
7	统计与报表电量偏差率	
8	关口计量点所在母线不平衡数	
9	关口计量点连续采集失败数（三个月）	
10	分区关口计量点故障个数	
11	10kV及以上高压用户电量异常数	同期售电量数据质量
12	营销同期售电量与表底计算电量比对异常数	
13	分压售电量合计与分区售电量偏差率	省市县公司分区、分压模型的配置质量
14	分压线损电量合计与分区线损电量偏差率	
15	分区与各单位线损电量偏差率	

2. 分压监测指标体系

分压监测指标有8项（见表4－2），其中：

（1）变电站图形不完整数、虚拟开关数等指标可以反映省市县档案及拓扑关系缺失情况。

（2）分压关口配置异常、区域关口未设置分压关口数等指标可以反映省市县公司分压关口模型的配置情况。

（3）电量异常关口数、关口电量波动异常数等指标可以反映分压关口电量数据质量。

（4）关口计量点连续采集失败数（三个月）、分压关口计量点故障数等指标可以反映分压关口计量点采集等质量。

表 4–2　　分压监测指标

序号	指标名称	用途
1	电量异常关口数	省市县档案及拓扑关系缺失情况
2	变电站图形不完整数	
3	分压关口配置异常	省市县公司分压关口模型的配置情况
4	区域关口未设置分压关口数	
5	关口电量波动异常数	分压关口电量数据质量
6	虚拟开关数	
7	关口计量点连续采集失败数（三个月）	分压关口计量点采集等质量
8	分压关口计量点故障数	

3. 分线–输电线路监测指标体系

分线–输电线路监测指标有 15 项（见表 4–3），其中：

（1）输入或输出表计缺失线路数量、输入或输出有表计采集缺失线路数、关口当月表底缺失的计量点数、计量点故障数等指标可以反映各单位公司供电关口电量采集质量。

（2）输入输出模型一致数、输入输出模型为单一计量点数、输入输出母线为同一变电站数等指标可以反映各单位公司输电线路模型的配置质量。

（3）特殊、异常、单元接线，轻载、空载、备用线路条数，超长线路，智能变电站输电线路条数等指标可以反映各单位电网基础情况。

表 4–3　　分线–输电线路监测指标

序号	指标名称	用途
1	输入或输出表计缺失线路数量	各单位公司供电关口电量采集质量
2	输入或输出有表计采集缺失线路数	
3	关口当月表底缺失的计量点数	
4	输入或输出关口电量异常线路条数	
5	计量点故障数	
6	输入输出模型一致数	各单位公司输电线路模型的配置质量
7	输入输出模型为单一计量点数	
8	输入输出母线为同一变电站数	
9	当月模型变动数量	
10	模型只配置了输入或输出	
11	轻载、空载、备用线路条数	各单位电网基础情况
12	超长线路	
13	特殊、异常、单元接线	
14	智能变电站输电线路条数	
15	公司资产用户专线	

4. 分线－配电线路监测指标体系

分线－配电线路监测指标有 12 项（见表 4－4），其中：

（1）供电关口电量异常线路数、供电侧关口无表线路数、供电侧关口有表无采线路数、供电关口电量表底缺失线路条数、计量点故障个数、10kV 高压用户表底不完整数等指标可以反映各单位配电线路供电关口电量采集质量。

（2）无线变关系线路数、打包率等指标可以反映各单位配电线路模型的配置质量。

（3）轻载、空载、备用线路条数、超长线路条数、智能变电站 10（20/6）kV 配线条数等指标可以反映各单位电网基础问题。

表 4－4　　分线－配电线路监测指标

序号	指标名称	用途
1	供电关口电量异常线路数	各单位配电线路供电关口电量采集质量
2	供电侧关口无表线路数	
3	供电侧关口有表无采线路数	
4	供电关口电量表底缺失线路条数	
5	计量点故障个数	
6	10kV 高压用户表底不完整数	
7	无线变关系线路数	各单位配电线路模型的配置质量
8	打包率	
9	轻载、空载、备用线路条数	各单位电网基础问题
10	超长线路条数	
11	智能变电站 10（20/6）kV 配线条数	
12	公司资产用户专线	

5. 分台区监测指标体系

分台区监测指标有 8 项（见表 4－5），其中：

（1）无台区总表台区数、台区总表电量异常台区数、总表电量占比满载月电量大于等于 2 台区数、台区总表故障数等指标可以反映各单位台区关口电量采集质量。

（2）无台区变压器关系台区数、台区下用户数量超过 2000 台区数、打包率等指标可以反映各单位台区模型的配置质量。

（3）轻载、空载、备用台区数、农排灌台区数等指标可以反映各单位电网基础问题。

表 4-5　　分台区监测指标

<table>
<tr><th>序号</th><th>指标名称</th><th>用途</th></tr>
<tr><td>1</td><td>无台区总表台区数</td><td rowspan="4">各单位台区关口电量采集质量</td></tr>
<tr><td>2</td><td>台区总表电量异常台区数</td></tr>
<tr><td>3</td><td>总表电量占比满载月电量大于等于 2 台区数</td></tr>
<tr><td>4</td><td>台区总表故障数</td></tr>
<tr><td>5</td><td>无台区变压器关系台区数</td><td rowspan="3">台区模型的配置质量</td></tr>
<tr><td>6</td><td>台区下用户数量超过 2000 台区数</td></tr>
<tr><td>7</td><td>打包率</td></tr>
<tr><td>8</td><td>轻载、空载、备用台区数</td><td rowspan="2">各单位电网基础问题</td></tr>
<tr><td>9</td><td>农排灌台区数</td></tr>
</table>

第三部分

应用篇

第 5 章

四分模型管理

本章按照各公司对所管辖电网采取的包括分压、分区、分线和分台区的线损管理在内的综合降损的管理方式分类进行典型案例分享，各单位均在相应的管理领域总结了极具针对性的经验及问题的应对方案。

5.1 分区、分压模型管理

5.1.1 分区关口配置数据的导入方案

涉及专业：发展。

5.1.1.1 场景描述

按照总部部署，现阶段需要在同期线损管理系统中进行某市的开关勾稽、分区关口配置工作。

如果组织各地市人工进行此工作，一则耗时耗力，二则准确性不高，所以考虑将源端系统的分区关口档案相关信息直接导入到同期线损管理系统中。

5.1.1.2 问题分析

该项工作涉及该省电能量计量系统（简称关口系统）和该供电公司线损系统两个源端系统，这两个系统均为自建系统，其中关口系统存有省公司及所辖地市分区关口测点数据，该供电公司线损报表系统存有该地区关口配置信息，具体情况如下：

关口系统和该供电公司线损系统中的分区关口档案信息有地区、变电站、表名称、设备 ID（DEV_ID）、测点 ID（METER_ID）、计算关系等字段，需要人工匹配与线损系统开关信息的对应关系；另外，线损系统数据库中关于开关、开关—测点、开关—计量点、关口属性等数据的部分表在总部数据库中，实施项目组对表结构不熟悉，也无法在本地完成导入工作。

5.1.1.3 解决措施

1. 解决思路

按同期线损管理系统的数据要求，制定数据收集模板，由源端系统的厂商将分区关口档案信息导出并填充到模板中，再由相关业务负责人将模板中的其他信息补充完整，交实施项目组完成开关—测点、开关—计量点的匹配对应，最后协调总部开发组协助完成数据导入工作。

2. 解决步骤

（1）根据数据要求制作数据收集模板。制作数据收集模板（Excel），模板分为“省对地关口、省调电厂上网关口、地对地关口、地调电厂上网关口、地对县关口、县对县关口、县调上网电厂关口”7 个 sheet 页，各 sheet 页中数据列为“地市、县、供电单位、受电单位、厂站名称、开关编号、电表名称、主表/副表、设备 ID（DEV_ID）、测点 ID（METER_ID）、计算关系、正向、反向、同期结算日、统计结算日、生效日期、失效日期、是否过网电量关口”，电厂上网关口 sheet 页增加“电厂名称、发电集团、能源类型”3 列，见图 5－1。

分区关口配置数据收集

填写说明：
（1）地市、县、供电单位、受电单位、厂站名称、计算关系、正向、反向、同期结算日、统计结算日、生效日期、失效日期可以批量处理；
（2）请尽量把县、供电单位、受电单位、厂站名称、电表名称、主表/副表、设备ID、测点ID、计算关系、正向、反向、是否过网电量关口填写完整；
（3）电表名称、主表/副表、设备ID、测点ID、计算关系、正向、反向、是否过网电量关口等信息务必填写完整，否则无法导入。

地区	县	供电单位	受电单位	厂站名称	开关ID	电表名称	主表/副表	设备ID（DEV_ID）	测点ID（METER_ID）	计算关系	正向	反向	同期结算日	统计结算日	生效日期	失效日期	是否过网电量关口

图 5－1 分区关口配置数据

（2）收集数据。由源端系统的厂商将分区关口档案信息导出并填充到模板中的“地区、县、电表名称、主表/副表、设备 ID（DEV_ID）、测点 ID（METER_ID）”等列，交业务部门负责人将“供电单位、受电单位、厂站名称、计算关系、正向、反向、同期结算日、统计结算日、是否过网电量关口、电厂名称、发电集团、能源类型”等信息补充完整，完成后提交给实施项目组。

（3）处理数据，匹配开关－测点、开关－计量点关系。在收集到的数据中，“电表名称”命名规则一般是“厂站＋开关编号＋主/副（备用表）”，而同一厂站中没有重复的开关编号，利用这个规律对收集到数据进行再处理，并匹配开关－测点、开关－计量点的对应关系。

1）删除副表数据：将标记为“副表”或“电表名称”中有“副”“备用”字段的数据删除。

2）使用 excel 公式将“电表名称”分解为“地区/县”“厂站名称”“开关编号”的形式，使用这三个组合条件与同期线损管理系统数据库的开关表（LOSS_ARCH_EQUIP_SWITCH）中的“所属地市”“所属电站”“开关名称”三个字段进行匹配，实现测点 ID

（METER_ID）与开关表（见图 5-2）中开关 ID（SWITCH_ID）的对应，对应率在 70%以上。

表名:LOSS_ARCH_EQUIP_SWITCH **解释**:开关
备注: 开关

LOSS_ARCH_EQUIP_SWITCH(开关)		
是否主键	字段名	字段描述
是	SWITCH_ID	开关标识
	SWITCH_NAME	开关名称
	SWITCH_NO	运行编号
	VOLT_LEVEL	电压等级
	PHASE_NUM	相数
	RUN_STATUS	设备状态
	RUN_DATE	投运日期
	UNIT_ID	所属间隔单元标识
	SUBS_ID	所属电站标识
	POLE_ID	所属杆塔
	LINE_ID	所属线路
	SWITCH_SSDS	所属地市
	RUN_ORG_ID	运行单位编码
	ASSET_NO	资产编号
	ASSET_TYPE	资产性质
	ASSET_ORG_ID	资产单位编码

图 5-2　对应表

（4）导入开关勾稽、分区关口配置数据。首先将对应好的开关－测点、开关－计量点数据分别导入到开关－供电采集测点关系表（LOSS_ARCH_REL_SWITCH_GATHER）、开关－供电计量点关系表(LOSS_ARCH_REL_SWITCH_MP)，完成开关勾稽数据的导入。

然后将收集到的“供电单位、受电单位、是否过网电量关口、电厂名称、发电集团、能源类型、生效日期、失效日期”等信息导入到区域关口属性（LOSS_ARCH_ATTR_MARK_REGION）表中，将收集到的“计算关系、正向、反向、同期结算日、统计结算日”等信息导入到关口－计量点关系表（LOSS_ARCH_REL_MARK_MP）表中，完成分区关口配置数据的导入。

（5）导入数据审核确认及补录。完成开关勾稽、分区关口配置数据导入后，发展部组织业务部门在系统中对导入的数据进行检查、审核确认，对未导入的数据进行补录。

5.1.1.4　应用成效

实现了该省公司分区关口、该市分区关口以及 A、B、C、D、F 等地市区分区关口的导入，加快了分区关口配置进度。

5.1.2　互送分压关口配置经验

涉及专业：调控。

5.1.2.1　场景描述

同期线损管理系统根据区域关口一定为分压关口的原则，按关口计量点电压等级自动生成各电压层的分压关口。但线损实际业务分区、分压计算方法不同，分区线损通常采用余量法计算，在配置区域关口时，可按照关口计量点正、反向互抵进行配置。分压线损通常采用表位法计算，在配置分压关口时，分压关口计量点正、反向不能互抵。

5.1.2.2 问题分析

同期线损管理系统将关口为区域关口的计量点自动生成分压关口，无法满足分压线损计算。

某市电网因电源点较多，电网潮流方向不单纯是高压到低压，受电源点的影响电网潮流出现低压到高压反送现象，在计算分压线损时应考虑分压关口计量点反送情况。根据电网可能发生的潮流方向配置分压线损计算模型，才能保证分压线损计算的准确性。

5.1.2.3 解决措施

（1）解决思路。利用同期线损管理系统多计量关系关口配置功能和反送分压关口配置功能进行配置分压线损关口。

（2）解决步骤。

1）利用同期线损管理系统区域分压关口配置功能只配置计量点方向为正向，计算关系为减，生成本单位分压为是。

2）利用同期线损管理系统多计量关系关口配置功能只配置计量点方向为反向，计算关系为加，生成本单位分压为否。

3）利用同期线损管理系统反送分压关口配置功能配置计量点分压反送关口。

5.1.2.4 应用成效

通过以上步骤的处理，通常设置的计量点正向加、反向减的区域关口自动生成的分压关口不能满足分压线损计算要求得以解决。

5.2 分元件模型管理

5.2.1 分元件线损模型无法自动生成问题分析

涉及专业：调控。

5.2.1.1 场景描述

在同期线损管理系统中配置分元件（变电站、主变压器、母线、输电线路）线损模型时，发现系统无法自动生成分元件线损模型，模型配置工作需全部手动完成，这样使得实施工作量大，实施工作效率低。

5.2.1.2 问题分析

同期线损管理系统无法自动生成分元件线损模型，全部手动配置实施工作量大、效率低下。

根据表计计量点方向定义规则：流入母线为反向，流出母线为正向。分析分元件线损模型计算方法，分析得出母线和变电站线损计算方法相同，主变压器和输电线路线损计算方法相同。厂站见图 5－3。

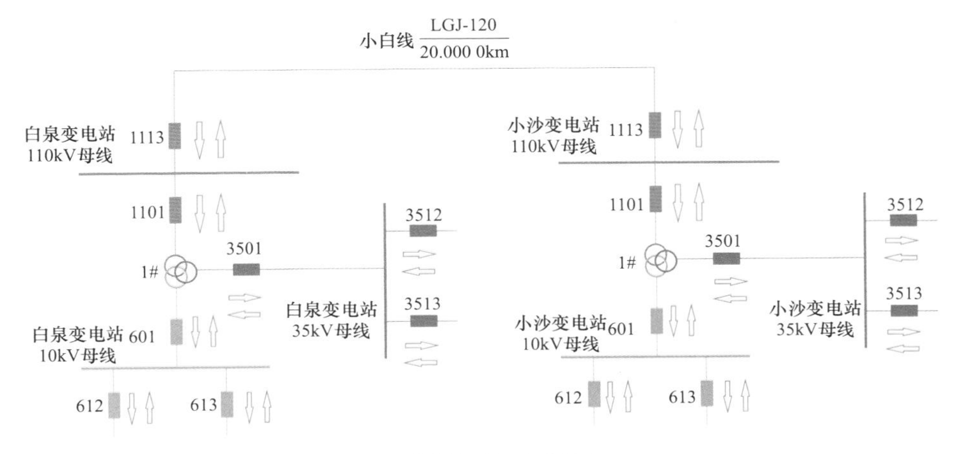

图5－3　厂站图

1. 35kV母平计算方法

输入电量＝SUM（3501反向＋3512反向＋3513反向）

输出电量＝SUM（3501正向＋3512正向＋3513正向）

母线不平衡率＝（输入电量－输出电量）/输入电量×100%

2. 变电站站损计算方法

输入电量＝SUM（1113反向＋3512反向＋3513反向＋612反向＋613反向）

输出电量＝SUM（1113正向＋3512正向＋3513正向＋612正向＋613正向）

站损失率＝（输入电量－输出电量）/输入电量×100%

3. 主变压器变损计算方法

输入电量＝SUM（1101正向＋3501正向＋601正向）

输出电量＝SUM（1101反向＋3501反向＋601反向）

变损率＝（输入电量－输出电量）/输入电量×100%

4. 输电线路线损计算方法

输入电量＝SUM（白泉1113正向＋小沙1113正向）

输入电量＝SUM（白泉1113反向＋小沙1113反向）

线损率＝（输入电量－输出电量）/输入电量×100%

在上述规则下，可以由系统自动生成分元件线损模型，而后由管理单位业务人员核查确认。

5.2.1.3　解决措施

1. 解决思路

在同期线损管理系统无法自动生成分元件线损模型的情况下，结合现场实际情况，为了减轻实施工作量，提高实施工作效率，可按照分元件线损模型的计算方法，编写相应的后台脚本，重新刷新分元件线损模型。

2. 解决步骤

确认试点单位表计计量点方向是否遵循流入母线为反向，流出母线为正向原则。

确认调度 CIM 文件变电站－开关拓扑，母线－开关拓扑，主变压器－开关拓扑，输电线路－开关拓扑信息解析完整。

根据分元件线损模型计算方法生成相应脚本，后台执行脚本重新刷新变电站、母线、主变压器、输电线路线损模型。

5.2.1.4 应用成效

通过以上步骤的处理，变电站、母线、主变压器、输电线路元件线损模型自动生成，并符合试点单位站损、母平、变损、线路损失的计算方法。分元件线损模型配置工作实施工作效率明显提高，模型考虑电网不同潮流影响，保证系统计算结果的准确性。

5.2.2 解决站内元件孤立问题，深化推进站内接线图功能应用

涉及专业：调控。

5.2.2.1 场景描述

同期线损管理系统站内接线图功能能够直观展示变电站进线、出线、母线、主变压器、开关等电气元件拓扑连接关系，通过变电站展示卡方便用户进行开关勾稽和关口配置工作。某省公司在深化应用站内接线图功能时，发现有 82 座变电站站内接线图存在元件孤立问题。

5.2.2.2 问题分析

站内接线图准确展示取决于主变压器－开关、母线－开关拓扑关系是否准确，而主变压器－开关、母线－开关拓扑关系来自于调度 CIME 文件，准确解析 CIME 文件至关重要。经分析，目前解析程序只能解析主变压器－隔离开关－开关－母线拓扑关系，不能解析主变压器－隔离开关－隔离开关－开关－母线拓扑关系。

5.2.2.3 解决措施

1. 解决思路

该省公司组织线损实施组认真研究调度 CIME 文件的标准规范以及调度 SCADA 系统一次接线图，通过建立隔离开关与隔离开关映射关系，优化解析接口程序，实现主变压器－隔离开关－隔离开关－开关－母线拓扑关系解析，有效解决了站内元件拓扑关系孤立点问题，确保变电站站内接线图准确、完整。

2. 解决步骤

（1）查看调度 SCADA 系统一次接线图站内元件连接关系，分析同期线损管理系统站内接线图孤立点对应设备连接关系。

（2）结合调度 SCADA 系统接线图，研究调度 CIME 文件的标准规范，通过主变压器绕组－隔离开关－隔离开关－开关 ID 标签分析元件连接关系。

（3）建立隔离开关与隔离开关映射关系，优化解析接口程序。

5.2.2.4 应用成效

截至 4 月 10 日，站内接线图孤立问题完成率达 83%以上，大大减轻了业务人员梳理工作量，提高了实施工作进度。

5.2.3 10kV 双电源用户电量分析排查总表对应关系梳理

涉及专业：营销、运检。

5.2.3.1 场景描述

某市区公司 10kV 用户“石化高层”专用变压器台区线损数据异常，其中 1 号站是负线损异常，2 号站是正线损异常。

5.2.3.2 问题分析

通过两个专用变压器台区的综合电量分析，两个台区供电量总和与售电量总和计算线损合理，因此怀疑现场台区总表套错。

5.2.3.3 解决措施

1. 解决思路

由于供电量总和与售电量总和计算线损合理，因此现场用户总表套错的可能性很大，派遣消缺队伍现场处理。

2. 解决步骤

（1）安排施工消缺队伍现场消缺，发现现场发现确实存在套错现象。

（2）对系统内用户总表信息进行更正。

5.2.3.4 应用成效

用户总表信息修正后，线损计算正常。

（1）应用成效 CMS 系统截图，见图 5－4。

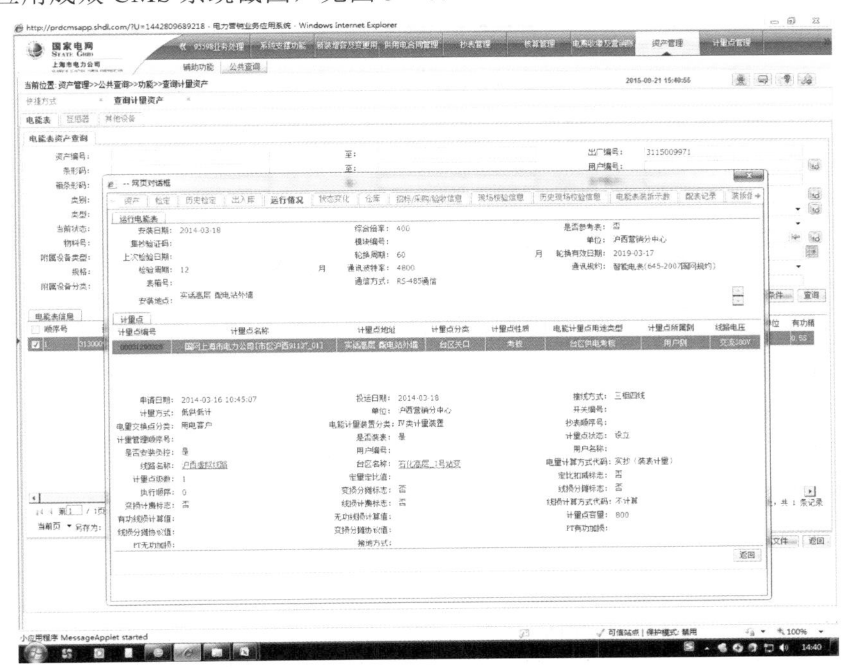

图 5－4　应用成效 CMS 系统截图

（2）应用成效 CMS 系统截图，见图 5－5。

图 5－5　应用成效 CMS 系统截图

（3）应用成效 CMS 系统截图，见图 5－6。

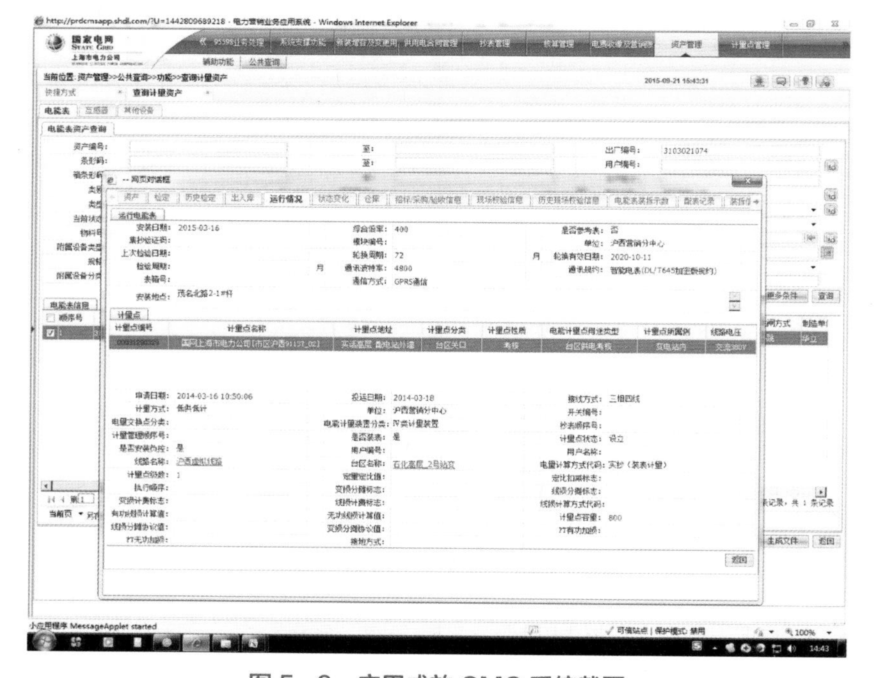

图 5－6　应用成效 CMS 系统截图

（4）应用成效 CMS 系统截图，见图 5－7。

图 5－7　应用成效 CMS 系统截图

5.2.4　分布式光伏模型未配置引起的 10kV 负损线路分析

涉及部门：运检、营销。

5.2.4.1　场景描述

在同期线损管理系统中，1 月 10kV 分线线损计算后，某市公司的 10kV 马庄 126 线线损异常为－33.6%，具体见表 5－1 和图 5－8。

表 5－1　　同期线损管理系统 1 月 10kV 分线线损异常线路表

线路名称	线损率（%）	供电量（kWh）	售电量（kWh）	线损电量（kWh）
马庄 126 线	－33.6	179 760	240 157.49	－60 397.49

5.2.4.2　问题分析

经核查，10kV 马庄 126 线户变关系准确，公用变压器、专用变压器采集成功率 100%，但线损率不合格，初步分析，该线路有一 T 接用户某公司为光伏发电用户，同期线损管理系统在计算供电量时只接入变电站出线开关正向有功，未将该线路上光伏电站上网电量接入，损失电量为负。

5.2.4.3　解决措施

（1）解决思路。参照 35kV 以上分线模型配置原则，将该公司光伏上网电量（反向有功）接入，经核实，该公司光伏已接入电能量系统，有相应的计量点编号信息，在分线模型配置中加以完善。

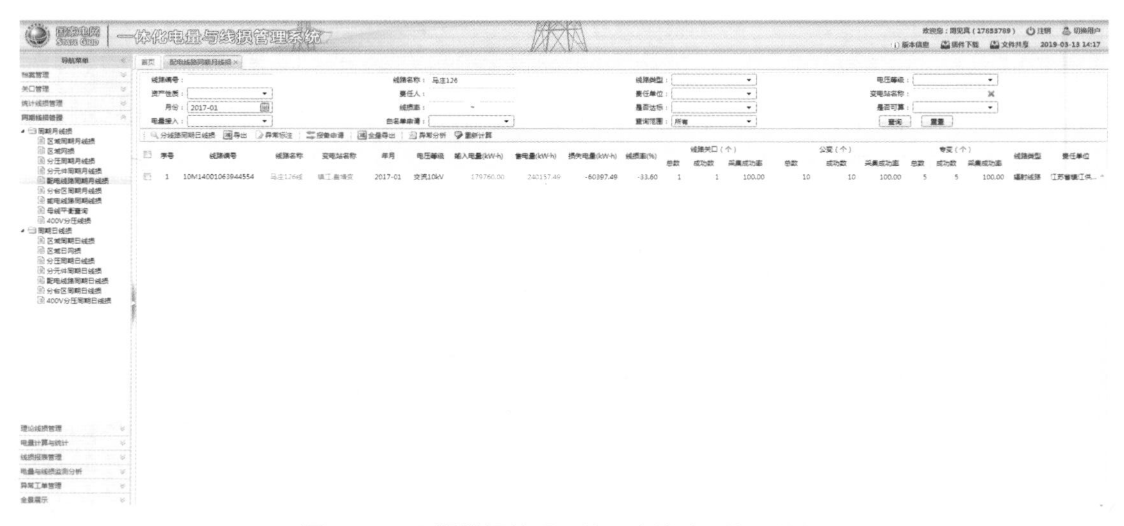

图 5-8　同期线损管理系统配电线路同期月线损

（2）解决步骤。

1）在元件关口模型配置中找到马庄 126 线，点击新增开关计量点，找到该公司皇塘光伏马庄 126 线并网关口，见图 5-9。

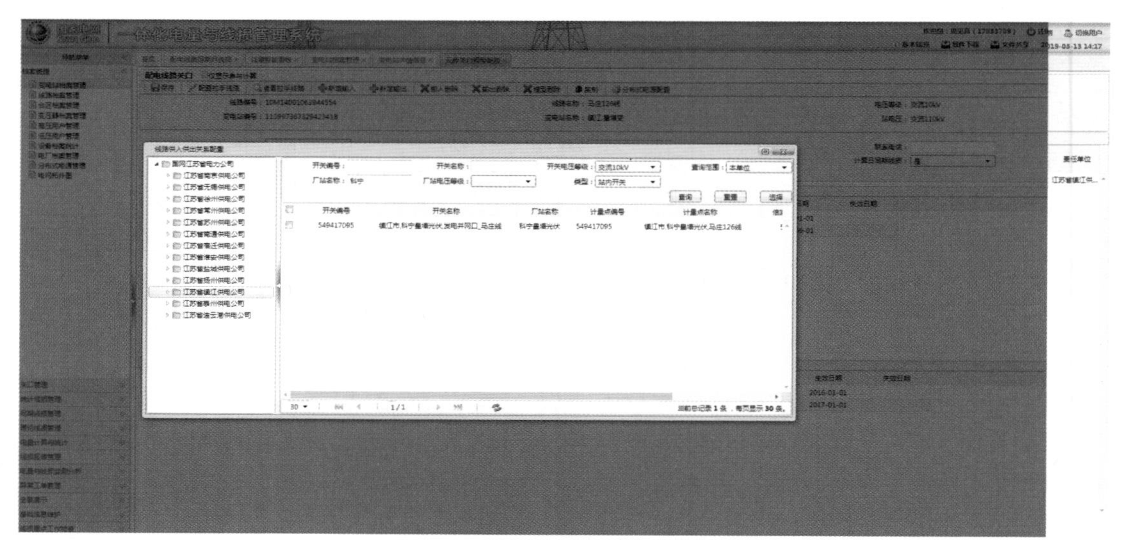

图 5-9　元件关口模型配置

2）将皇塘光伏上网电量（反向有功）接入供电量，见图 5－10。

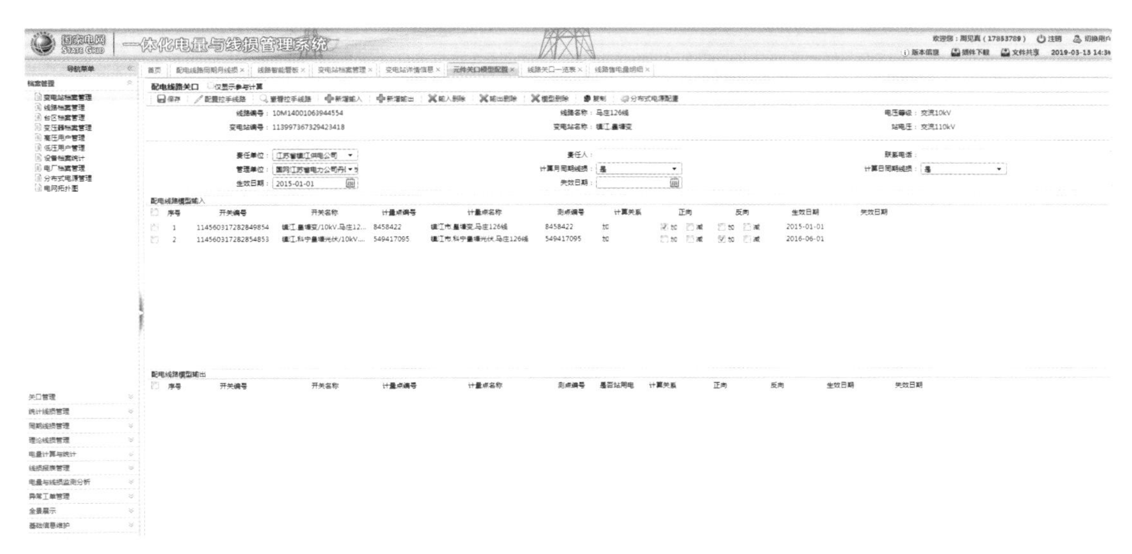

图 5－10　元件关口模型配置

3）经系统计算后，2017 年 2 月，马庄 126 线线损率 2.72%，达标，见图 5－11 和图 5－12。

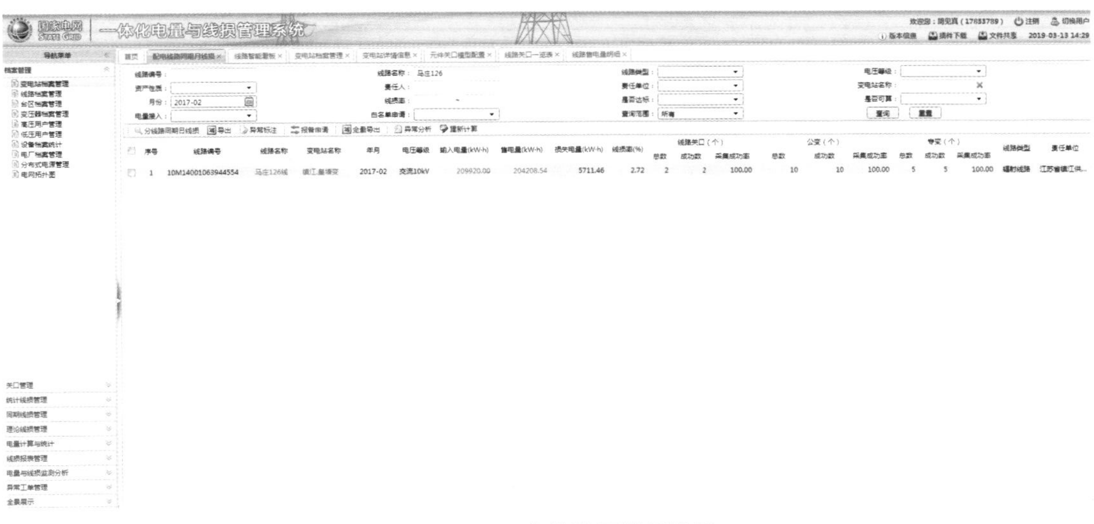

图 5－11　配电线路同期月线损

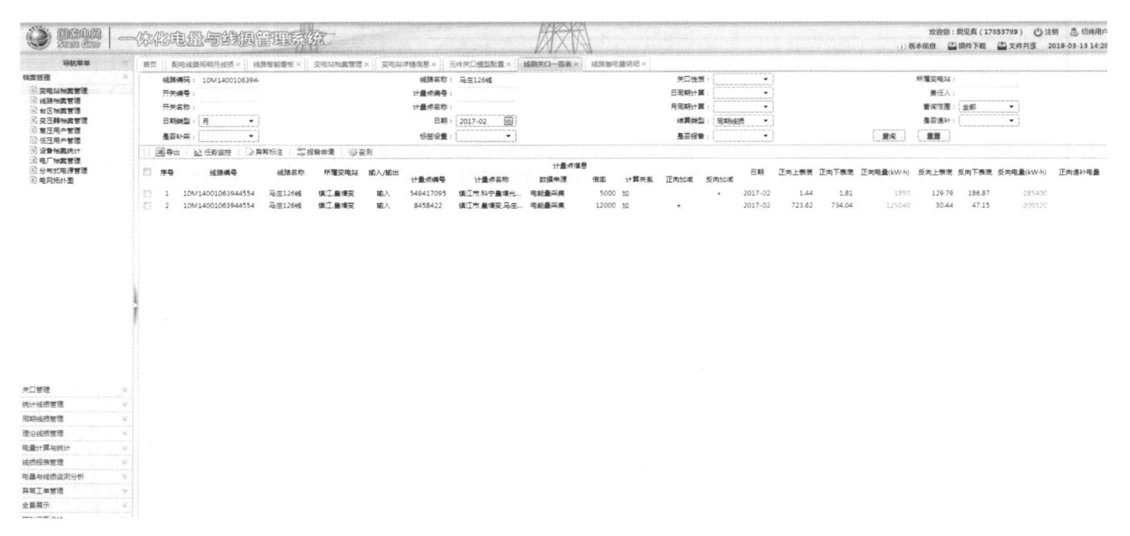

图 5－12　线路关口一览表

供电量明细见图 5－13。

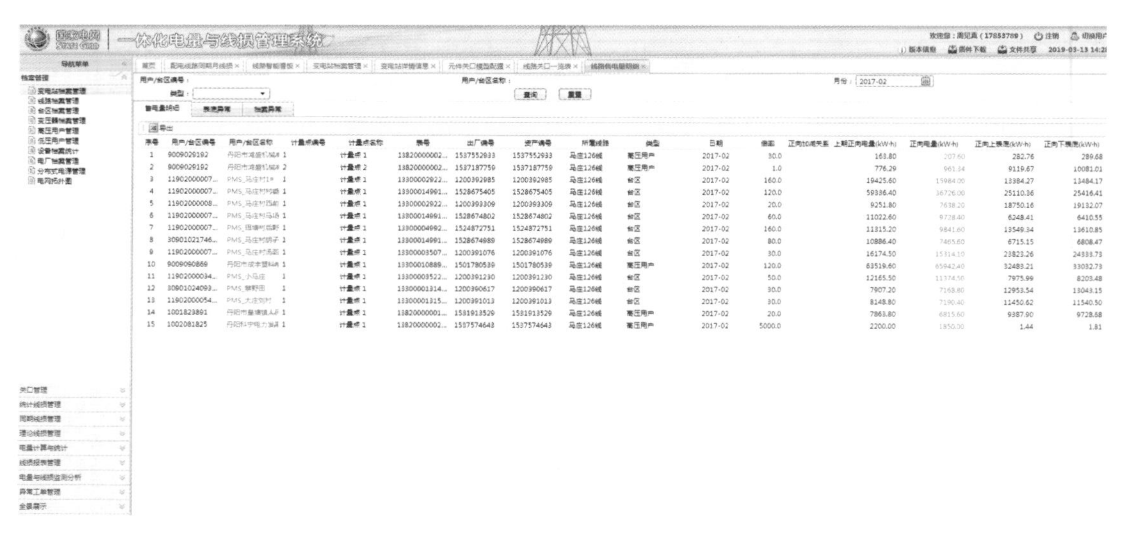

图 5－13　售电量明细

5.2.4.4　应用成效

通过将光伏上网电量接入同期线损管理系统，解决了由光伏接入引起的 10kV 分线线损为负的问题，找到了一条行之有效的解决途径，可大幅提升 10kV 分线线损合格率。

5.2.5　10kV 联络开关建档推广

涉及专业：运检、营销。

本次联络开关建档推广典型经验仅适用于非配网一、二次融合设备。

配网一、二次融合设备是国网运检部加强独立分线线损管理以来主推设备，为国家电网标准物料并纳入各省公司配网协议库存采购，有独立的线损模块，已在国家电网系统推广应用。实现方式为：配网一、二次融合设备在PMS2.0系统建档后推送至用采系统，同期线损管理系统接入数据中心联络开关档案，在线路模型中配置计量点（该方案实行中遇到的主要技术难题：一是配网一、二次融合设备线损模块采用配电101/104规约，用采系统采用用电376.1规约，需要在用采系统配置规约转换软件；二是需要从用采系统开发接口，获取PMS2.0系统一、二次融合设备档案信息）。

5.2.5.1 场景描述

随着客户对电能质量提出更高的要求，配网“手拉手”环网供电逐渐深入应用。

2018年6月28日，因高温导致某县公司35kV开发区变电站负荷急增，为减轻负荷将其出线10kV海力132线主干004～50号杆负荷通过联络开关转移至110kV湾沚变电站出线10kV米厂124线上用电。倒电当天，10kV米厂124线线损率由6月27日的2.95%变为80.80%，10kV海力132线线损率由6月27日的1.30%变为－221.36%，打包后两条线路综合线损率为2.88%。

5.2.5.2 问题分析

10kV线路出现联络倒电时，因联络点缺少计量装置且无法将数据推送至同期线损管理系统，造成联络线路的供售电量不一致，线损异常。目前解决方式是在变更当日，通过设备异动管理流程进行线台关系变更，改变统计范围确保变更后日线损准确计算。但变更当日及月度累计的分线线损只能通过“打包”方式才能保证准确率，无法实现线损“四分”管理。

5.2.5.3 解决措施

在联络点现场安装开关及计量装置，利用表计正确记录转供电量，通过PMS、营销系统建档、用电采集系统表码采集等将数据推送至同期线损管理系统，并在同期系统配置相应输入、输出关口，固化细化10kV分线线损统计范围，准确计算分线线损，实现线损“四分”精益化管理。

调整运行方式后联络开关D1关闭，母线1、2供电范围如图5－14所示，由原来以D1为界调整为以F22为界，统计范围不受运行方式的变化影响。任意断开点以此类推。

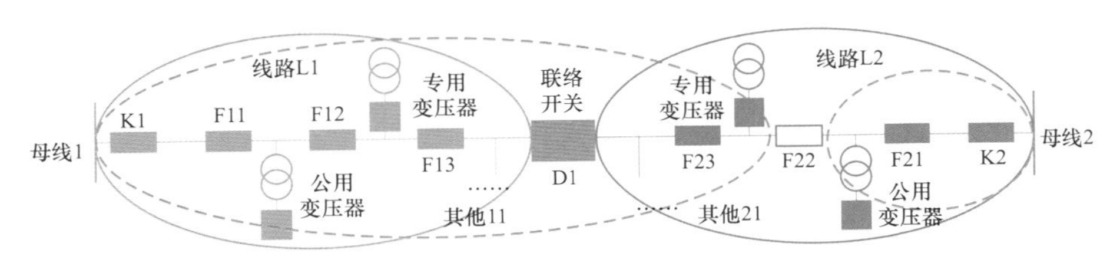

图5－14 运行方式调整图

线路 L1 统计线损计算公式为

$$输入电量 = WK_{1+} + WD_{1-} + WB_{14-} + WZ_{15-} + \Sigma W 其他_{11-}$$

$$输出电量 = WK_{1-} + WD_{1+} + WB_{14+} + WZ_{15+} + \Sigma W 其他_{11+}$$

线路 L2 统计线损计算公式为

$$输入电量 = WK_{2+} + WD_{1+} + WB_{24-} + WZ_{25-} + \Sigma W 其他_{21-}$$

$$输出电量 = WK_{2-} + WD_{1-} + WB_{24+} + WZ_{25+} + \Sigma W 其他_{21+}$$

联络开关建档工作共分四大部分，即现场安装、PMS2.0 系统建档、营销系统建档、同期系统配置，见图 5－15。

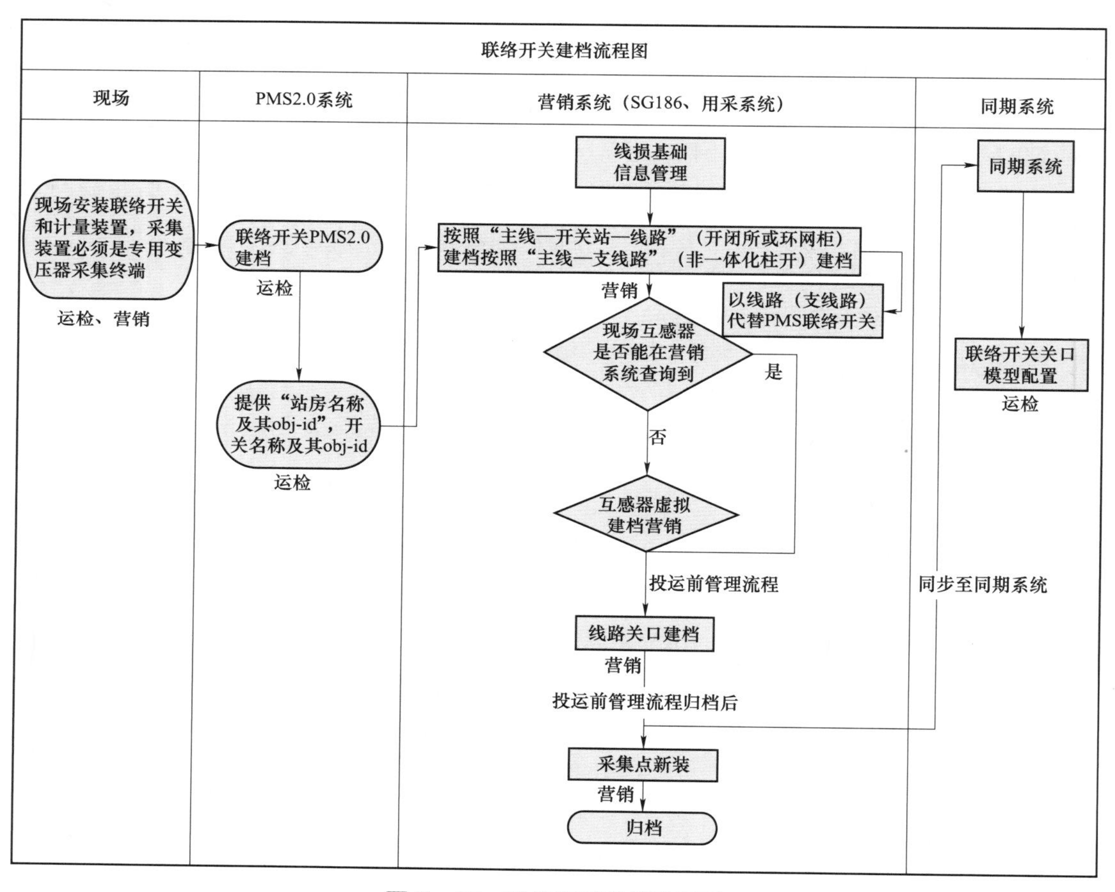

图 5－15　联络开关建档流程图

1. 现场安装

根据现场勘查（见图 5－16）及负荷情况，确定联络开关及计量装置安装方案，并结合停电计划实施安装工作。其中采集装置应采用专变采集终端，不能采用集中器，否则无法接入系统。

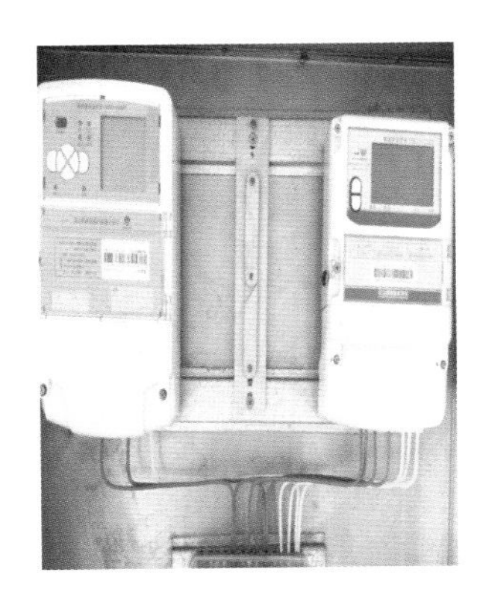

图 5－16　勘查现场图

现场安装方式－开关与计量同杆安装，见图 5－17。

图 5－17　联络开关图

现场安装方式－开关与计量异杆安装，注意两杆之间不带任何负荷，见图 5－18。

图 5－18　现场安装方式图

环网柜式联络，见图 5－19。

图 5－19　环网柜安装图

2. PMS2.0 系统建档

在 PMS2.0、GIS 系统中建立联络开关台账，导出 obj－id 等信息，见图 5－20 和图 5－21。

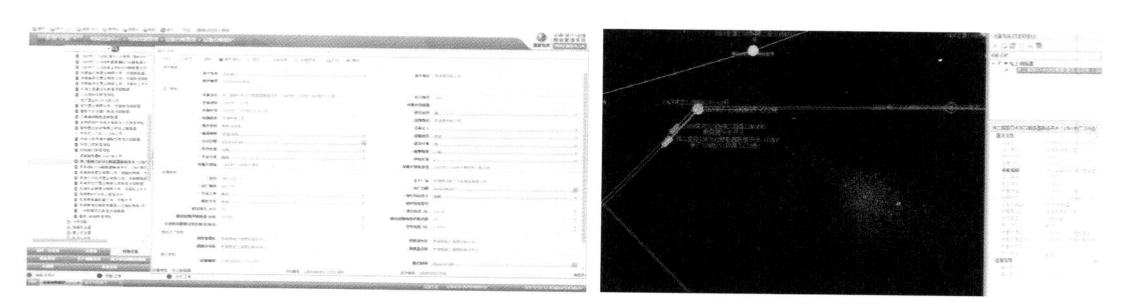

图 5－20　源端系统开关档案图

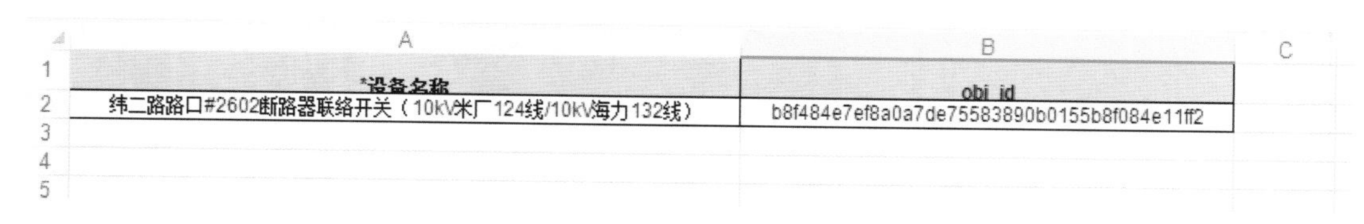

	A	B	C
1	*设备名称	obj_id	
2	纬二路路口#2602断路器联络开关（10kV米厂124线/10kV海力132线）	b8f484e7ef8a0a7de75583890b0155b8f084e11ff2	
3			
4			
5			

图 5－21　开关档案信息图

整理联络开关计量相关信息，建立一处一档表。详细记录开关名称、安装杆号、互感器变比、厂家、计量表计资产号、终端地址等信息，以便进行系统建档工作，见图 5－22。

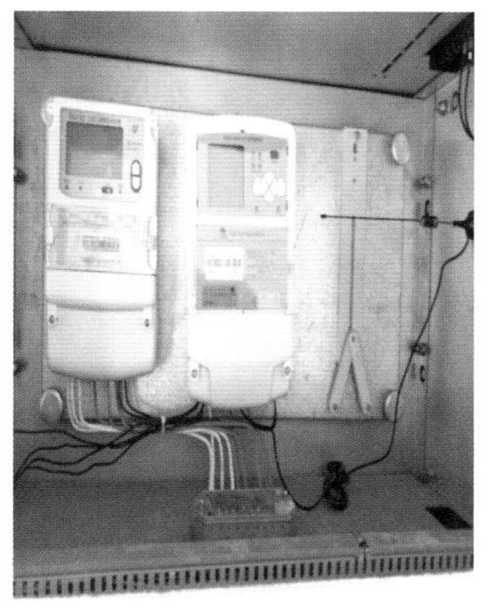

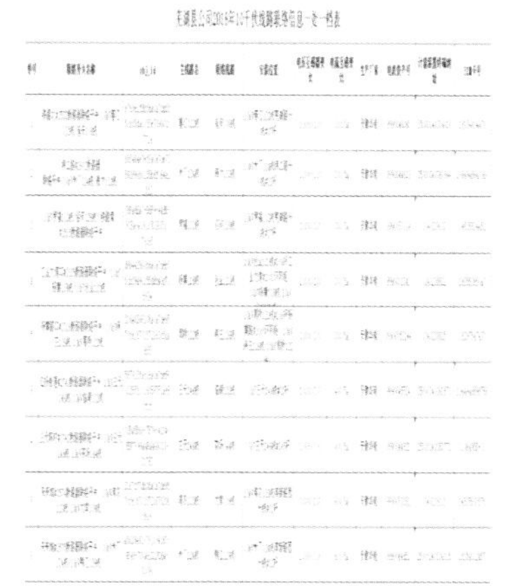

图5－22　联络开关计量相关信息图

3. 营销系统建档

系统建档流程共“四大步”，即营销系统建档、互感器虚拟建档、线路关口建档、采集点新装流程，见图5－23。建档所需信息来自“联络点一处一档表”。

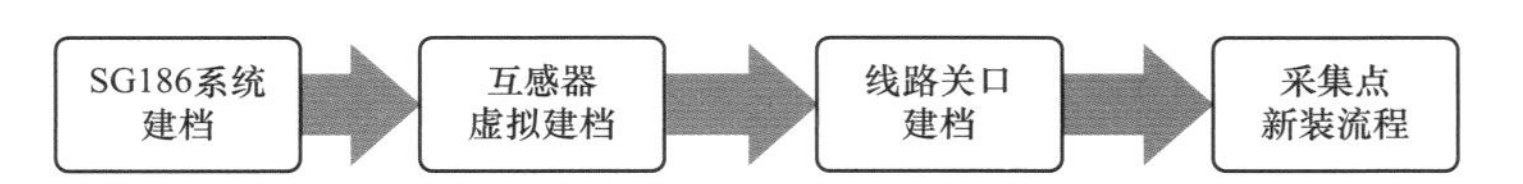

图5－23　系统建档图

SG186系统建档：增加开关站，线损基础信息管理—主线—右键新增开关站；增加线路，右键“开关站”新增“线路”，线路PMS标志为导出的“obj－id”，见图5－24。

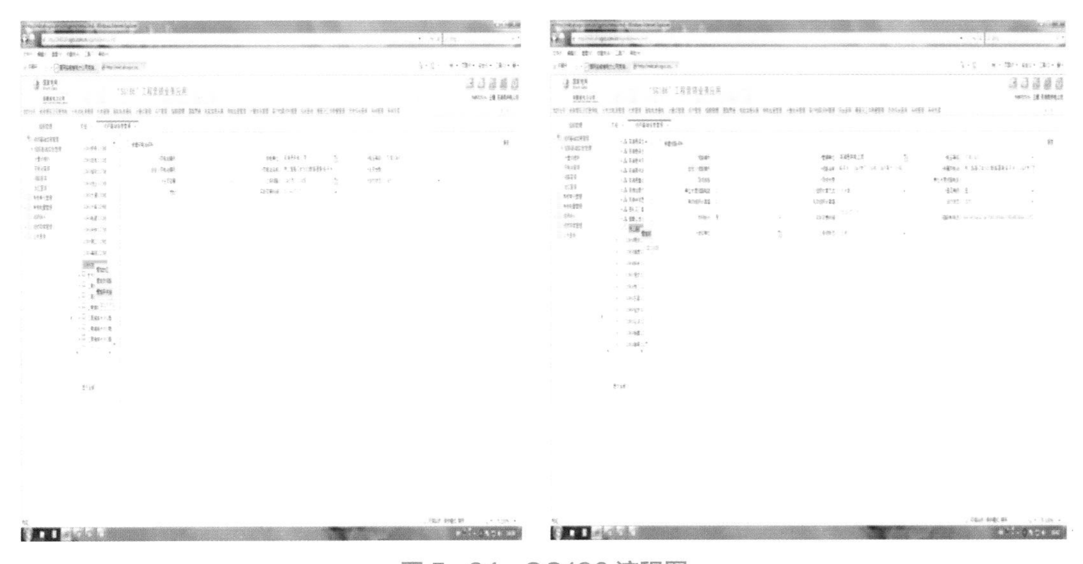

图5－24　SG186流程图

互感器虚拟建档（若营销系统内能查询到该互感器信息，可跳过此步骤）：虚拟互感器建档时产权选择“客户资产”，建档后再通过资产信息维护改为“供电企业资产”，还须选择检定日期，见图 5－25 和图 5－26。

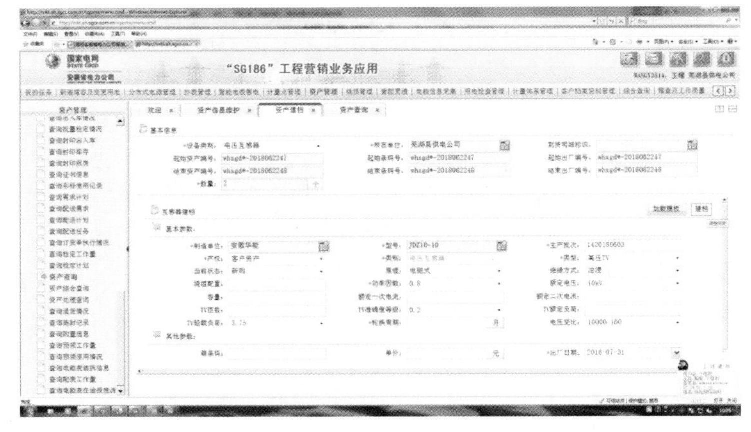

图 5－25　互感器信息图

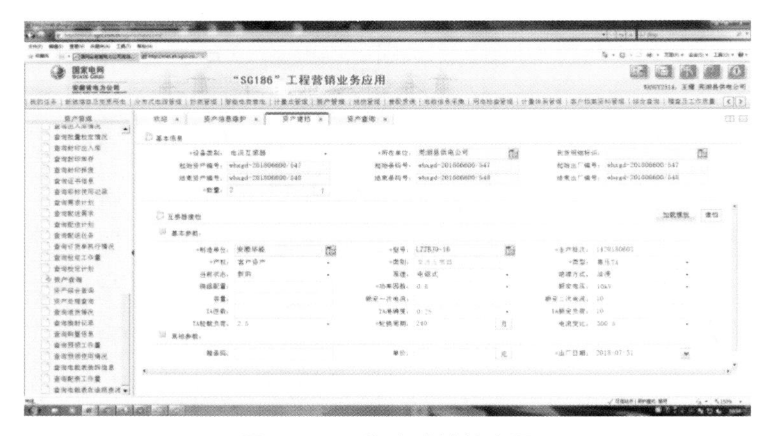

图 5－26　资产建档信息图

线路关口建档：计量点管理—设计审查方案登记—设计方案审查—配表—设备出库—安装派工—安装信息录入—验收申请登记—验收结果录入—归档，见图 5－27。

图 5－27　线路关口建档流程

设计审查方案登记：计量点管理—投运前管理—设计审查方案登记，见图 5－28。

设计方案审查—计量点方案：设计方案审查结果—右键“增加计量点”—计量点申请信息，见图 5－29。

设计方案审查—电能表方案：点击电能表方案，填写资产号等相关信息，见图 5－30。

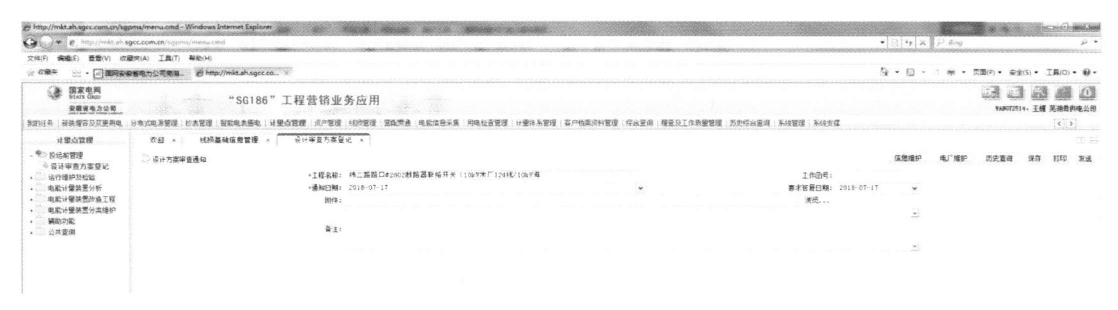

图5-28 设计审查方案登记

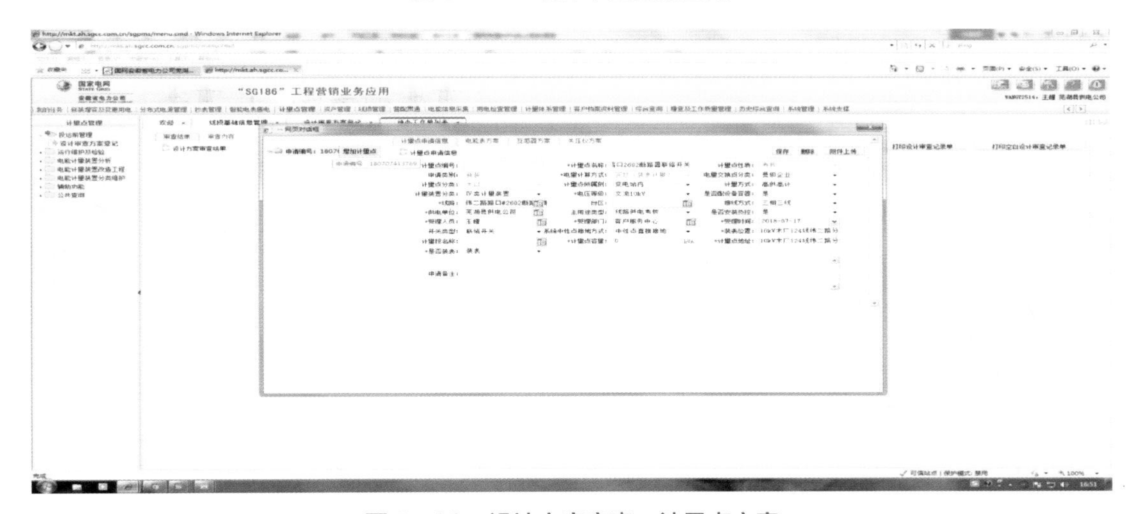

图5-29 设计方案审查—计量点方案

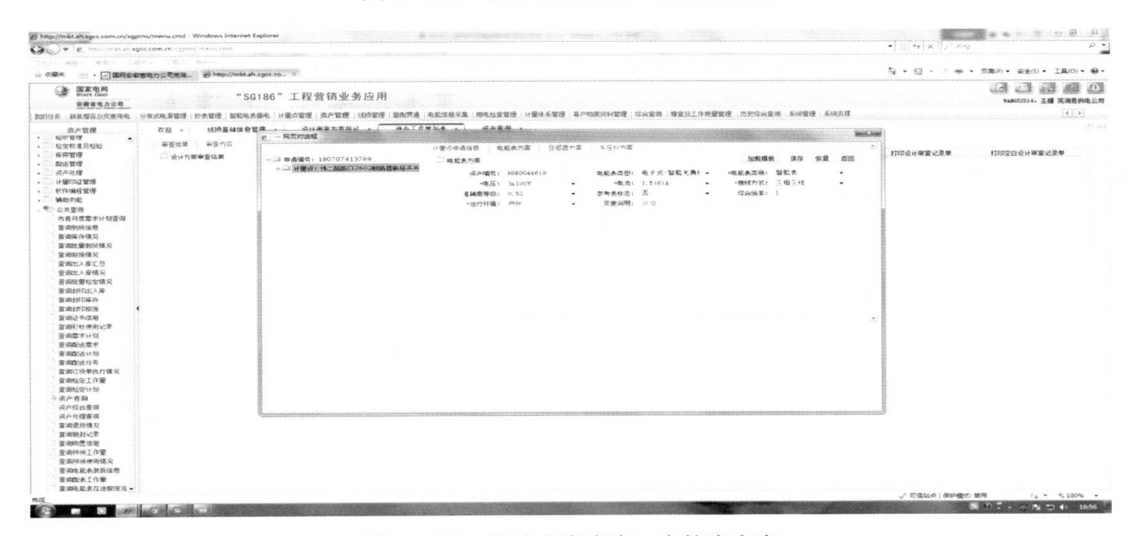

图5-30 设计方案审查—电能表方案

设计方案审查—互感器方案：点击互感器方案，填写电压等级、数量等信息，见图5－31。

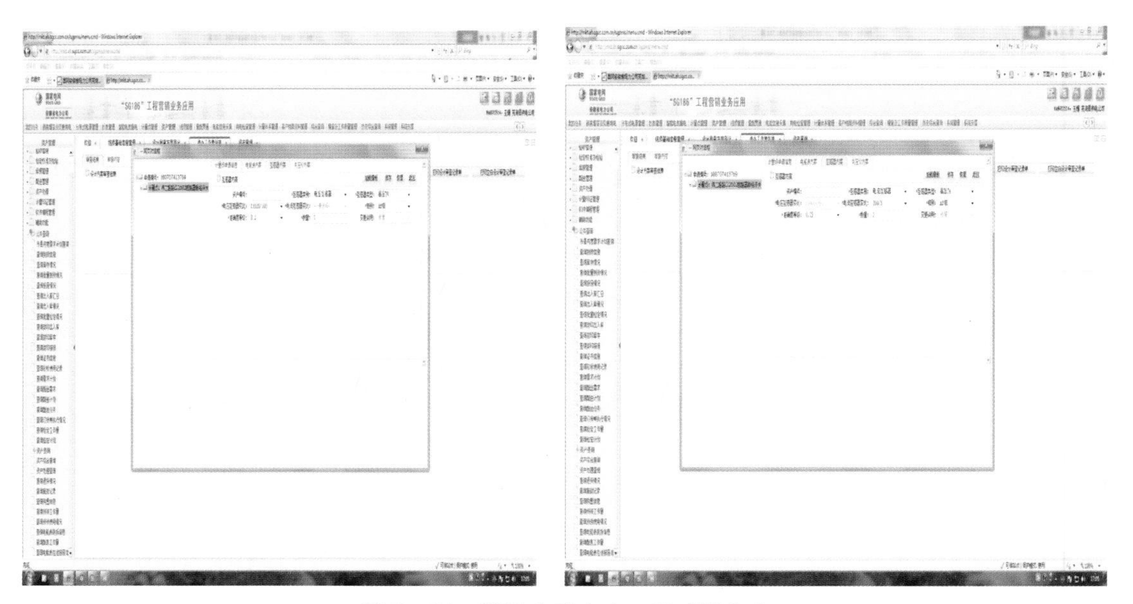

图 5－31 设计方案审查—互感器方案

安装信息环节：点击待办工作单，录入二次回路等信息，见图 5－32。

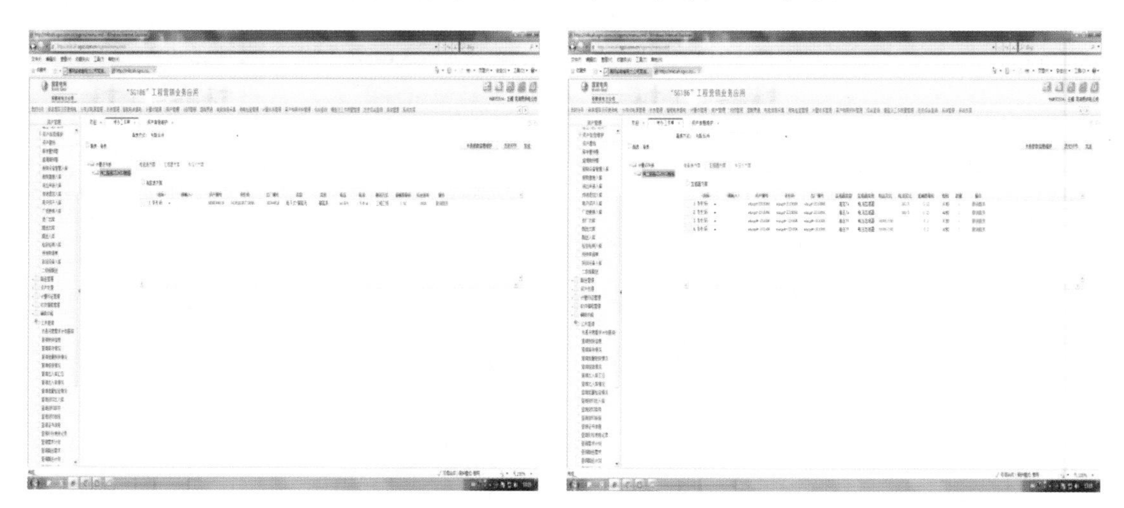

图 5－32 安装信息环节录入二次回路信息

归档：设计方案审查具体流程进程，见图 5－33。

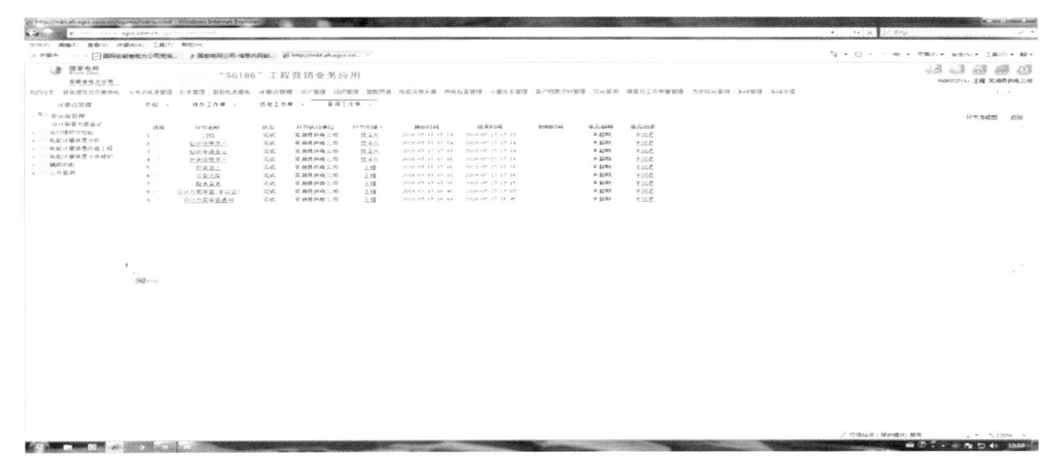

图 5-33　设计方案审查流程

电能信息采集—采集点设置—采集点新装，采集点类型选择关口采集点，见图 5-34。

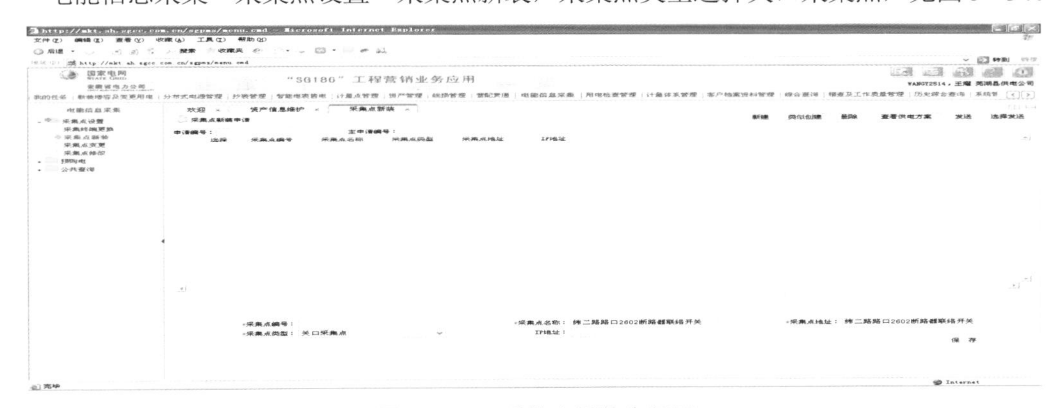

图 5-34　采集点新装步骤图

终端类型选择负荷控制终端，采集方式根据终端类型和卡运营商选取，见图 5-35～图 5-39。

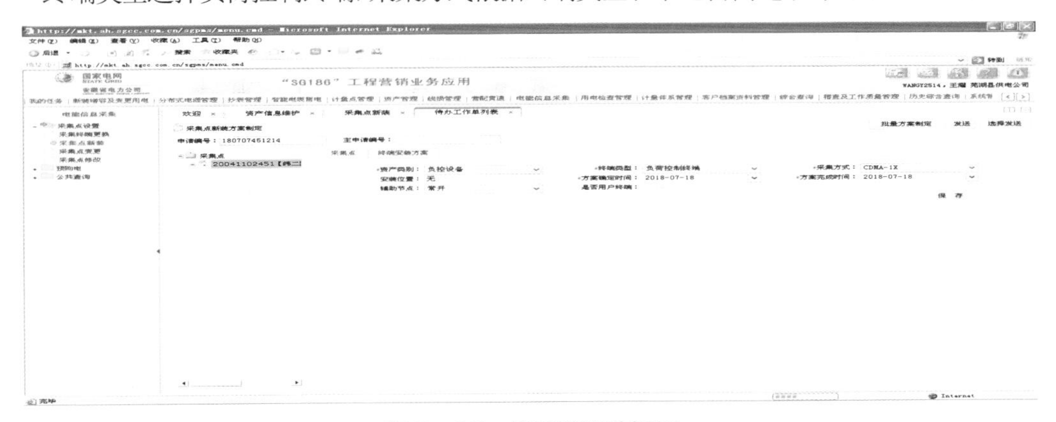

图 5-35　终端类型选择图

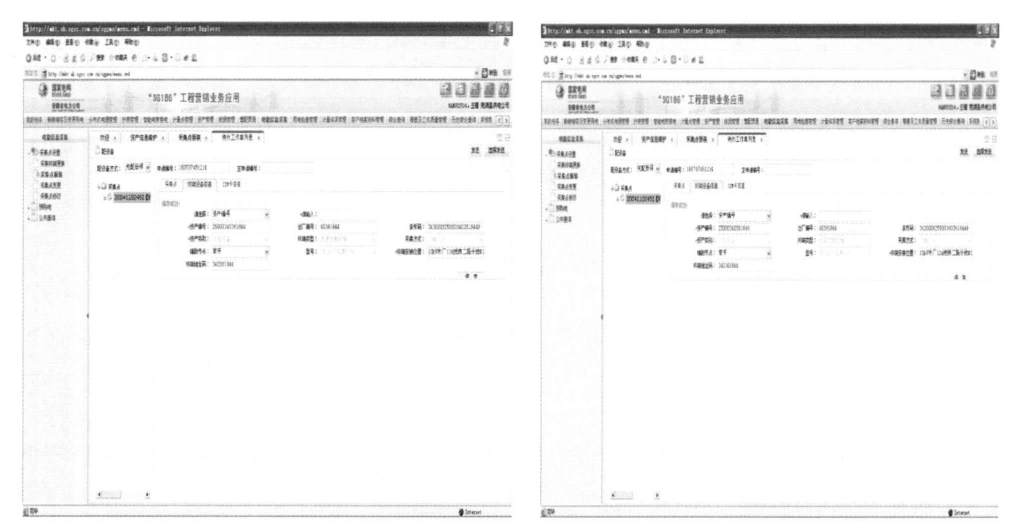

图 5-36　录入终端设备信息和 SIM 卡信息

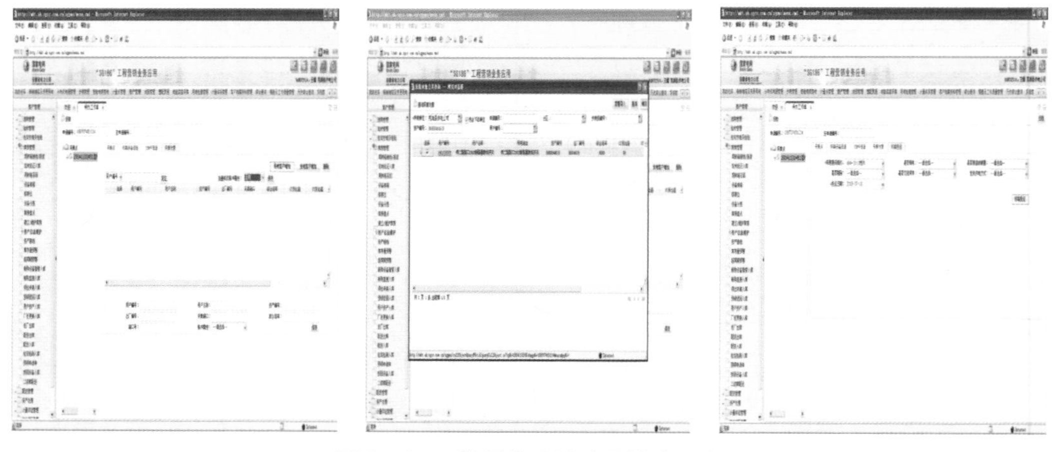

图 5-37　批量修改脉冲属性为正向

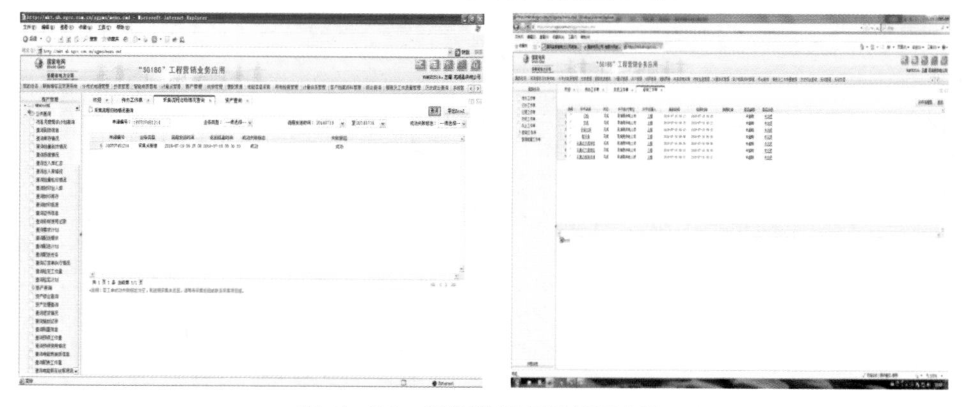

图 5-38　采集流程归档情况查询

图5-39 采集信息同步到运采系统

4. 同期系统关口配置

通过元件关口模型配置，分别新增输入、输出模型，将开关类型选为“联络开关”，联络开关所属线路/主供线路输出配置为正向、输入配置为反向，与主供线路联络线路相反配置，见图5-40。

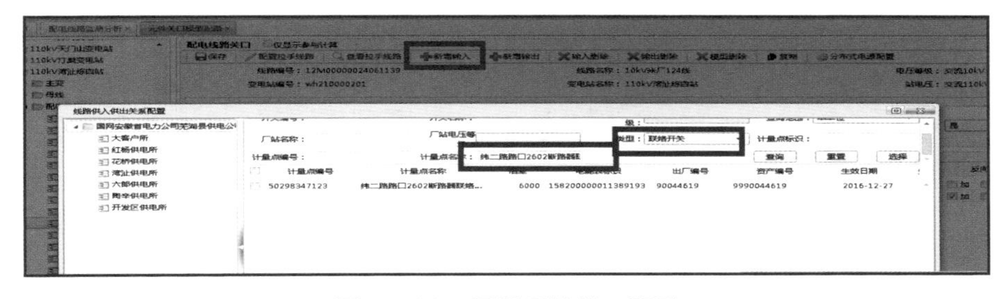

图5-40 同期系统关口配置

以“纬二路路口2602号断路器联络开关（10kV米厂124线/10kV海力132线）”为例，关口型配置中选择10kV米厂124线（主供线路），分别配置输入与输出。开关类型选择“联络开关”，输入计量点编号或计量点名称，找到对应开关并配置。输入配置为“反向加”，输出配置为“正向加”，见图5-41。

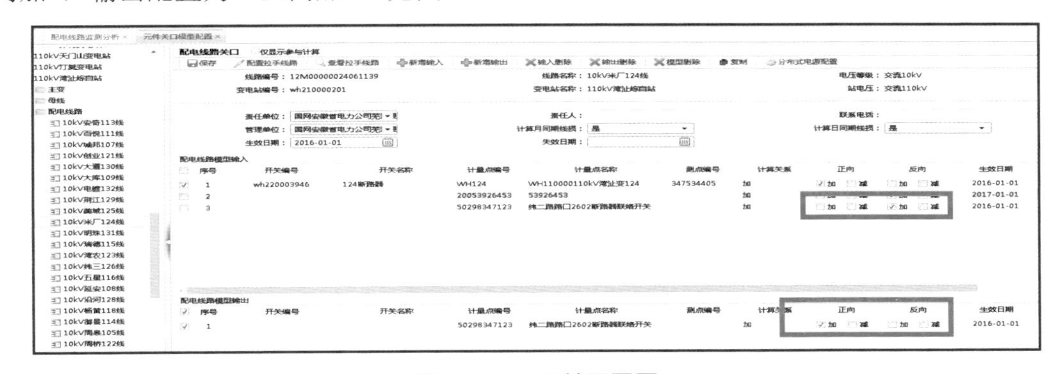

图5-41 开关配置图

同理，关口型配置中选择 10kV 海力 132 线，分别配置输入与输出。开关类型选择“联络开关”，输入计量点编号或计量点名称，找到对应开关并配置。输入配置为“正向加”，输出配置为“反向加”，见图 5－42。

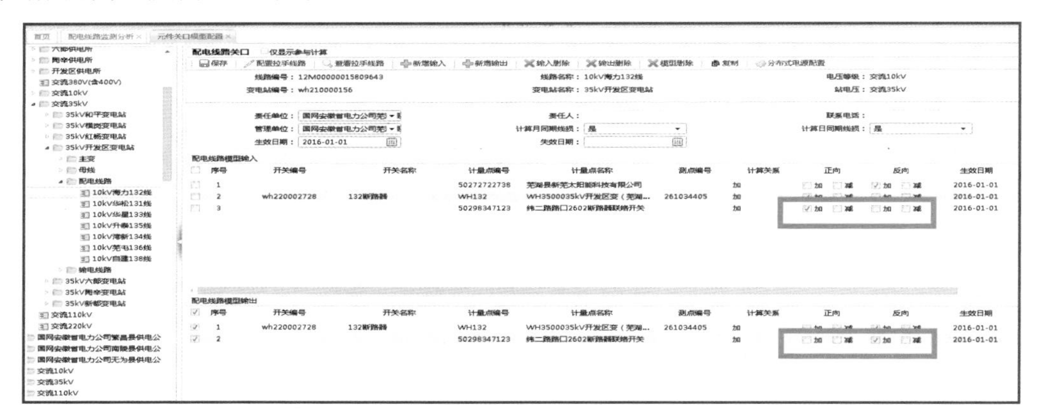

图 5－42　计量点配置图

5. 联络开关计量装置效果校验及问题核查

配置完成后，通过同期系统计算结果结合用电信息采集系统间接核查计量装置变比是否准确，是否存在失电压、失电流及关口极性配置错误等相关问题。对于变比存疑互感器利用变比测试仪开展现场校验工作，同时检查表箱接线盒连接片等是否存在问题，确保计量准确性，见图 5－43 和图 5－44。

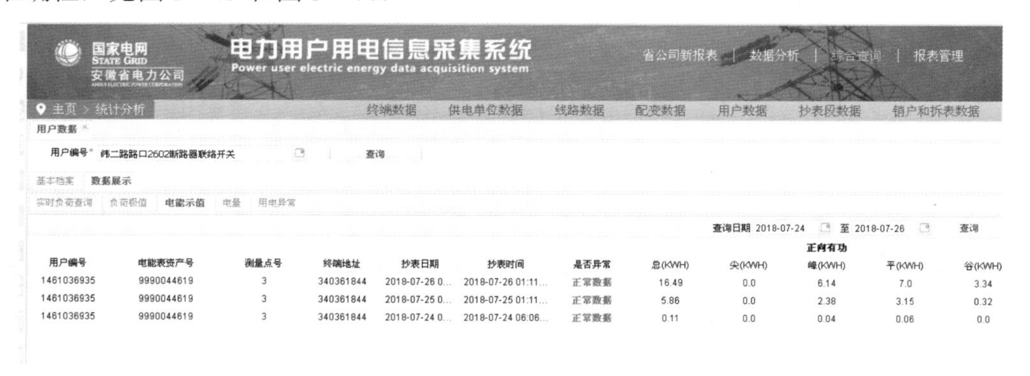

图 5－43　采集系统开关信息图

5.2.5.4　应用成效

7 月 25 日，10kV 米厂 124 线线损率降低至 1.34%，10kV 海力 132 线为 0.98%。

注意事项：

（1）不能根据联络开关的状态而改变线路模型，同期系统所取到的线台关系必须是统计范围内的，不是供电范围内的，否则依然会造成线损异常。

（2）采集装置应采用专变采集终端，不能采用集中器，否则无法接入系统。

电力用户用电信息采集系统
Power user electric energy data acquisition system

实时负荷曲线图

数据日期	A相电压	B相电压	C相电压	A相电流	B相电流	C相电流	有功功率	无功功率	视在功率	功率因数
2018-07-24 00:00	36.2	0.0	101.3	2.207	0.0	2.155	0.1665	0.079	0.1694	90.2
2018-07-24 00:15	36.2	0.0	101.4	2.527	0.0	2.491	0.1868	0.0802	0.2104	91.0
2018-07-24 00:30	36.3	0.0	101.6	2.398	0.0	2.367	0.1932	0.0817	0.2112	91.2
2018-07-24 00:45	36.2	0.0	101.5	2.614	0.0	2.554	0.1913	0.0849	0.2098	91.9
2018-07-24 01:00	36.3	0.0	101.6	2.813	0.0	2.531	0.1927	0.0846	0.2041	91.5
2018-07-24 01:15	36.5	0.0	102.1	2.491	0.0	2.464	0.1891	0.0812	0.2066	91.8
2018-07-24 01:30	36.3	0.0	101.8	2.508	0.0	2.429	0.1899	0.0828	0.1972	91.5
2018-07-24 01:45	36.4	0.0	101.8	2.405	0.0	2.363	0.1758	0.081	0.1791	90.4
2018-07-24 02:00	36.4	0.0	101.9	2.206	0.0	2.141	0.1614	0.0772	0.1737	89.5
2018-07-24 02:15	36.4	0.0	101.8	1.617	0.0	1.811	0.1373	0.0655	0.1478	90.1
2018-07-24 02:30	36.4	0.0	101.9	1.999	0.0	1.954	0.14	0.0659	0.1547	90.7
2018-07-24 02:45	36.5	0.0	102.1	2.033	0.0	2.01	0.1368	0.0707	0.179	89.5
2018-07-24 03:00	36.5	0.0	102.1	1.765	0.0	1.773	0.1367	0.0672	0.1444	89.6

图 5－44　采集系统实时负荷曲线图

（3）安装计量装置时需注意接线方式，以主供线路输出为正向计量。

（4）对于多联络线路，每个联络点需加装联络装置并接入系统，实现分线计量。

联络开关设置动合，见图 5－45。

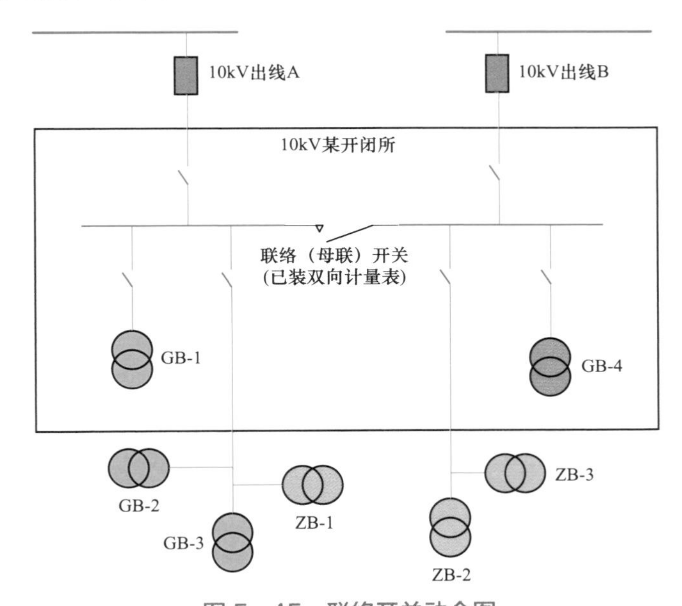

图 5－45　联络开关动合图

联络开关的动合状态属性（动合、动断）与线路中各级其他开关的动合状态共同作用于线变关系生成，而开关的开关状态属性（闭合、拉开）不参与线变关系生成。

对于示意图内两条线路，需在同期线损管理系统内进行如下配置：线路 A 需配置联络开关双向计量表反向为线路输入、正向为线路输出；线路 B 配置正向为线路输入、反向为线路输出。

负荷，其中 10kV 出线一挂接有变压器 GB－1、GB－2、GB－3、ZB－1，10kV 出线二挂接有变压器 GB－4、ZB－2、ZB－3。月中运行方式调整、联络开关正常分合，转带电量将由联络开关处双向表计计量，对于月线损无影响。10kV 出线 A 输入：出线开关 A

输入电量+联络开关计量表反向。

10kV 出线 A 输出：出线开关 A 输出电量+联络开关计量表正向。

10kV 出线 B 输入：出线开关 B 输入电量+联络开关计量表正向。

10kV 出线 B 输出：出线开关 B 输出电量+联络开关计量表反向。

联络开关设置动断，见图 5－46。

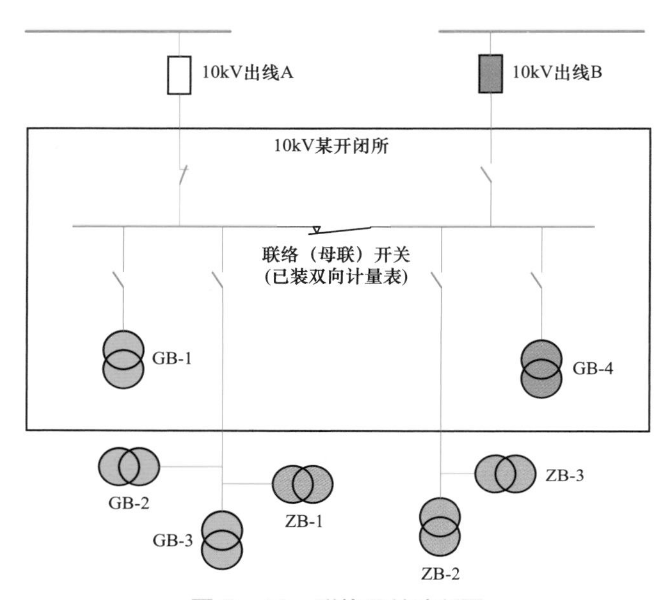

图 5－46　联络开关动断图

10kV 出线开关 A 断开、开闭所进线开关 A 断开，联络开关设置常闭，出线开关 B 带开闭所两段母线负荷，此时 GIS 系统生成的线变关系为 10kV 出线 B 挂接所有变压器，10kV 出线 A 为空载线路。

如果存在月中分段运行，该期间内日线损及当月月线损，A 线路为有供无售线路、线路 B 为负损线路，与通过安装双向计量表计来实现将联络线路转换为 2 个或以上单线计算的目标不符。

对于安装了双向计量表计的联络开关，在 GIS 系统中常开状态属性不要维护成[动断]，否则月线损计算存在异常的可能。

5.3　分台区模型管理

5.3.1　台区关联关系的排查经验

涉及专业：营销。

5.3.1.1 场景描述

2015年7月3日某供电营业站在对台区编号60501（梅园宅）检查中发现，该台区线损存在异常，见表5-2。

表5-2　2015年5月台区数据

台区名称（编号）	线损率	供电量	售电量
梅园宅（60501）	11.937%	11 028.5kWh	9712kWh

5.3.1.2 问题分析

检查人员根据线损情况，初步判断可能由于以下4种情况造成线损异常：

（1）抄表质量问题导致售电量不正确；

（2）现场用户存在违章违约用电情况；

（3）台区内用户存在计量装置故障；

（4）台区内用户关联不正确。

5.3.1.3 解决措施

1. 解决思路

先对台区内用户根据抄表段进行抄表质量核查，再组织安排人员对现场用户进行规范用电稽查，并同时检查计量装置计量是否存在故障，最后对台区内用户的关联性进行核查。

2. 解决步骤

对抄表段为：FS0839/FS0842的用户进行了抄表质量核查，该抄表段内所有用户均为低压载波抄表方式，并且通过采集班的核查验证了抄表数据的正确性。

7月4日组织了现场检查人员对台区内的54户用户进行了规范用电检查，在检查过程中没有发现任何违章违约行为；同时对计量装置计量的准确性进行了初步的判断（利用采集平台和“十转常数法”），也没有发现计量装置存在故障。

7月4日现场检查人员将PMS系统内的该台区及周围邻近台区图纸进行了打印，携带图纸至现场进行了台区关联正确性核查。在核查过程中，检查人员发现，户号为0188052888盛桥沈介桥村8队梅园的用户丢失关联，需调整关联至60501台区。

根据发现的关联问题，检查人员发起了数据互联流转单进行数据维护，同时发起抄表段维护告知单至抄表管理员进行抄表段调整。由于更改流程在同一现场组内进行，故只在组内发起数据维护和抄表册调整流程，同时做好归档工作。

5.3.1.4 应用成效

PMS关联调整完成后，对线损数据进行了还原。台区编号60501（台区名称为梅园宅）2015年5月的线损率为11.937%，供电量11 028.5kWh，售电量9712kWh，供售差为1316.5kWh，电量还原后重新计算得到的线损率为（11 028.5－9712－461）/11 028.5×100%＝7.75%，未发现该台区有其他影响线损率因素存在，台区线损率还原在合理范围内。源端系统户变关系见图5-47。

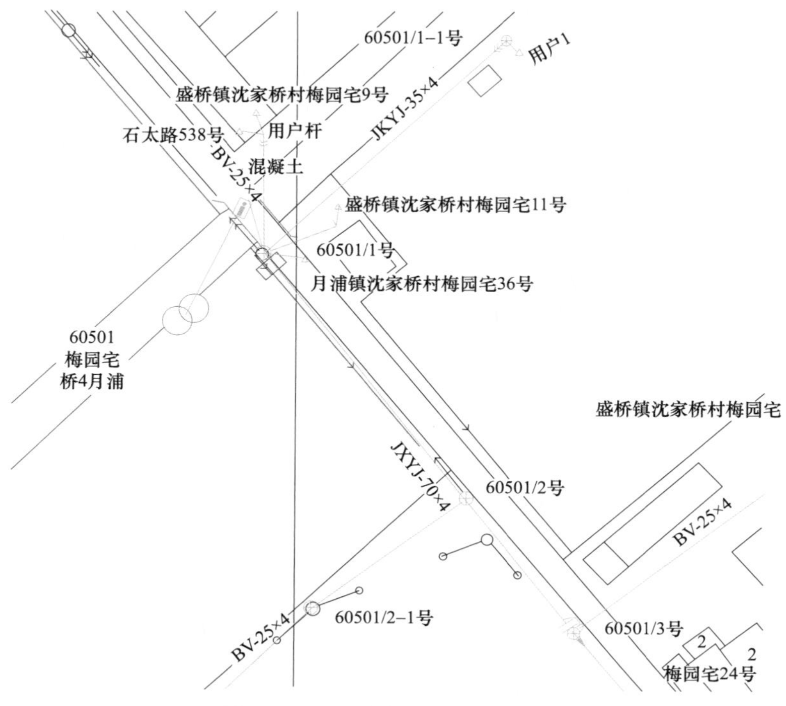

图 5-47　源端系统户变关系图

第 6 章

系统集成管理

同期线损管理系统集成了调度系统、PMS2.0、营销业务系统、电能量采集系统、用电信息采集系统等多套系统，实现了同期供售电量的源头采集、自动计算与灵敏监测功能。在系统集成过程中，不免出现问题，各单位群策群力，针对共性问题给出了优秀的解决方案。

6.0.1 两种思路 CIM 解析程序无法自动运行问题

涉及专业：信通。

6.0.1.1 场景描述

根据总部下发的 CIM 解析程序，在解析调度 CIM 文件时，需要先在服务器 FTP 上进行下载，然后放置到指定的文件夹中，才能实现对文件的解析。这样需要人工下载操作，无法做到定时和自动运行。

6.0.1.2 问题分析

由于解析程序读取指定文件夹下的 CIM 文件，而调度系统只能将 CIM 文件推送到指定的 FTP，从而导致需要先将 CIM 文件下载下来，再执行解析程序，需人工参与。

6.0.1.3 解决措施

1. 解决思路

思路一：通过程序自动实现下载，下载完成后执行 CIM 解析，那么就可以定时和自动运行，人为设定好变量即可。

思路二：将解析程序读取的文件夹指向 FTP 中的文件夹，也可以实现自动运行。

2. 解决步骤

（1）对于第一种思路，需要开发一个从 FTP 下载 CIM 文件的 JOB，将该 JOB 插入执行 CIM 文件之前，如图 6－1 所示。

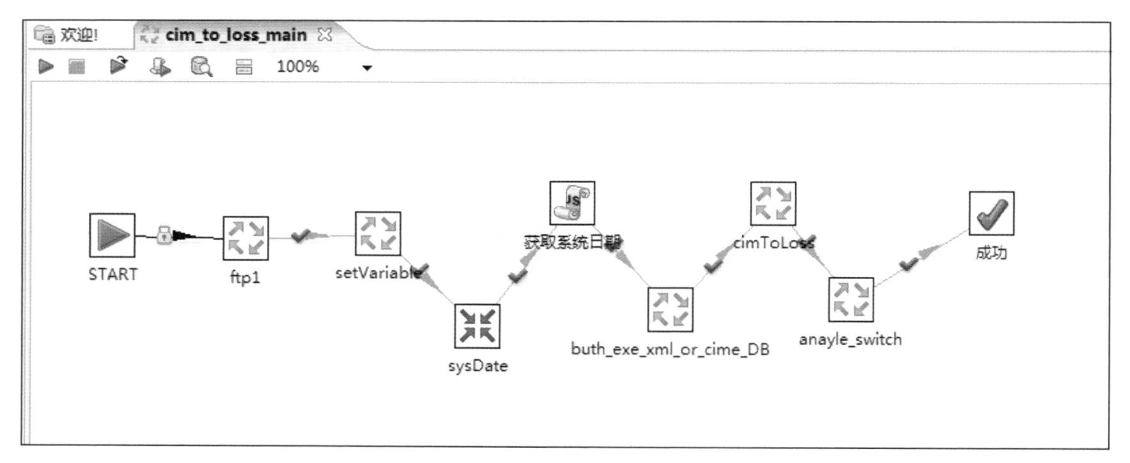

图 6-1　执行任务图

其中，从 FTP 下载 CIM 文件的 JOB 中各项转换及主要含义大致如图 6-2 所示。

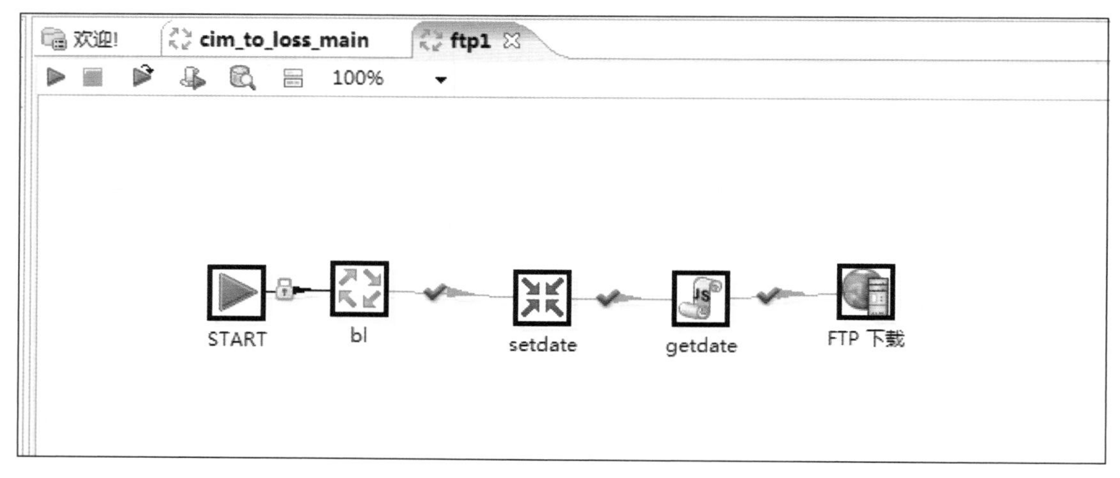

图 6-2　任务转换图

转换“setdate”中主要获取系统时间，并记录。“FTP 下载”中设定指定的 FTP 信息，包括地址、端口、用户名、密码以及下载后存放的地址（与 CIM 解析指定的文件夹一致），见图 6-3。

（2）对于第二种思路，解决相对比较简单，就是在设置变量的时候，将解析程序读取的文件夹设置为 FTP 中的文件夹地址，格式为 ftp：//用户名：密码@ftp 地址/文件夹路径。这种方式比较简单，但需要注意的事项较多：FTP 必须保证能够通畅，文件夹路径中最好不包含中文；指定日期的 CIM 文件名称需要规范，与变量中设置的日期格式能够匹配；文件夹中同一日期的 CIM 文件只能存在一个，如果需要解析多个地区的 CIM 文件，需要放置在不同的文件夹中；如果不能读取到 CIM 文件，程序不会报错，仍将继续运行，但在各项转换中读取到的为空，不执行任何操作。

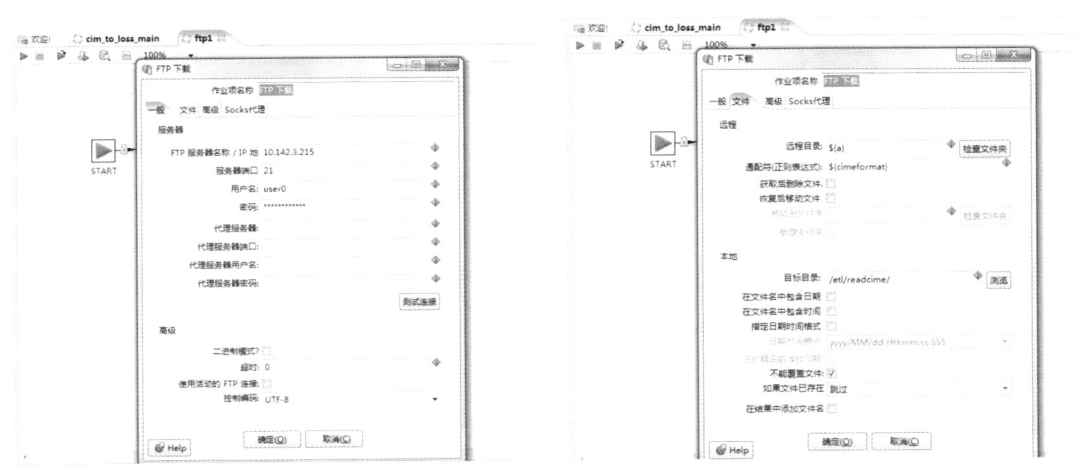

图 6-3　FTP 信息图

综合以上考虑，虽然第二种方式比较简单，但影响解析的地方较多，如果解析中出现问题，不容易找出问题。因此，建议采用第一种方式。

6.0.1.4　应用成效

通过第一种方式对 CIM 文件进行解析，实现了解析程序的定时和自动化运行，减少操作人员的工作量，避免了操作中可能出现的失误。

原解析程序，见图 6-4。

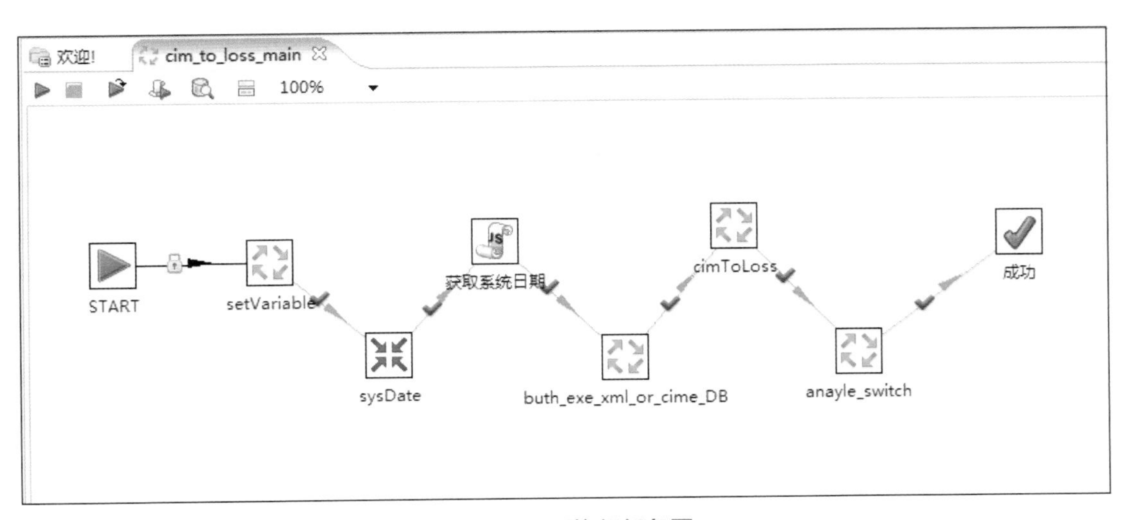

图 6-4　原执行任务图

修改后的解析程序，见图 6-5。

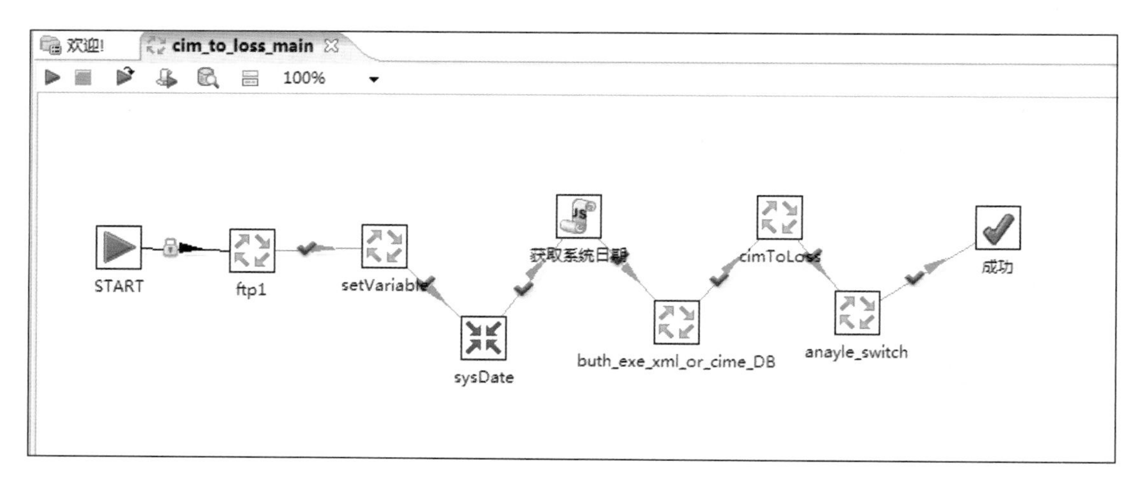

图 6-5 修改后执行任务图

6.0.2 Kettle 自动同步档案数据并邮件通知结果

涉及专业：信通。

6.0.2.1 场景描述

同期线损管理系统接入的配网设备、低压设备、高压用户、低压用户等档案信息数据量大且更新频繁，原先同步频率为每月 1～2 次，都由人工操作同步。为保证后续 10kV 及台区线损计算所使用的档案信息及时准确，对低压设备、用户档案的更新机制进行研究优化，实现档案自动抽取，将更新频率提升至每周 1～2 次，并实现了邮件通知数据同步结果。

6.0.2.2 问题分析

同期线损管理系统接入的配网设备、低压设备、高压用户、低压用户数量均为百万级或千万级，且源端更新频繁。此类档案如果人工抽取同步，操作繁琐且费时费力。

6.0.2.3 解决措施

1. 解决思路

在 Windows 系统图形界面下将 Kettle 中某类档案的抽取 job 调试完成，并将同步数据明细输出至 excel；然后配置 SMTP 服务，将 excel 及同步日志发送至指定邮箱。调试成功后部署到 Redhat 服务器上，设置 crontab 定时任务定期执行，见图 6-6。

2. 解决步骤

（1）按规则获取时间节点，见图 6-7。

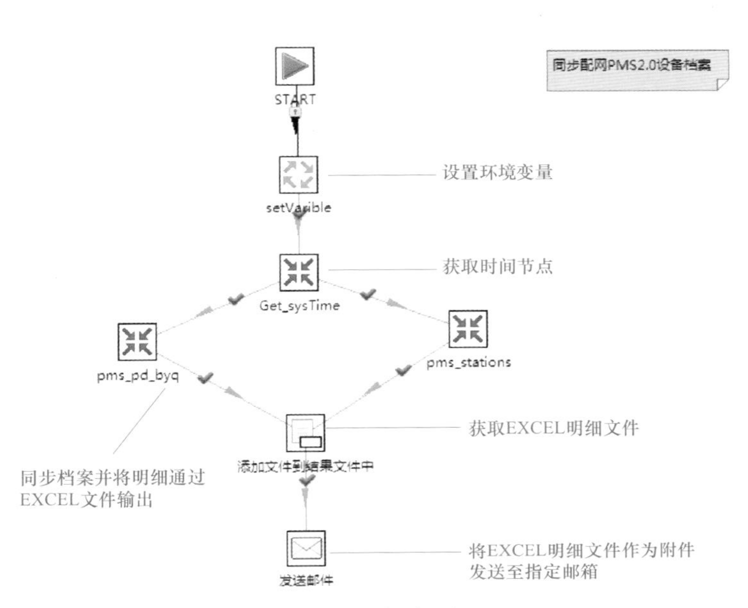

图 6-6　定时任务图

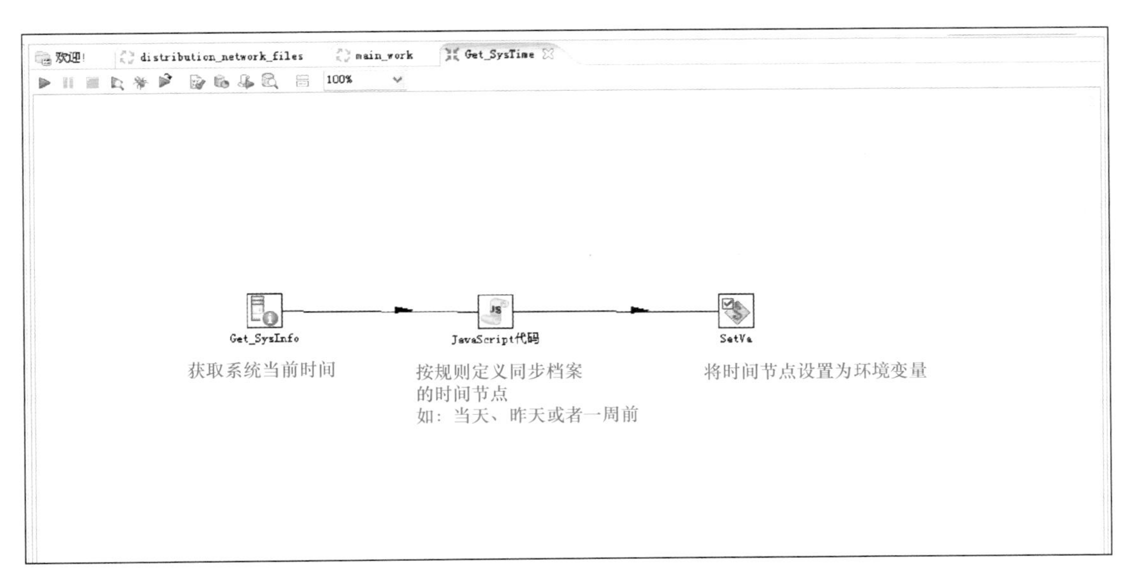

图 6-7　时间节点图

（2）同步档案，输出已同步档案明细文件，见图 6-8。

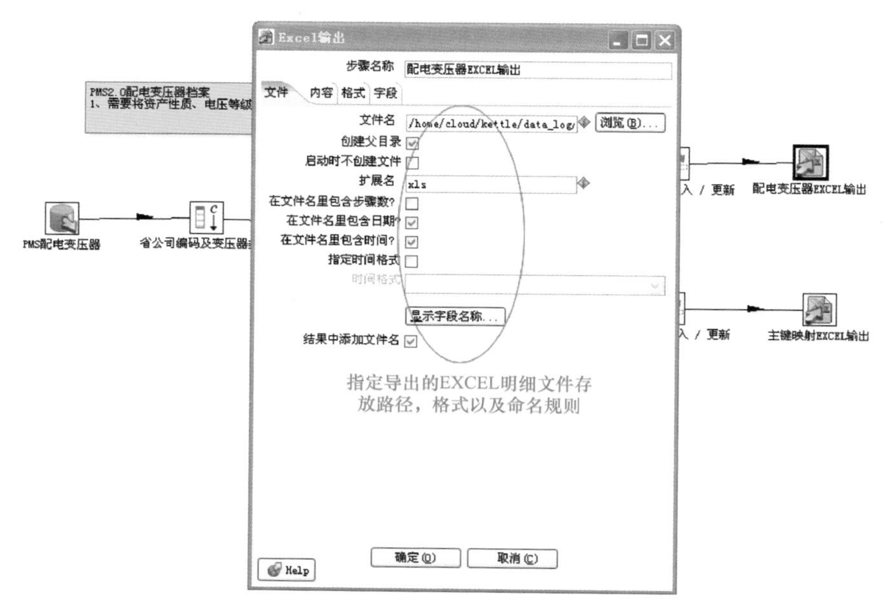

图 6-8　档案明细文件图

（3）添加输出文件到结果文件中，见图 6-9。

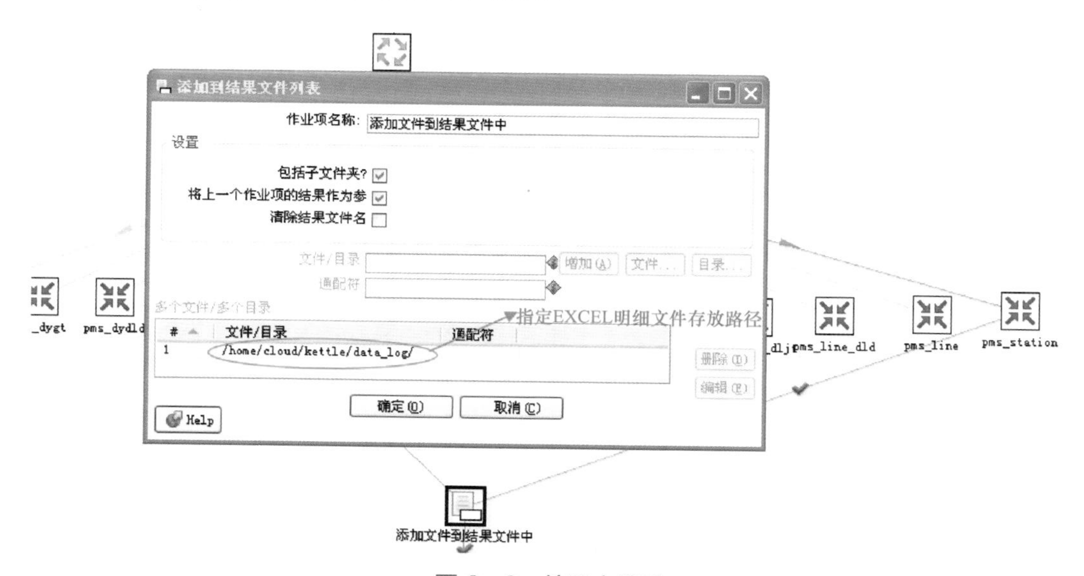

图 6-9　结果文件图

（4）邮件设置指定邮件收/发件人信息，见图 6-10。

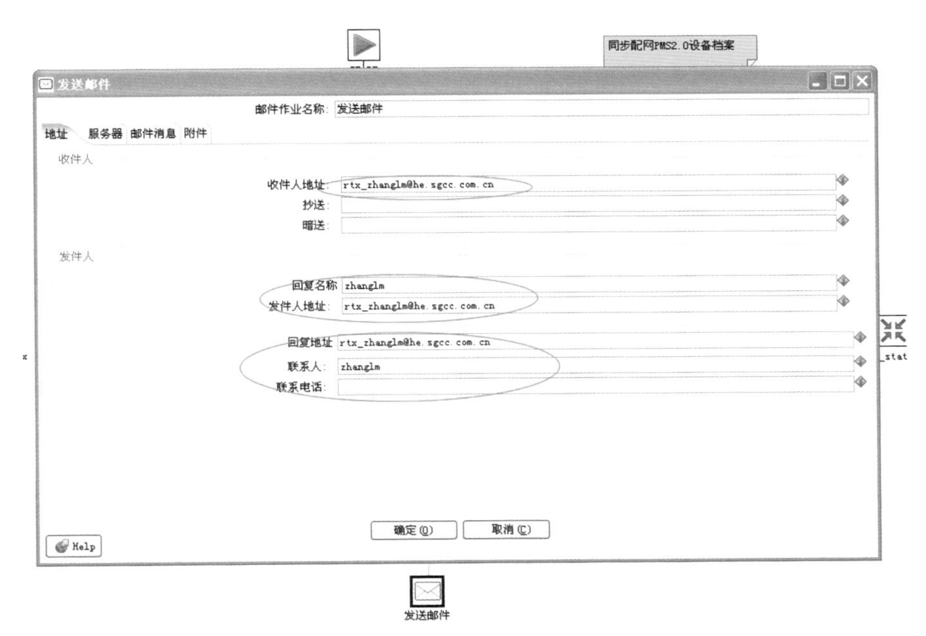

图 6－10 收/发件人信息

（5）设置 SMTP 邮件服务器及用户验证信息，见图 6－11。

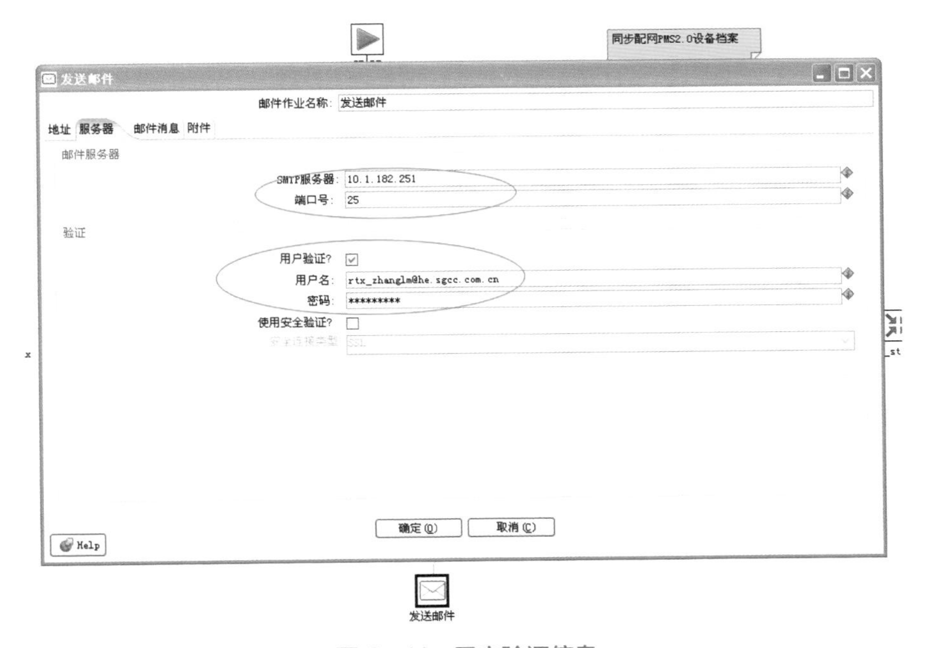

图 6－11 用户验证信息

（6）设置邮件内容，见图 6－12。

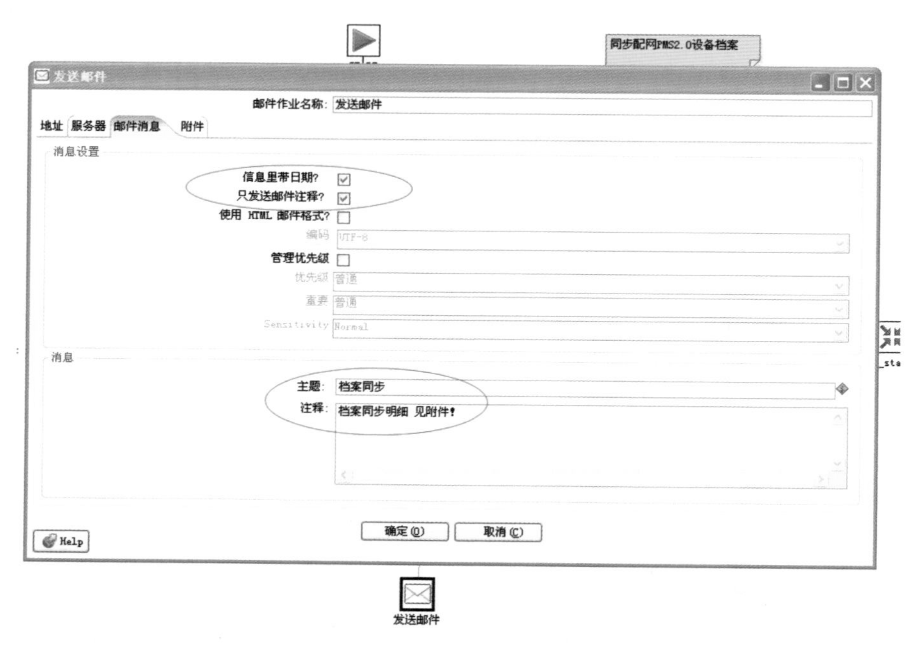

图 6－12　邮件内容图

（7）设置邮件带附件发送，见图 6－13。

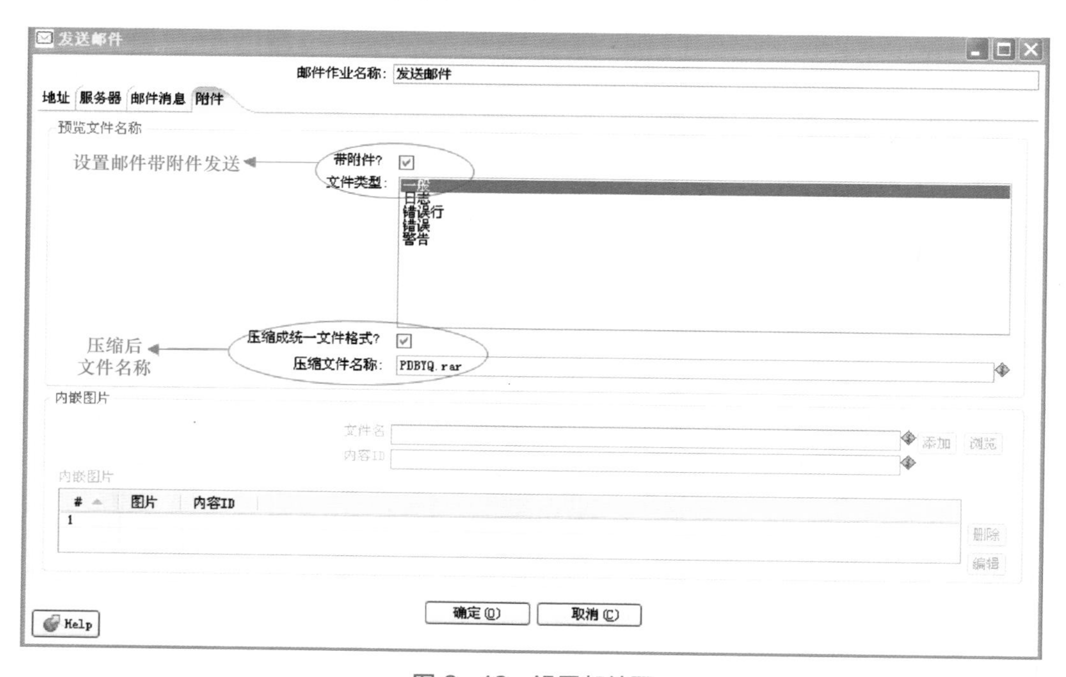

图 6－13　设置邮件图

（8）将已编辑好 Kettle 程序上传至服务器，编写脚本调用 Kettle，见图 6－14。

```
[root@ythxsyy01 start_sh]# cat start_dis.sh
#!/bin/sh
#export JAVA_HOME
export LANG="zh_CN.gbk"

source  ~/.bash_profile

source /etc/profile

cd /home/cloud/kettle/pdi-ce-5.2.0.0-209/data-integration
##go to kettle soft dir
./kitchen.sh -rep=sjzxtosj -job=/job/distribution_network_files  > /home/cloud/kettle/display.txt
```

图 6-14　脚本调用图

（9）设置 crontab 定时任务，定时执行已编辑好的脚本，见图 6-15。

```
[root@ythxsyy01 start_sh]# crontab -l
*/3 * * * * /usr/sbin/ntpdate -u 10.100.48.1 10.100.48.

#distribution_network_files
30 23 * * * /home/cloud/kettle/start_sh/start_dis.sh &
[root@ythxsyy01 start_sh]#
```

图 6-15　定时任务脚本图

6.0.2.4　应用成效

根据需要同步的数量设置同步频率为每周 1～2 次，同步时间安排在晚上服务器空闲时间，上午检查邮件查看同步结果及日志，如果有异常再人工排查，极大地提高了数据同步效率，减轻了人工工作。

6.0.3　省级计算模块与大数据平台融合典型经验

涉及专业：信通。

6.0.3.1　场景描述

根据国家电网公司同期线损管理系统建设方案，同期线损管理系统的电量计算由各网省公司独立部署，截至目前，某公司的大数据计算环境是部署在 4 台内存为 64G 的服务器上，随着项目的持续推进，2017 年要对全省的低压用户及台区用户电量由信通公司部署硬件计算环境进行电量计算。随着项目的持续推进，2017 年要增加对全省的 26 336 850 户低压用户及 248 769 台区进行计算，数据量越来越大，在计算时间及效率上出现的一定的负担。

6.0.3.2　问题分析

随着项目的持续开展，省公司承担的同期线损管理系统中电量计算模块任务包含了全省高压用户、大供低压用户以及台区用户的售电量。后续还要对全省的低压用户及台区用户电量进行计算，因此数据量越来越大，该公司自建的大数据计算环境只有 4 台 64G 的服务器，在计算时间及效率上出现一定负担。

6.0.3.3　解决措施

1. 解决思路

该公司大数据平台符合电量计算的软硬件要求，在此基础上该公司集中组织人员对同期线损管理系统在大数据平台上的售电量计算应用进行探索尝试，率先完成同期线损管理系统售电量计算模块在大数据平台的应用工作。

2. 解决步骤

同期线损管理系统与国网大数据融合主要步骤为：① 将从海量平台抽取到的表底数据以及从线损 Oracle 抽取到的档案数据上传到国网大数据平台；② 在国网大数据平台上进行低压用户、高压、台区、表箱电量的计算；③ 抽取国网大数据平台的电量计算结果，生成 txt 文件，上传到总部同期线损管理系统；④ 同期线损管理系统读取国网大数据平台 Hbase 中存储的表底及电量数据，展示到同期线损管理系统界面中。融合拓扑如图 6－16 所示。

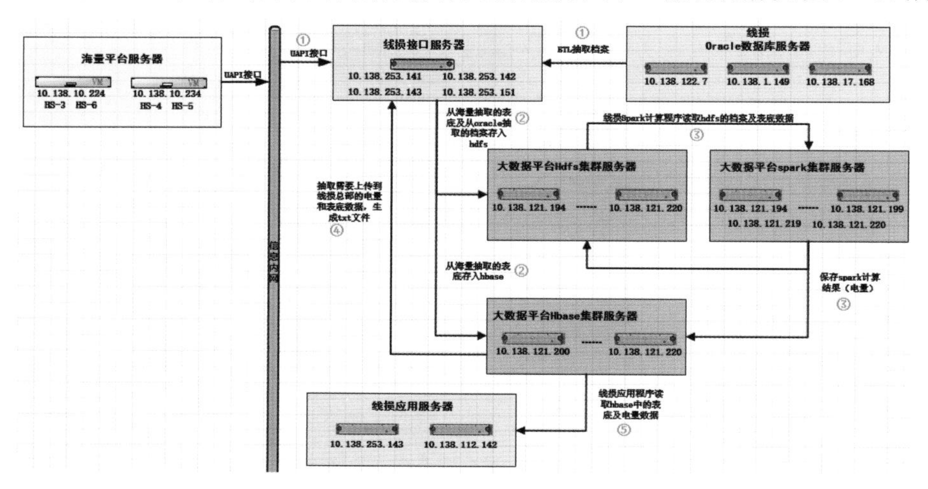

图 6－16　融合拓扑图

抽取档案及表底并上传到国网大数据平台。由于国网大数据平台安装了 Keberos，访问时需要通过 Keberos 认证，为此对抽数代码及上传代码进行了修改，完成以下功能：① 修改 Hbase 读写接口，使之可以读写大数据平台 Hbase；② 使用大数据平台提供过得 API 上传文件到大数据平台 HDFS。此外，由于同期线损管理系统与大数据平台的服务器之间存在防火墙，不能直接访问，还需开通防火墙。

国网大数据平台上进行电量计算。为保证电量计算程序能够在国网大数据平台上运行起来，需要做以下工作：

（1）线损计算包配置文件修改。计算包 calc－1.0－SNAPSHOT.jar 需要修改的配置文件有 sgcc_xsgl_calc.properties 和 conf 目录下所有文件。按现场实际情况修改计算包。

（2）Keberos 认证文件分发。在使用大数据平台时，需大数据平台项目组提供一个计算用到的 Keberos 用户，如 ZH000001 以及对应的 ZH000001.keytab 文件和 krb5.conf 文件。将 ZH000001.keytab 文件复制分发到大数据平台集群的每台机器的/keytab 目录下，将 krb5.conf 文件复制分发到大数据平台集群的每台机器的/etc 目录下。

抽取大数据平台中的计算结果。只需替换 Kettle 的 libswt 下的 calc－1.0－SNAPSHOT.jar，同时将 ZH000001.keytab 文件和 krb5.conf 文件复制到 Kettle 所在机器的/keytab 和/etc 目录下，其他操作与原有抽数步骤一样。

同期线损管理系统读取国网大数据平台 Hbase。将自建的大数据环境的数据迁移到国网大数据平台后，替换省级应用的ServerCode包里lib目录下的calc-1.0-SNAPSHOT.jar，同时将ZH000001.keytab文件和krb5.conf文件复制到线损应用部署所在机器的/keytab和/etc目录下，重启省级应用。登录到总部同期线损管理系统，穿透查询低压用户电量，此时查询到的数据是从国网大数据平台获取的，至此，完成同期线损管理系统与国网大数据平台的融合工作。

计算时间对比。计算过程中大数据平台所用的25台服务器各节点CPU的平均使用率为5%，内存使用约3g。由于计算过程使用的是分布式计算，计算结果无法通过直接对比文件得到。在线损大数据环境计算得到的低压和高压、台区、表箱电量中随机抽取样本，到大数据平台计算得到的结果文件中查找该用户的电量，通过对比两个环境计算的低压用户电量来判断计算结果是否一致。经对比，使用线损大数据环境计算得到的低压用户电量与使用大数据平台计算得到的低压用户电量一致。

与原先所使用的计算环境对比情况见表6-1。

表6-1　计算环境对比

项目	线损大数据环境	大数据平台集群环境
集群节点个数	4	25
计算时用到的节点个数	2	25
低压用户电量计算时间	6.5小时	17分钟
高压、台区、表箱用户电量计算时间	1.5小时	12分钟

6.0.3.4　应用成效

通过抽取表底及档案上传至大数据平台，并在大数据平台中重新编写计算程序进行电量计算，将计算结果生成txt文件上传至总部同期线损管理系统，最终在同期线损管理系统中正确展示，计算时间由原来的8小时计算缩短至30分钟以内，速度提升了15倍，极大地提高了数据计算的高效性、及时性，节省了人工工作量，提升了工作效率，保证了同期线损管理系统建设进度和质量，对于其他单位具有较大的借鉴意义。

6.0.4　PMS2.0设备档案数据推送省级数据中心不全问题分析

涉及专业：信通。

6.0.4.1　场景描述

各地市公司有新投产的变电站、输电线路时，经CIM文件解析数据与PMS2.0推送至数据中心的设备档案数据进行匹配时，未能正确匹配到数据。经与PMS项目组协同分析判断为数据推送至省公司数据中心（ODS）的缓冲区时数据不全。

6.0.4.2　问题分析

PMS2.0通过任务调度服务，将异动的对应的设备定时、按批次推送至省公司数据中心（ODS）的缓冲区，然后通过ETL视图转换到CIM库，最后由同期线损管理系统去CIM中获取数据。因此需要从各环节来分析是否有数据丢失的情况，原因分以下两种情况：

第一种情况是异动数据未能及时或者全部推送到省级数据中心。

第二种情况是由于数据质量问题，通过 ETL 方式获取数据时获取不到相应的设备档案数据。由于线损项目组是通过设备名称来匹配 PMS2.0 所推送的设备台账数据与从 SCADA 系统中获取的设备台账，PMS2.0 系统和 SCADA 系统设备命名不一致也造成了部分设备不能匹配。

6.0.4.3 解决措施

1. 解决思路

对于异动数据未能及时或者全部推送到省级数据中的情况，增加推送频率并通过人工比对的方式加以彻底解决。

对于因为数据质量问题，通过 ETL 方式获取数据时获取不到相应的设备档案数据的问题，首先是要加强宣贯力度，使各地市公司对于变电站、输电线路等设备的命名完全按照国家电网有限公司命名规范来执行，其次需要整理出问题数据清单，让地市公司进行整改，使 SCADA、PMS2.0 中的命名完全一致。

2. 解决步骤

（1）PMS2.0 项目组通过查看其后台的日志，任务调度服务每天都在正常平稳运行，并未发生传输及触发异常。但经后台 SQL 语句查询发现，因近期全网进行大规模的数据整治，每天产生了大量的异动数据，严重超出了任务调度每天的推送量，导致现在累积了大量的存量数据未推送至数据中心。

（2）PMS2.0 项目组根据增量数据推送规则，结合设备数据增量表和增量日志表，通过编写后台存储过程，对各类设备产生的异动数据未完成推送到 ODS 中的数据进行了统计，见图 6－17。

	BZ1	NAME	SL	RQ	PC	ZJGXSJ	BZ
1	导线	T_SB_ZWYC_DAOXIAN	732216	2016/10/17 15:29:55	14		
2	电缆段	T_SB_ZWYC_DLD	620715	2016/10/17 15:29:57	14		
3	线路	T_SB_ZWYC_XL	568242	2016/10/17 15:29:59	14		
4	杆塔	T_SB_ZWYC_GT	1199134	2016/10/17 15:30:02	14		
5	间隔单元	T_SB_ZNYC_JGDY	427487	2016/10/17 15:30:04	14		
6	变电站	T_SB_ZNYC_DZ	52449	2016/10/17 15:30:05	14		
7	主变压器	T_SB_ZNYC_ZBYQ	2513	2016/10/17 15:30:05	14		
8	母线	T_SB_ZNYC_MX	85771	2016/10/17 15:30:05	14		
9	断路器	T_SB_ZNYC_DLQ	143060	2016/10/17 15:30:05	14		
10	隔离开关	T_SB_ZNYC_GLKG	300847	2016/10/17 15:30:05	14		
11	电力电容器	T_SB_ZNYC_DLDRQ	28016	2016/10/17 15:30:05	14		
12	电抗器	T_SB_ZNYC_DKQ	9097	2016/10/17 15:30:05	14		
13	电压互感器	T_SB_ZNYC_DYHGQ	27678	2016/10/17 15:30:05	14		
14	电流互感器	T_SB_ZNYC_DLHGQ	15016	2016/10/17 15:30:05	14		
15	阻波器	T_SB_ZNYC_ZBQ	593	2016/10/17 15:30:05	14		
16	所用变	T_SB_ZNYC_SYB	2333	2016/10/17 15:30:05	14		
17	物理杆	T_SB_ZWYC_WLG	175473	2016/10/17 15:30:06	14		
18	配电变压器	T_SB_ZNYC_PDBYQ	40793	2016/10/17 15:30:06	26		
19	柱上变压器	T_SB_ZWYC_ZSBYQ	47039	2016/10/17 15:30:06	26		
20	杆塔绝缘子	T_SB_ZWYC_JYZ	1619843	2016/10/17 15:30:10	26		
21	电缆接头	T_SB_ZWYC_DLJT	99338	2016/10/17 15:54:31	26		
22	避雷器	T_SB_ZNYC_BLQ	28755	2016/10/17 15:54:32	26		
23	耦合电容器	T_SB_ZNYC_OHDRQ	584	2016/10/17 15:54:32	26		
24	组合电器	T_SB_ZNYC_ZHDQ	34773	2016/10/17 15:54:33	26		
25	熔断器	T_SB_ZNYC_RDQ	130385	2016/10/17 15:54:39	26		
26	组合互感器	T_SB_ZNYC_ZHHGQ	193	2016/10/17 15:54:39	26		
27	开关柜	T_SB_ZNYC_KGG	1137111	2016/10/17 15:54:47	26		
28	绝缘子	T_SB_ZNYC_JYZ	5136	2016/10/17 15:54:47	26		
29	负荷开关	T_SB_ZNYC_FHKG	430919	2016/10/17 15:54:48	26		
30	设备型号表	T_DW_BZZX_SBXHB	1848	2016/10/17 15:54:48	26		
31	低压线路	T_SB_DYSB_DYXL	51596	2016/10/17 15:54:49	26		
32		T_SB_ZWYC_DIXIAN	6723	2016/10/17 15:54:49	14		

图 6－17　PMS 中未推送到数据中心的异动数据

（3）PMS2.0 项目组大幅度提高每天的推送频率来解决存在大量的存量数据问题。截至 2016 年 10 月 30 日下午，经后台统计查看，各类设备均已推送完全，见图 6－18。

	BZ1	NAME	SL	RQ	PC	ZJGXSJ	BZ
1	导线	T_SB_ZWYC_DAOXIAN	0	2016/10/30 18:31:54	14	2016/1C	-1000
2	电缆段	T_SB_ZWYC_DLD	0	2016/10/30 18:31:54	14	2016/1C	-1000
3	线路	T_SB_ZWYC_XL	0	2016/10/30 18:31:54	14	2016/1C	-1000
4	杆塔	T_SB_ZWYC_GT	0	2016/10/30 18:31:54	14	2016/1C	-1000
5	间隔单元	T_SB_ZNYC_JGDY	12	2016/10/30 18:31:55	14	2016/1C	-1000
6	变电站	T_SB_ZNYC_DZ	3	2016/10/30 18:31:55	14	2016/1C	-1000
7	主变压器	T_SB_ZNYC_ZBYQ	0	2016/10/30 18:31:55	14	2016/1C	-1000
8	母线	T_SB_ZNYC_MX	4	2016/10/30 18:31:55	14	2016/1C	-1000
9	断路器	T_SB_ZNYC_DLQ	0	2016/10/30 18:31:55	14	2016/1C	-1000
10	隔离开关	T_SB_ZNYC_GLKG	0	2016/10/30 18:31:56	14	2016/1C	-1000
11	电力电容器	T_SB_ZNYC_DLDRQ	0	2016/10/30 18:31:56	14	2016/1C	-1000
12	电抗器	T_SB_ZNYC_DKQ	0	2016/10/30 18:31:56	14	2016/1C	-1000
13	电压互感器	T_SB_ZNYC_DYHGQ	0	2016/10/30 18:31:56	14	2016/1C	-1000
14	电流互感器	T_SB_ZNYC_DLHGQ	0	2016/10/30 18:31:56	14	2016/1C	-1000
15	阻波器	T_SB_ZNYC_ZBQ	0	2016/10/30 18:31:56	14	2016/1C	-1000
16	所用变	T_SB_ZNYC_SYB	4	2016/10/30 18:31:57	14	2016/1C	-1000
17	物理杆	T_SB_ZWYC_WLG	0	2016/10/30 18:31:57	14	2016/1C	-1000
18	配电变压器	T_SB_ZWYC_PDBYQ	6	2016/10/30 18:31:57	26	2016/1C	-1000
19	柱上变压器	T_SB_ZWYC_ZSBYQ	0	2016/10/30 18:31:57	26	2016/1C	-1000
20	杆塔绝缘子	T_SB_ZWYC_JYZ	0	2016/10/30 18:31:57	26	2016/1C	-1000
21	电缆终端	T_SB_ZWYC_DLZD	0	2016/10/30 18:31:57	26	2016/1C	-1000
22	电缆接头	T_SB_ZWYC_DLJT	308	2016/10/30 18:31:57	26	2016/1C	-1000
23	避雷器	T_SB_ZNYC_BLQ	0	2016/10/30 18:31:57	26	2016/1C	-1000
24	耦合电容器	T_SB_ZNYC_OHDRQ	0	2016/10/30 18:31:57	26	2016/1C	-1000
25	组合电器	T_SB_ZNYC_ZHDQ	0	2016/10/30 18:31:57	26	2016/1C	-1000
26	熔断器	T_SB_ZNYC_RDQ	0	2016/10/30 18:31:57	26	2016/1C	-1000
27	组合互感器	T_SB_ZNYC_ZHHGQ	0	2016/10/30 18:31:57	26	2016/1C	-1000
28	开关柜	T_SB_ZNYC_KGG	16	2016/10/30 18:31:57	26	2016/1C	-1000
29	绝缘子	T_SB_ZNYC_JYZ	0	2016/10/30 18:31:57	26	2016/1C	-1000
30	负荷开关	T_SB_ZNYC_FHKG	0	2016/10/30 18:31:57	26	2016/1C	-1000
31	设备型号表	T_DW_BZZX_SBXHB	0	2016/10/30 18:31:57	26	2016/1C	-1000
32	低压线路	T_SB_DYSB_DYXL	0	2016/10/30 18:31:57	26	2016/1C	-1000
33		T_SB_ZWYC_DIXIAN	0	2016/10/30 18:31:57	14	2016/1C	-1000

图 6－18　PMS 中未推送到数据中心的异动数据

（4）整理出未能在 PMS 和 SCADA 系统匹配的设备名称情况，让 PMS2.0 项目组查询是否在 PMS2.0 系统中存在，以判断设备档案是否在 PMS2.0 系统中建档。

（5）核查后发现设备已在 PMS2.0 中进行了建档，再查 SCADA 数据名称存在以测点或全路径命名作为设备名称的情况，因此无法与 PMS2.0 设备命名进行对应。35kV 及以上设备命名以 SCADA 系统为准，PMS2.0 中修改这部分设备名称后重新把异动数据推送到省级数据中心，线损项目组进行重新匹配解决此问题。

（6）PMS2.0 项目组将部分推送完全的设备表与数据中心的缓冲区表进行了对比，以确认数据是否一致。比对后发现还是存在部分数据，PMS2.0 系统中存在，数据中心无法找到的情况。

（7）经查该部分数据为早期数据中心线下迁移过程中未进行迁移的数据，通过人工方式将这些数据添加至对应的增量表，最后通过任务调度进行补录同送，然后线损项目组进行重新匹配可以匹配到部分设备。

6.0.4.4 应用成效

通过上述步骤排查、处理，解决了新增变电站、输电线路在数据中心找不到数据的问题，可以指导解决PMS2.0设备档案数据推送至省级数据中心中出现数据不全问题的解决。

6.0.5 配电线路和变压器数据一致性处理经验

涉及专业：信通。

6.0.5.1 场景描述

总部考核同期线损管理系统数据一致性时，是以特定的一天的数据来检验，但本地线损库是从中间平台取数，而且对于源端系统的数据只能知道当前在运设备总数。

6.0.5.2 问题分析

对核查数据一致性，项目组只能通过对源端数据、中间平台、本地数据、贯通数据一个个的去比对核查，过程繁琐，需要时间较长，若是有对这些数据监控的程序，对一致性核查将会有很大帮助。

6.0.5.3 解决措施

1. 解决思路

项目组能访问中间平台和源端系统的设备档案数据，也能获取到本地库和贯通到总部的数据，利用 Kettle 程序跨数据库的优点，编写程序按照统一的逻辑条件来获取各个平台的总数，每天自动执行，将统计结果存放在一张数据表中。

2. 解决步骤

（1）在本地数据库建立一张数据表来存放档案总数。

（2）从源端系统获取配电线路和变压器档案总数。

（3）从中间平台获取源端系统推送的配电线路和变压器档案总数。

（4）从中间平台获取贯通的配电线路和变压器档案总数，如图 6－19 所示。

```sql
select trunc(sysdate,'DD') atuo_time,'数据中心' type,sysdate update_time ,
(select count(l.obj_id) from sg_cim.loss_pms_line l
   where l.xlxz='馈线' and nvl(l.zcxz,'99')<>'05' and nvl(l.recordstatus,'A') <>'D' and l.yxzt='20' and  l.dydj in ('24','22','21') ) 馈线,
(select count(l.obj_id) from sg_cim.loss_pms_line l
   where l.XLXZ='馈线' and nvl(l.zcxz,'99')<>'05' and nvl(l.recordstatus,'A') <>'D' and l.yxzt='20' and  l.dydj = '22'
    and l.sbbm is not null ) 十千伏馈线,
(select count(*) from sg_cim.loss_pms_pd_zsbyq zs
   where nvl(zs.recordstatus,'A') <>'D' and zs.yxzt='20' and zs.dydj in  ('24','22','21')  and zs.zcxz<>'05'
      and zs.byqyt='公用变'  and zs.sbbm is not null ) 柱上变,
(select  count(*)  from sg_cim.loss_pms_pd_byq pb ,sg_cim.loss_pms_dz dz
   where pb.sszf = dz.obj_id and dz.dydj<='24' and pb.yxzt='20'
    and pb.zcxz<>'05' and pb.byqyt='公用变' and  nvl(pb.recordstatus,'A') <>'D' ) 配电变,
(select count(*)  from sg_cim.loss_pms_dz dz where nvl(dz.recordstatus,'A') <>'D' and dz.yxzt='20'
      and dz.zcxz <>'05' and dz.dydj>24 and dz.dzlx='变电站' )  变电站
from dual
```

图 6－19 从中间平台获取推送数据 SQL

6.0.5.4 应用成效

通过查看本地数据的情况，可以快速比较出数据一致性的差异，本地数据表（见图 6－20）包含配点线路、10kV 馈线、配电变压器、柱上变压器、柱上变压器、电站的档案

总数，能够对源端数据和中间平台的数据进行监控，对核查数据一致非常有帮助。

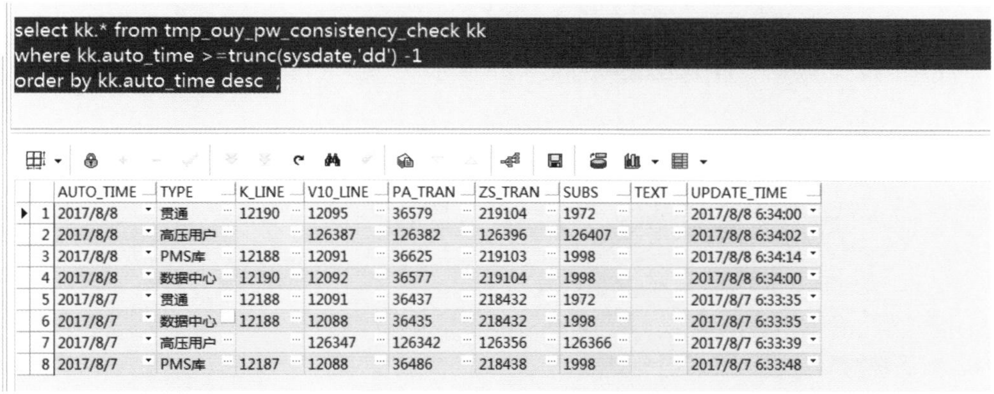

```
select kk.* from tmp_ouy_pw_consistency_check kk
where kk.auto_time >=trunc(sysdate,'dd') -1
order by kk.auto_time desc ;
```

	AUTO_TIME	TYPE	K_LINE	V10_LINE	PA_TRAN	ZS_TRAN	SUBS	TEXT	UPDATE_TIME
1	2017/8/8	贯通	12190	12095	36579	219104	1972		2017/8/8 6:34:00
2	2017/8/8	高压用户		126387	126382	126396	126407		2017/8/8 6:34:02
3	2017/8/8	PMS库	12188	12091	36625	219103	1998		2017/8/8 6:34:14
4	2017/8/8	数据中心	12190	12092	36577	219104	1998		2017/8/8 6:34:00
5	2017/8/7	贯通	12188	12091	36437	218432	1972		2017/8/7 6:33:35
6	2017/8/7	数据中心	12188	12088	36435	218432	1998		2017/8/7 6:33:35
7	2017/8/7	高压用户		126347	126342	126356	126366		2017/8/7 6:33:39
8	2017/8/7	PMS库	12187	12088	36486	218438	1998		2017/8/7 6:33:48

图 6－20 本地数据表

6.0.6 多线程技术在同期线损管理系统 ETL 接口程序中的应用

涉及专业：信通。

6.0.6.1 场景描述

同期线损管理系统与数据中心、营销基础数据平台及海量数据平台数据集成工作全部依托 Kettl 工具完成，在实施现场应用 ETL 转换程序执行任务时，转换码表效率极低，每秒转换速度基本是个位数（如 3 条记录/s）。

6.0.6.2 问题分析

标准代码表转换过程实际是将前一步数据流中的数据作为查询条件，然后去码表查询对应的编码，每一次转换都要到数据库进行数据查询，而且每条记录都有多个字段要转换，以舟山配电变压器表为例共有 1000 条记录，每条记录有 5 个字段进行码表转换，加入每条记录转换耗时约 0.06 秒，总耗时约 1000×5×0.29＝291 秒。

6.0.6.3 解决措施

1．解决思路

将多线程技术应用在同期线损管理系统 ETL 接口程序中，提升数据集成效率。

2．解决步骤

现场实施人员采用单线程和多线程两种方法转换同样数据量的数据，转换耗时差别较大。比较结果见表 6－2。

表 6－2 单线程和多线程转换数据耗时比较

技术手段	数据总量（条）	转换耗时（秒）
单线程	1000	291
多线程	1000	16.9

通过表 6－2 可以看出：多线程方法比单线程的方法效率提高了将近 17 倍（注：线程数目会随着不同硬件有所不同）。

单线程码表转换时，执行结果如图 6－21 所示。

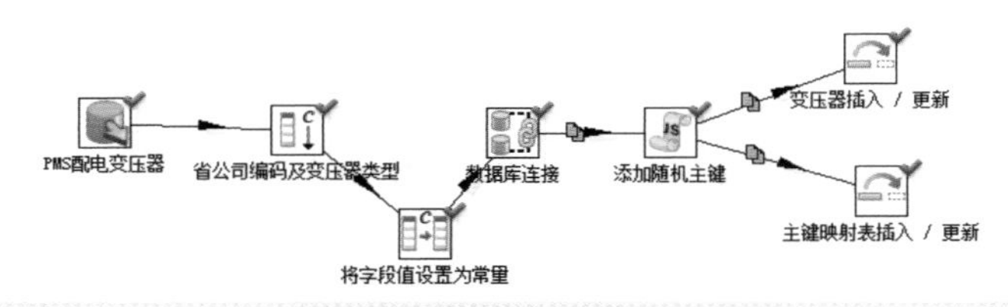

执行结果

执行历史 日志 步骤度量 性能图 Metrics Preview data

#	步骤名称	复制的记录行数	读	写	输入	输出	更新	拒绝	错误	激活	时间	速度（条记录/秒）	Pri/in/out
1	PMS配电变压器	0	0	1000	1000	0	0	0	0	已完成	0.2s	5,263	-
2	省公司编码及变压器类型	0	1000	1000	0	0	0	0	0	已完成	0.2s	4,504	-
3	将字段值设置为常量	0	1000	1000	0	0	0	0	0	已完成	0.3s	3,952	-
4	数据库连接	0	1000	1000	2000	0	0	0	0	已完成	4mn 51s	7	-
5	添加随机主键	0	1000	2000	0	0	0	0	0	已完成	4mn 50s	7	-
6	变压器插入 / 更新	0	1000	1000	1000	0	1000	0	0	已完成	4mn 51s	3	-
7	主键映射表插入 / 更新	0	1000	1000	1000	0	1000	0	0	已完成	4mn 51s	3	-

图 6－21　单线程码表转换执行结果

多线程码表转换时，执行结果如图 6－22 所示。

PMS配电变压器　省公司编码及变压器类型　将字段值设置为常量　x20 数据库连接　x20 添加随机主键　变压器插入 / 更新　主键映射表插入 / 更新

执行结果

执行历史 日志 步骤度量 性能图 Metrics Preview data

#	步骤名称	复制的记录行数	读	写	输入	输出	更新	拒绝	错误	激活	时间	速度（条记录/秒）	Pri/in/out
17	数据库连接	13	50	50	100	0	0	0	0	已完成	13.9s	7	-
18	数据库连接	14	50	50	100	0	0	0	0	已完成	13.8s	7	-
19	数据库连接	15	50	50	100	0	0	0	0	已完成	12.7s	8	-
20	数据库连接	16	50	50	100	0	0	0	0	已完成	12.7s	8	-
21	数据库连接	17	50	50	100	0	0	0	0	已完成	13.1s	8	-
22	数据库连接	18	50	50	100	0	0	0	0	已完成	13.8s	7	-
23	数据库连接	19	50	50	100	0	0	0	0	已完成	12.7s	8	-
24	添加随机主键	0	50	100	0	0	0	0	0	已完成	13.3s	7	-
25	添加随机主键	1	50	100	0	0	0	0	0	已完成	12.7s	8	-
26	添加随机主键	2	50	100	0	0	0	0	0	已完成	14.3s	7	-
27	添加随机主键	3	50	100	0	0	0	0	0	已完成	12.4s	8	-
28	添加随机主键	4	50	100	0	0	0	0	0	已完成	12.2s	8	-
29	添加随机主键	5	50	100	0	0	0	0	0	已完成	12.4s	8	-
30	添加随机主键	6	50	100	0	0	0	0	0	已完成	13.3s	7	-
31	添加随机主键	7	50	100	0	0	0	0	0	已完成	12.2s	8	-
32	添加随机主键	8	50	100	0	0	0	0	0	已完成	12.2s	8	-
33	添加随机主键	9	50	100	0	0	0	0	0	已完成	13.7s	7	-
34	添加随机主键	10	50	100	0	0	0	0	0	已完成	13.7s	7	-
35	添加随机主键	11	50	100	0	0	0	0	0	已完成	12.4s	8	-
36	添加随机主键	12	50	100	0	0	0	0	0	已完成	12.7s	8	-
37	添加随机主键	13	50	100	0	0	0	0	0	已完成	13.7s	7	-
38	添加随机主键	14	50	100	0	0	0	0	0	已完成	13.5s	7	-
39	添加随机主键	15	50	100	0	0	0	0	0	已完成	12.4s	8	-
40	添加随机主键	16	50	100	0	0	0	0	0	已完成	12.4s	8	-
41	添加随机主键	17	50	100	0	0	0	0	0	已完成	12.8s	8	-
42	添加随机主键	18	50	100	0	0	0	0	0	已完成	13.5s	7	-
43	添加随机主键	19	50	100	0	0	0	0	0	已完成	12.4s	8	-
44	主键映射表插入 / 更新	0	1000	1000	1000	0	1000	0	0	已完成	16.8s	59	-
45	变压器插入 / 更新	0	1000	1000	1000	0	1000	0	0	已完成	16.9s	59	-

图 6－22　多线程码表转换执行结果

6.0.6.4 应用成效

同期线损管理系统数据集成工作中，将多线程技术应用在 ETL 接口程序中，大大提高数据抽取速度，从而提高工作效率。

6.0.7 同期线损管理系统快速抽取海量数据优化经验

涉及专业：信通。

6.0.7.1 场景描述

供电量表底值是计算电量的基础，表底完整率对计算电量至关重要。当调度提供的表底值发生变化时，需要及时将新表底值接入到同期线损管理系统，但按照总部下发的抽取程序，是采用全量抽取方式，耗时较长；使用海迅客户端模糊查询海量平台中表底值过程较慢，非常影响工作效率。

6.0.7.2 问题分析

按照全量的方式非常影响效率，若是采取增量的方式，就能快速抽取并上传表底，提升工作效率。分析总部下发的抽取语句，发现的使用语句“*.*.TMR.*.*”是全量抽取，若是能用确定字段代替“*”，就可以做到按条件抽取，同时也能在海迅客户端快速查询表底是否存在。

6.0.7.3 解决措施

通过海迅客户端可以查询海量数据平台的数据，但采用模糊查询，效率也不高，通过分析发现每个字段都有特定含义，可以帮助快速查询。

“*.*.TMR.*.*”的语句里有 5 个字段：

第一个“*”是各个省的简称，如湖北省用“HB”表示。

第二个“*”是各个地市的简称，如湖北省中归属湖北、华中、国网的都是“SD”，武汉的是“WH”，恩施的是“ES”。

第三个字段表示数据来源，如 TMR 表示数据来自于 TMR 系统、PIAS 表示数据来自于用采系统。

第四个“*”是表底档案的 id，每个表计的都有唯一的 id。

第五个“*”表示表计的各种读数，表示正反向、有无功等，如 FDWP 表示正向有功，BDWP 表示反向有功，见图 6－23。

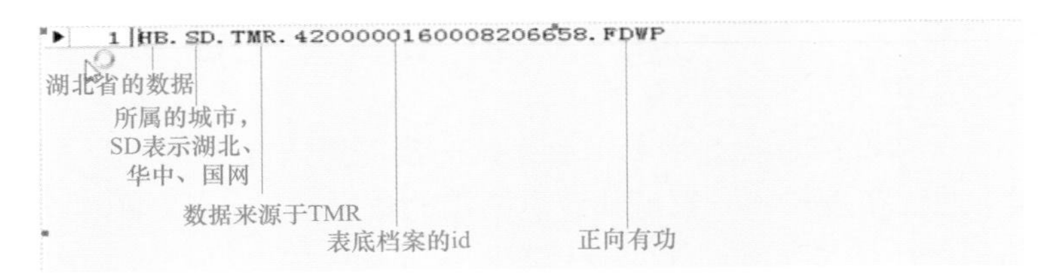

图 6－23 正/反向有功图

以湖北的东湖燃机热电厂的 1131 关口表计的正向有功表底值为例进行说明。

湖北省的表底档案都是来源于TMR系统，可以确定第一个字段是“HB”，第三个字段是“TMR”，第五个字段是“FDWP”，所以只要输入地市和表底档案id，可以利用SQL来帮助得到正向有功的结果。“湖北.东湖燃机热电厂/AC110kV.燃1131燃凌线主”的表底档案id是4200000160008206658，通过执行SQL，输入2个参数“HUBEI”，“4200000160008206658”，得到结果，如图6－24所示。

HB.SD.TMR.4200000160008206658.FDWP

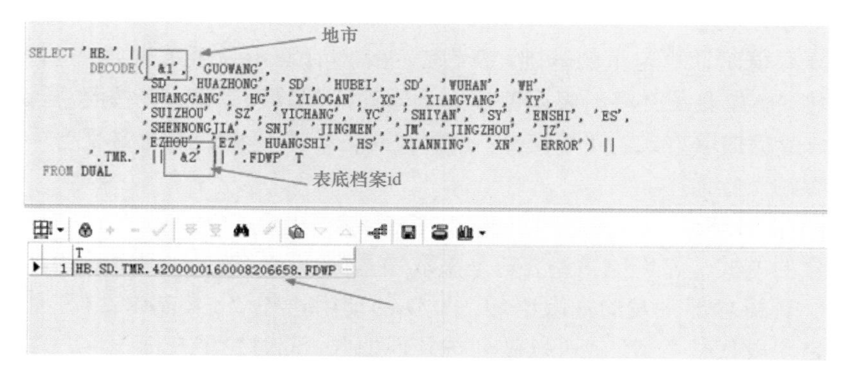

图6－24　表底档案脚本图

将得到的结果拿到海迅客户端进行查询，能快速查看正向有功的表底值的情况，确定表底值是否完整。

在抽取表底值时，通过修改的语句抽取表底值到线损的Hbase，使用HB.SD.TMR.4200000160008206658.*DW*，可以抽取正向有功、正向无功、反向有功、反向无功4条记录，提高抽取效率。

若是按照之前的方式，新增了单条表底，采用全量抽取一次大概要30分钟，按增量的方式，现在只要1分钟就可以了，大大提高了效率。

6.0.7.4　应用成效

按条件抽取表底值，能及时将增补的表底值接入同期线损管理系统，缩短接入数据处理时间；同时采用增量的方式向总部上传表底，减轻总部NoSQL的数据入库压力。

6.0.8　数据传输保障典型经验

涉及专业：信通。

6.0.8.1　场景描述

某省公司针对此情况综合各源端及平台系统的接口集成方案编制出了数据监控方案，并以此推广实施。通过在接口日志表统计收发两端的数据条目，来判断数据传输过程是在源端业务系统到平台还是平台到同期线损管理系统过程中发生了数据丢失或者漏传，从而找到责任方并进行解决。对业务系统的数据传输过程进行全面监控，统筹做好数据的实时、准确传输，从而支撑同期线损管理系统的稳定运行。

6.0.8.2 问题分析

自项目开展以来，系统中经常出现档案或者电量基础数据缺失的情况，在发现原因过程中需要上溯到平台以及到源端业务系统。无法判断数据传输在哪个环节出现了问题，也无法判断问题种类是网络故障还是数据漏传，导致解决问题时间长且工作效率不高。导致项目人员重复性工作增多，数据核查一次需要1天时间。

6.0.8.3 解决措施

该省公司与营销业务应用系统、用电信息采集系统等六个业务系统及四大平台的运维人员讨论接口的监控项，并根据同期线损管理系统的数据集成方案来确定最终的监控方案。经过讨论，以业务系统集成作为大接口（如营销业务应用系统的接口序号为1、用电信息采集系统的接口序号为2等），以每次数据流动作为小接口（每个业务源端系统会传输多种数据项，以一种数据项为一个小接口）进行分组监控。系统方式见表6-3。

表6-3　　系　统　方　式

序号	数据项	源端	数据形式	传输方式	目标端	调用频度	要求
1	日冻结数据	用电信息采集系统	E文件	ftp	共享磁盘空间（用采端）	天	当日1点前提供 $T-2$ 日数据
2	日冻结数据（ftp解析）	共享磁盘空间（用采端）	E文件	ftp	海量平台	天	当日1点前提供 $T-1$ 日数据
3	日冻结数据	海量数据平台	实时数据	ETL	大数据平台	天	当日1点前提供 $T-2$ 日数据
4	曲线数据	用电信息采集系统	E文件	ftp	共享磁盘空间（用采端）	天	当日1点前提供 $T-2$ 日数据
5	曲线数据（ftp解析）	共享磁盘空间（用采端）	E文件	ftp	海量平台	天	15分钟更新一次数据
6	曲线数据	海量数据平台	实时数据	ETL	大数据平台	天	当日1点前提供 $T-2$ 日数据
7	事件数据	用电信息采集系统	E文件	ftp	共享磁盘空间（用采端）	天	当日1点前提供 $T-2$ 日数据
8	事件数据	共享磁盘空间（用采端）	结构化数据	UAPI	海量平台	天	当日1点前提供 $T-1$ 日数据
9	事件数据	海量数据平台	实时数据	ETL	大数据平台	天	当日1点前提供 $T-2$ 日数据

以用采源端系统到同期线损管理系统集成，流转过程为：数据中心人员根据接口监控信息收集表，设计接口日志表，并在数据中心开放一个表空间。表的结构信息如图6-25所示。

名称	虚拟	类型	可为空	默认/表达式	存储	注释
DJKXH	☐	VARCHAR2(256)	☐			大接口序号
DJKMC	☐	VARCHAR2(256)	☑			大接口名称
XJKXH	☐	VARCHAR2(256)	☐			小接口序号
XJKMC	☐	VARCHAR2(256)	☑			小接口名称
CSBZ	☐	VARCHAR2(256)	☑			传输标志:0代表成功，1代表部分成功，2全失败
CSTS_WJ	☐	VARCHAR2(256)	☑			传输文件:不同数据库之间数据传输的条数或者FTP传输文件数
BZ	☐	VARCHAR2(256)	☑			备注:存放部分成功的日志
SEND_DAY	☐	DATE	☐			日期
BEGIN_DATE	☐	DATE	☑			开始时间
END_DATE	☐	DATE	☑			结束时间

图 6－25　表结构信息图

用电信息采集系统、海量平台、同期线损管理系统运维人员将根据自己发送或接受、解析的数据进行统计，并根据接口日志的结构要求向数据中心的表空间插入数据。

图 6－26 所示为从数据中心截取的 10 月 11、12 日的接口日志表。

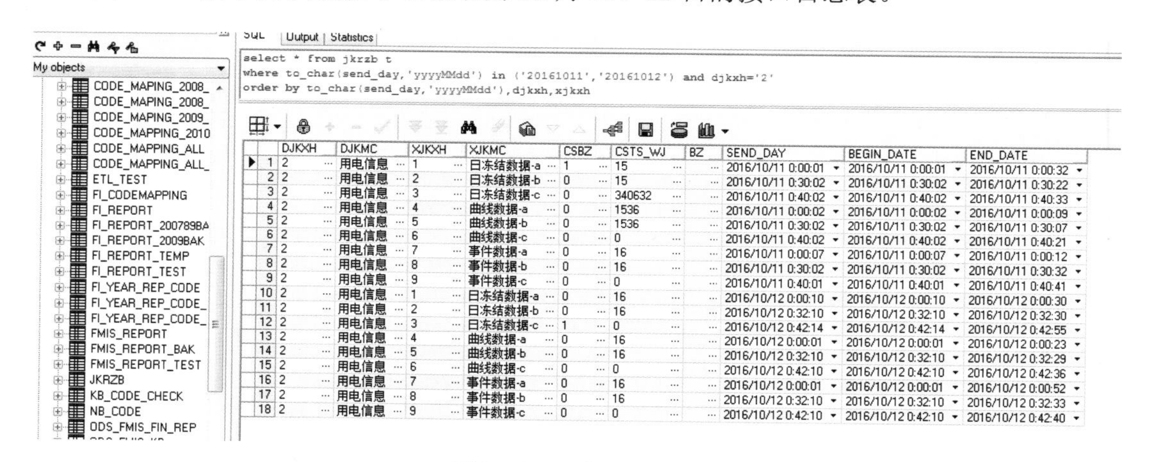

```
select * from jkrzb t
where to_char(send_day,'yyyyMMdd') in ('20161011','20161012') and djkxh='2'
order by to_char(send_day,'yyyyMMdd'),djkxh,xjkxh
```

	DJKXH	DJKMC	XJKXH	XJKMC	CSBZ	CSTS_WJ	BZ	SEND_DAY	BEGIN_DATE	END_DATE
1	2	用电信息	1	日冻结数据-a	1	15		2016/10/11 0:00:01	2016/10/11 0:00:01	2016/10/11 0:00:32
2	2	用电信息	2	日冻结数据-b	0	15		2016/10/11 0:30:02	2016/10/11 0:30:02	2016/10/11 0:30:22
3	2	用电信息	3	日冻结数据-c	0	340632		2016/10/11 0:40:02	2016/10/11 0:40:02	2016/10/11 0:40:33
4	2	用电信息	4	曲线数据-a	0	1536		2016/10/11 0:00:02	2016/10/11 0:00:02	2016/10/11 0:00:09
5	2	用电信息	5	曲线数据-b	0	1536		2016/10/11 0:30:02	2016/10/11 0:30:02	2016/10/11 0:30:07
6	2	用电信息	6	曲线数据-c	0	0		2016/10/11 0:40:02	2016/10/11 0:40:02	2016/10/11 0:40:21
7	2	用电信息	7	事件数据-a	0	16		2016/10/11 0:00:07	2016/10/11 0:00:07	2016/10/11 0:00:12
8	2	用电信息	8	事件数据-b	0	16		2016/10/11 0:30:02	2016/10/11 0:30:02	2016/10/11 0:30:32
9	2	用电信息	9	事件数据-c	0	0		2016/10/11 0:40:01	2016/10/11 0:40:01	2016/10/11 0:40:41
10	2	用电信息	1	日冻结数据-a	0	16		2016/10/12 0:00:10	2016/10/12 0:00:10	2016/10/12 0:00:30
11	2	用电信息	2	日冻结数据-b	0	16		2016/10/12 0:32:10	2016/10/12 0:32:10	2016/10/12 0:32:30
12	2	用电信息	3	日冻结数据-c	1	0		2016/10/12 0:42:14	2016/10/12 0:42:14	2016/10/12 0:42:55
13	2	用电信息	4	曲线数据-a	0	16		2016/10/12 0:00:01	2016/10/12 0:00:01	2016/10/12 0:00:23
14	2	用电信息	5	曲线数据-b	0	16		2016/10/12 0:32:10	2016/10/12 0:32:10	2016/10/12 0:32:29
15	2	用电信息	6	曲线数据-c	0	0		2016/10/12 0:42:10	2016/10/12 0:42:10	2016/10/12 0:42:36
16	2	用电信息	7	事件数据-a	0	16		2016/10/12 0:00:01	2016/10/12 0:00:01	2016/10/12 0:00:52
17	2	用电信息	8	事件数据-b	0	16		2016/10/12 0:32:10	2016/10/12 0:32:10	2016/10/12 0:32:33
18	2	用电信息	9	事件数据-c	0	0		2016/10/12 0:42:10	2016/10/12 0:42:10	2016/10/12 0:42:40

图 6－26　接口日志图

注：BJJG 为比较结果，即对接口日志表中一类数据中的小接口标志位 CSBZ 进行统计。如果这一类数据中的三个接口传输过程有一个 CSBZ 标志位不为 0，那么代表这个数据传输过程发生了错误（数据漏传或者丢失），BJJG 置为 1（另外，曲线数据以及事件数据的 Kettle 解析程序包还未下发，所以无法监控）。

6.0.8.4　应用成效

数据中心每天七点自动调用同期线损接口日志，以大接口相同，小接口一、二、三为第一组、小接口四、五、六为第二组、小接口七、八、九为第三组（小接口最大编号为 9），生成日志对比表。根据日志对比表找出错的接口，由调控值班员再回查接口日志表，通知相关人员重新推送数据。日志对比表见图 6－27。

如图 6－27 所示，10 月 11 日，同期线损管理系统运维人员根据表中 BJJG 的结果发现日冻结数据这一类数据传输过程发生了错误后，通知用电采集项目组、海量平台项目组、线损项目组一起重推数据，发现是用采端漏传了一个 E 文件。同样，10 月 12 日，根据 BJJG 的结果发现线损项目组在日冻结数据解析过程中发生了错误，通知同期线损项目组一起重新抽取数据即可。通过查看日志对比表可以及时发现问题并进行问题闭环处理，保证数据传输过程的实时性与准确性。

```
select * from scjgb t
where to_char(send_day,'yyyyMMdd') in ('20161011','20161012') and djkxh='2'
order by send_day,djkxh,xjkbj
```

	DJKXH	DJKMC	XJKBJ	XJKMC	SEND_DAY	BJJG	BZ
1	2	用电信息	1-2-3	日冻结数据	2016/10/11 7:00:00	1	日冻结数据-a传输了15个文件。
2	2	用电信息	4-5-6	曲线数据	2016/10/11 7:00:00	0	
3	2	用电信息	7-8-9	事件数据	2016/10/11 7:00:00	0	
4	2	用电信息	1-2-3	日冻结数据	2016/10/12 7:00:00	1	日冻结数据-c传输了0条数据。
5	2	用电信息	4-5-6	曲线数据	2016/10/12 7:00:00	0	
6	2	用电信息	7-8-9	事件数据	2016/10/12 7:00:00	0	

图 6-27　日志对比图

第 7 章

电量接入管理

电量接入过程中可能因为表底数据异常、无线通信信号弱、基于用采系统排查缺陷等问题造成采集数据质量差，甚至无效等问题，本章节针对电量接入的问题，结合各单位典型案例，为读者提供参考。

7.1 电能量采集系统电量接入管理

7.1.1 用载波通信技术解决无信号地区同期关口数据的采集上传

涉及专业：调控、营销。

7.1.1.1 场景描述

目前，无线通信技术广泛使用在台区、中低压售电用户和有线通道无法覆盖的小水电上网关口上。无线通信受环境影响较大，在一些信号较弱的地区或有外界干扰时，通信质量难以保证，影响采集系统的关口数据质量。

7.1.1.2 问题分析

在台区、中低压售电用户和有线通道无法覆盖的小水电上网关口上广泛使用无线通信技术，而无线通信受环境影响较大，如何提高采集系统的关口数据质量成为亟需解决的问题。

7.1.1.3 解决措施

1. 解决思路

采用载波通信技术，利用 10kV 线路，将 TMR 采集数据通过载波通信传输到有信号的位置，再在有信号的位置将数据发送给 TMR 主站，从而解决信号及数据传输问题。

载波通信采用的是一主多子模式，在一个无线信号较好处安装载波管理设备，在同一条线路的其他多处信号较弱处安装子载波设备;用于载波通信所需的设备主要包括载波管理机、子载波机、耦合设备。载波通信设备功能：载波机是实现数据信息与载波信号之间的转换、实现载波信号的发送与接收的执行设备；载波管理机是用于管理下行多个子节点与主节点间通信的设备；耦合设备用于将载波机与配电线中的高电压隔离开，并将载波信号注入输配电线中。

2. 解决步骤

（1）耦合设备现场安装。

（2）载波设备现场安装。

（3）应用测试。

7.1.1.4　应用成效

利用载波通信技术解决了无信号地区供电关口、专用变压器同期售电量及小水电上网关口采集、上传问题。蔡家湾电站的上网采集数据采用无线通信方式时 TMR 主站无数据，采用载波通信方式后数据上传到 TMR 系统，实现同期线损管理系统中的蔡家湾电站的小水电上网数据正确可用，上网的 10kV 线路线损达标。

7.1.2　关口表计采集异常监测与辅助分析

涉及专业：调控。

7.1.2.1　场景描述

在同期线损管理系统中进行电量与线损计算时，需要通过海量平台获取河北省电能量采集系统（简称关口系统）的供电关口采集数据，上传至总部后进行计算，然后对计算结果进行核对，针对高损、负损等异常的情况进行逐条分析治理。

7.1.2.2　问题分析

针对系统计算结果导出供电计量点的表底及电量数据，结合报表、计算结果（高损、负损等）进行逐条分析，发现主要原因是关口系统的表计设备采集异常、换表、倍率异常等原因造成电量及线损异常，关口系统计量设备采集问题会造成核查工作量大、工作投入时间长、问题定位繁琐等问题；对于可提前治理的问题，不能提前预警。

7.1.2.3　解决措施

1. 解决思路

通过对线损异常采集数据的分析，将采集问题分为以下三类：采集失败造成上表底（起码）或下表底（止码）为空、倍率设置异常、表计更换或调整方向造成上表底（起码）大于下表底（止码）。针对上述问题制定规划进行周分析并协调计量专业提前处理，以提高月线损计算的准确性。

2. 解决步骤

第一步：抽取表底数据。

通过海量平台抽取关口系统采集数据，放入临时表中。

第二步：匹配测点档案。

根据临时表的关口系统采集数据匹配出线损数据库中相应的采集测点档案，包括采集测点所属单位、所属变电站、电压等级、表计名称、对应开关名称、ID、TA1、TA2、TV1、TV2 等信息。

第三步：分析异常。

以日线损进行采集异常监测与辅助分析。第一类异常表现为上表底（起码）为空、下表底（止码）为空，或两者同时为空，判断为疑似采集失败；第二类异常表现为 TA1/TA2×TV1/TV2＝0，判断为倍率异常；第三类异常表现为上表底（起码）大于下表底（止码），判断为表计更换或者调整方向。

第四步：核实、治理。

将异常结果明细提交相关专业核实、治理，核实为采集失败可及时进行整改；核实为倍率异常则在关口系统内维护正确的倍率；确定为表计更换或调整方向则提供相关记录。

7.1.2.4 应用成效

开展关口系统表计采集异常监测与辅助分析后，大部分采集异常可提前进行治理，提升了计算结果的准确性，减少了高损、负损等异常的分析时间，极大地提高了线损治理异常的工作效率。

7.1.3 计量电量与 EMS 积分电量对比法在线路负线损检查中的运用

涉及专业：调控、营销。

7.1.3.1 场景描述

2016 年 11 月和 12 月，某地区的 110kV 澄高 726 线线损率连续 2 个月发生负线损现象，统计报表见表 7－1。

表 7－1 负线损现象统计报表

线路名称	起始站	终止站	电压等级（kV）	12 月线损率（%）	11 月线损率（%）	12 月线损（kWh）	11 月线损（kWh）
扬州澄高 726 线	江苏澄子变电站	扬州高城变电站、扬州文游变电站	交流 110	－0.83	－0.99	－122496	－82104

该线路虽然在 110kV 分线线损率的合格范围内，但已接近－1%的临界值。澄高 726 线的供电侧为 220kV 澄子变电站，受电侧为 110kV 高城变电站和 110kV 文游变电站。根据计算公式判断，由于供电侧电量小于受电侧电量导致负线损的产生，分析出是供电侧电量漏算，或受电侧电量多算。

7.1.3.2 问题分析

通过查看电能量主站系统，发现 11 月和 12 月的日线损正负上下波动较大。最大的日负线损为－4.25%，出现在11月20日；最大的日正线损为1.78%，出现在12月25日。

通过选择11月20日澄高线日线损报表分析，发现澄高线文游支726开关的表计增量为264000kWh，EMS增量为249258kWh，表计电量比EMS电量多了14742kWh，而澄高线文游支726开关的表计倍率为1320000，表计最小步长为0.01，表计的单位步长的电量为13200kWh，通过比较电量差，可以发现澄高线文游支726开关的表计多走了0.01个底码，初步判断疑是澄高线文游支726开关的表计出现跳码。

再选择12月1日澄高线日报表线损进行分析，该日该线的线损率为－3.85%。通过查看电量报表发现澄高线文游支726开关的表计增量为290400kWh，EMS增量为275475kWh，表计电量比EMS电量多了14925kWh，而澄高线文游支726开关的表计倍率为1320000，表计最小步长为0.01，表计的单位步长的电量为13200kWh，通过比较电量差，可以发现澄高线文游支726开关的表计多走了0.01个底码，从报表中也可以看出，19：00表计底码走了0.02，也就是26400kWh，而EMS电量走了14626kWh，初步怀疑是澄高线文游支726开关的表计出现跳码。

通过上述2个典型日的线损分析，初步得出疑是澄高线文游支726开关的表计出现跳码现象。

7.1.3.3 解决措施

针对110kV澄高726线存在负线损的异常问题，该公司组织调度、运行、检修等线损工作相关部门和人员进行现场勘察分析研究，决定先对澄高线文游支726开关的表计进行更换。

2017年2月6日，某市公司营销计量班人员到达文游变对澄高线文游支726开关的表计进行了更换。更换后通过观察2月7日的线路日平衡报表发现澄高线的负线损现象已消失。

2月7日的澄高726线路日平衡分析见图7－1。

7.1.3.4 应用成效

本次问题的排查，主要是通过对计量表计的表计增量数据和EMS增量数据进行同比分析，找到了问题的症结，给出消缺建议，从而节约问题处理时间，提高工作效率，确保同期线损项目工作的顺利开展。

7.1.4 基于分元件数据异常准确定位站端计量问题的处理经验

涉及专业：调控。

7.1.4.1 场景描述

同期线损数据应用阶段，通过分析同期线损管理系统中分线、母平及变压器损失等分元件数据计算结果，发现存在电能量采集系统（TMR）主站采集数据与站端表计实际数据不一致问题，致使数据结果偏差较大。

数据时间	正向有功（kWh）	反向有功（kWh）	线损（kWh）	平衡率（%）	是否越限
0:00	431 640	430 320	1320	0.31	否
1:00	431 112	429 000	2112	0.49	否
2:00	431 376	430 320	1056	0.24	否
3:00	441 112	442 200	−1088	−0.25	否
4:00	431 376	429 000	2376	0.55	否
5:00	431 376	429 000	2376	0.55	否
6:00	441 640	442 200	−560	−0.13	否
7:00	442 168	442 200	−32	−0.01	否
8:00	438 960	442 200	−3240	−0.74	否
9:00	442 540	444 840	−2300	−0.52	否
10:00	445 128	446 160	−1032	−0.23	否
11:00	450 240	447 480	2760	0.61	否
12:00	450 088	447 480	2608	0.58	否
13:00	451 672	448 800	2872	0.64	否
14:00	453 520	450 120	3400	0.75	否
15:00	455 896	451 440	4456	0.98	否
16:00	453 800	452 760	1040	0.23	否
17:00	451 176	450 080	1096	0.24	否
18:00	453 552	455 400	−1848	−0.41	否
19:00	455 400	455 400	0	0.00	否
20:00	467 248	469 920	−2672	−0.57	否
21:00	468 568	471 240	−2672	−0.57	否
22:00	459 360	456 720	2640	0.57	否
23:00	460 152	458 040	2112	0.46	否
总	10 739 100	10 722 320	16 780	0.16	否

图 7−1 日平衡分析

7.1.4.2 问题分析

定位站端计量问题有以下原因：

（1）采集终端点表顺序与电采系统不符，造成开关对应关系错误，电采数据与现场表计数据无法对应。

（2）在换表时，现场表计标签贴错，造成采集系统采集数据非实际表计数据，出现偏差。

（3）在换表时，站端计量人员没有通知电采系统主站管理人员，由于表地址、表计规约等一系列信息没有在采集终端更新并上传，导致电采主站采集的数据与站端表计实际数据不一致或者无法采集。

（4）部分光伏用户安装法国等进口表计，现场表计表底位数与采集系统表底位数不一致，造成表底数据误差。

（5）主站点表与站端采集终端的点表顺序不一致。

7.1.4.3 解决措施

1. 解决思路

通过人工现场抄表的方式，找出异常表计，对异常表计表底进行梳理及现场核实，找出偏差原因。

2. 解决步骤

（1）针对数据异常的变电站采用人工抄表方式，计算各电压等级的母线不平衡率、主变压器损失以及输电线路损失，通过正常损失率排除法来发现异常表计，对异常表计表底进行梳理，安排人员去现场对异常表计及采集终端进行消缺。

（2）现场查看采集终端中对该开关表计地址和违约规则的设置，并再次查看采集器与异常开关电能表实时数据是否一致。

（3）及时与地市调控中心主站管理人员联系，将现场点表顺序、表地址及表规约等信息核实无误，并将该开关 1 日零点的差错表底修改为正确值，以免影响分区、分压、分线线损等相关数据结果。

（4）制定符合同期线损工作管理要求的装换表工作流程及制度，实现闭环管理，保证电采系统数据的准确性，为同期线损管理工作提供可靠保障。

7.1.4.4 应用成效

对常见问题进行有针对性的处理，既提高了工作效率，又确保数据使用的正确性，推进了同期线损管理系统深化应用。

7.1.5 规范表底接入与电量增补操作

涉及专业：调控。

7.1.5.1 场景描述

某省公司正开展全省供电侧关口配置工作中，同时对全省各地市的供电量进行试算，但在试算过程中发现有少量计量点表底数为“－9999”或“0”，导致该计量点对应的关口电量计算不准确。

7.1.5.2 问题分析

该公司经过细致的分析发现可以排除不同系统间的传输问题，经确认，有多种原因造成表底数异常：

（1）因计量点对应的计量设备、采集设备、通信设备损坏，致使电能量采集系统获取的表计底码为“－”，在数据推送时被转换成特定数据“－9999”。

（2）因无负荷、采集线路错误、表计安装错误、系统配置错误等原因，造成电能量系统采集到的数据为“0”。

以上原因中，除无负荷时采集数据为“0”属于正常数据外，其余均属于故障数据，这些故障数据无法准确反映电量值，使同期线损管理系统的供电量计算精度下降。

7.1.5.3 解决措施

1. 解决思路

为提高供电量计算的准确性，该公司针对以上问题进行具体分析，充分发挥了发展部、项目组、地市公司、省（地）调度中心的职能作用，合理利用同期线损管理系统中的电量增补功能，并制定一整套流程规范电量增补操作，避免电量增补的随意性，让每一个数据都做到有来源有出处，使问题的发现、确认、处理、解决等步骤形成一个闭环，从而保障电量准确计算。

2. 解决步骤

（1）线损项目组整理出表底数为“－9999”的关口，编制表计采集故障消缺单发送给对应地市，由对应地市检修班组进行消缺，如因采集设备或通信设备损坏导致异常的，故障期间电量不会丢失，所以不需要增补电量。

（2）如因计量设备故障导致异常的，需与D5000系统核对该计量点故障期间的负荷，再由调度进行平衡计算后得出增补电量值，反馈给发展部，对该计量点对应关口进行电量增补。

（3）如采集到的表底数为“0”时，需首先判断该计量点是否有负荷，如有负荷则说明采集数据异常。

（4）线损项目组首先排除自身系统配置错误，再依据采集数据异常的关口清单编制表计采集故障消缺单发送给对应地市，由对应地市检修班组进行消缺。

（5）地市公司在消缺完成后将表计采集故障消缺单反馈，再由调度根据D5000系统核对出的负荷值进行平衡计算后得出增补电量值，反馈给发展部，对该计量点对应关口进行电量增补。

（6）在经过以上操作后，同期线损管理系统重新计算供电量。

7.1.5.4 应用成效

该省公司规范了不同类型表计故障的电量计算流程和电量增补的操作要求，使每一个数据来源可追溯，计算准确可靠，提高了供电量计算的准确性，表计采集故障时规范增补电量操作的要求得以解决。

7.2 用电信息采集系统电量接入管理

7.2.1 基于用采系统排查关口缺陷的经验

涉及专业：调控、营销。

7.2.1.1 场景描述

计量关口缺陷是目前制约同期线损建设的重点和难点，而计量关口缺陷多涉及二次回路问题，由于二次系统接线冗杂，且回路位置较为隐蔽，很难直观发现接线存在的问题。运用相位仪、钳形电流表等设备测电压、电流回路时，易造成电压回路短路和电流回路开路，影响人身和电网、设备安全，关口问题处理的时效性也难以保障。因此，如何从另外一个角度出发，另辟蹊径，准确地找出问题的关键所在，为现场快速处理问题提供决策依据，就是本处讨论的重点。

7.2.1.2 问题分析

下面以新窑变电站 1121 新锦线关口缺陷为实例进行说明，为了便于分析，首先将新窑变电站供电关系、母平和分线模型以及存在的问题进行介绍；其次运用同期系统月、日线损计算功能，结合线下计算，通过上、下级供电关系元件线损率比对，分析确定缺陷关口。

（1）供电方式。正常方式下，新窑变电站由 1111 新电线供电，1122 新眉线备用，1121 新锦线带锦屏变电站。

（2）母平、分线模型。新窑变电站 110kV 母平模型中：1111 新电线正向、1122 新眉线反向、1121 新锦线反向、1101 和 1102 反向之和作为输入电量；1111 新电线反向、1122 新眉线正向、1121 新锦线正向、1101 和 1102 正向之和作为输出电量。

1121 新锦线线路模型中：1121 新锦线和 1111 锦新线正向之和作为输入，1121 新锦线和 1111 锦新线反向之和作为输出。

（3）新窑变电站 110kV 母线不平衡率为 –5.02%，1121 新锦线线损率为 18.03%（取 3 月 1～26 日数据）。新窑变电站 110kV 母平模型中，线损率为负值，说明输出电量大了，或者输入电量小了。在输入模型中，1111 新电线线损率达标，说明 1111 新电线关口计量无问题；1122 新眉线反向、1121 新锦线反向、1101 和 1102 反向均未走底度，可以不予考虑，因此可以确定输入电量无问题，同时可以断定输出电量有问题，也就是说输出电量大了。输出模型中，1121 新锦线线损率为正，而对侧锦屏变电站 110kV 母线平衡，1101、1102、1122 正向电量均无问题（1101、1102 可以通过分析变损率进行判断）。因此，可以确定 1121 新锦线关口计量存在问题。为了证实我们的判断，通过回代法，将 1111 锦新线电量加入到新窑变电站 110kV 母平模型中，计算得新窑变电站 110kV 母平及 1121 新锦线线损率合格。

7.2.1.3 解决措施

缺陷关口确定以后，解决问题的思路主要分为三个步骤：一是运用用采系统，对缺陷关口有功、无功、电压、电流历史曲线和数据进行比较分析，重点查找有功、无功不平衡量，电压、电流突变量，从中滤出有分析价值的数据（本次选取 3 月 20 日电压、功率因数作为分析量）；二是运用电压、电流向量图，通过对向量图的分析判断，确定电压回路相序、电流回路极性是否正确；三是针对系统分析排查出来的问题，现场验证反馈。

7.2.1.4 应用成效

3 月 28 日，该公司运检人员结合反馈的信息，在较短的时间内处理了该关口缺陷，大大节省了人力、物力，在一定程度上也保障了人身、电网和设备的安全。运用图方法，该公司还相继处理草峰变电站、灵台变电站等 4 座变电站计量关口缺陷，验证了该方法的有效性，具有全面推广的意义。

7.2.2 提高电力用户低压用电采集抄通率

涉及专业：营销。

7.2.2.1 场景描述

针对某公司用电信息采集系统低压抄表成功率低问题，该公司计量人员通过现场调查数据收集和分析找出原因，制定了解决问题的有效方法，提高了用电信息采集系统低压抄表成功率。

7.2.2.2 问题分析

对集抄设备问题排查，分析用电信息采集系统低压抄表成功率低的原因，并根据原因找到解决问题的方法。

7.2.2.3 解决措施

1. 解决思路

通过对集抄设备问题排查，发现集中器电源接线故障、总表 485 接线故障、载波通信干扰问题、集中器上线不抄表、集中器 SIM 卡异常问题会直接影响低压智能表的采集成功率。

2. 解决步骤

（1）检查表计通信地址和档案信息是否正确，如果错误走营销流程修改。关键是在走流程时严格核对表计通信地址。

（2）表计档案信息已建并且参数已经加载，但现场没有装表。

（3）现场已经装表，但是表计没有接上电源，表计不带电。

（4）表计已接电源，但是零线虚接或没接，导致表计失电压，还影响计量和线损。要求在施工过程中零线必须双股进表尾，保证表尾接线可靠接触。

（5）检查表计日期和时钟有无错误。

（6）档案信息是否加载错误（由于主站人员粗心，导致在加载档案信息时将参数加载错误。要求加载集中器参数时必须细心，严格执行系统要求，确保参数加载正确无误）。

7.2.3 月中用户档案异动（投运、退役）表底电量处理

涉及专业：营销、运检。

7.2.3.1 场景描述

目前一体化电量与线损管理系统已经全面开展同期分区、分压及分线分台区的应用，对于同期售电量的准确性要求亦越来越高。

7.2.3.2 问题分析

月中投运或退役用户无法获取 1 号表底，导致用户缺失上表底或下表底，电量无法正常计算，从而使售电量缺失影响同期分压、分区及分线分台区线损准确性。

7.2.3.3 解决措施

1. 解决思路

建立临时表存放月中投运或退役的用户档案信息，获取异动日期表底作为上表底或下表底，输出表底 TXT 进行电量计算。

2. 解决步骤

（1）获取异动档案。根据用户档案表中投运日期和退役日期字段判断该用户是否属于月中（非 1 号）异动（投运或退役），如果满足条件则将该部分用户相关信息，如用户、计量点、电能表等信息进行抽取整理，标识异动类型存入档案异动表（临时表），见图 7－2。

（2）获取表底。将档案异动表中信息与表底关联，获取异动日期表底更新至档案异动表中，见图 7－3。注：月中投运则将投运日期表底作为本月上表底记录，月中退役则将退役日期表底作为本月下表底记录。

（3）获取电量。根据规则要求输出该部分异动档案的表底进行电量计算工作，见图 7－4。

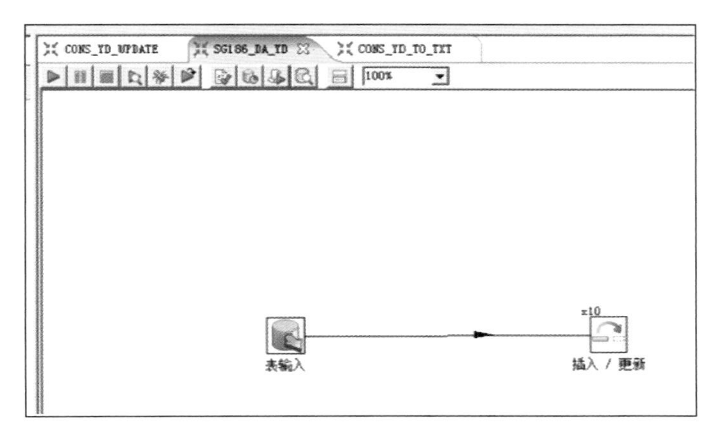

图 7－2　获取异动档案任务图

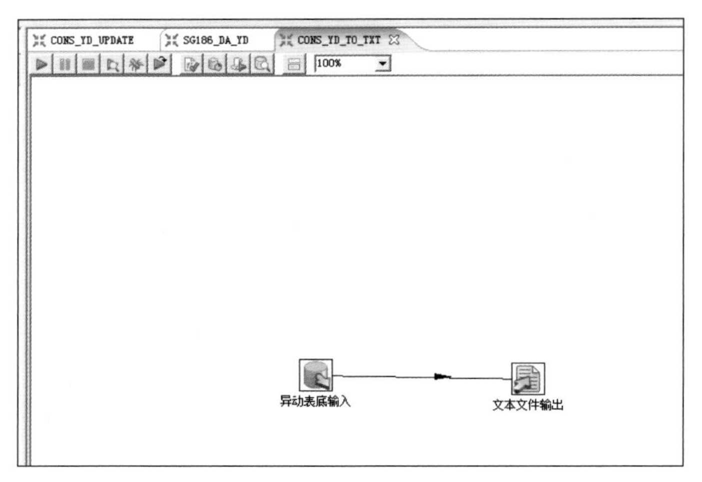

图 7－3　获取表底任务图

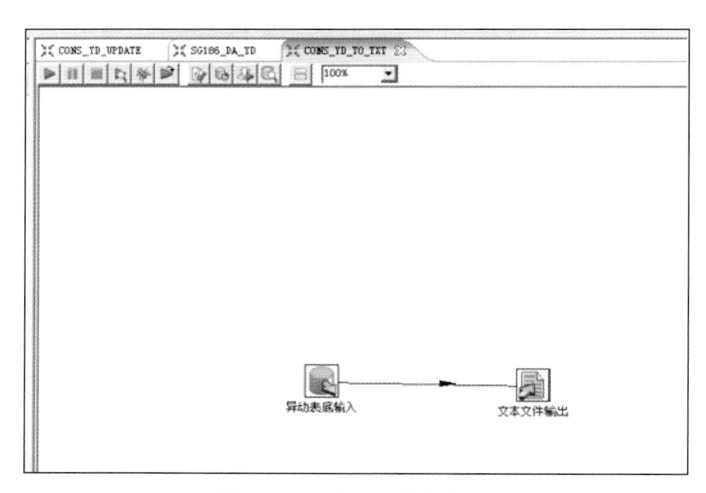

图 7－4　获取电量任务图

7.2.3.4　应用成效

该应用弥补了同期线损管理系统同期售电量缺失，提高了同期线损计算准确性，解决了各单位用户反映的新投或退役用户电量无法参与计算问题，提高系统实用性。

7.2.4　台区集中器无法正常采集的治理

7.2.4.1　场景描述

某公司某地区部分县地处山区，而山区范围内一些台区集中器运行条件较为恶劣，经常发生无法正常采集的情况。

7.2.4.2　问题分析

由于地理位置特殊，条件恶劣，造成部分台区无信号或信号不稳定，影响台区正常采集。

7.2.4.3 解决措施

1. 解决思路

(1) 解决山区信号问题。

(2) 定期对山区集中器、电能表进行检查更新。

2. 解决步骤

(1) 对无信号台区和信号不稳定及移动信号塔长时间损坏的台区安装中压载波设备。

(2) 对于 SIM 卡异常销户与通信公司沟通解决，并及时通知各营业单位领取新 SIM 卡进行更换。

(3) 定期对时钟超差集中器及电能表进行对时工作，并督促各营业单位更换此类集中器、电能表。

(4) 加强采集运维管理，及时更换故障模块。

(5) 督促各营业单位及时在系统中进行轮换流程及采集点修改流程。

(6) 对高损、负损台区安排人员到现场检查台区，加大用电检查力度，及时处理台区各种错误及偷窃电行为。

(7) 将 2009 版规约的集中器更换为 2013 版规约集中器（集中器地址为 1397 开头的）。

7.2.5 分布式光伏发电接线典型方案

涉及专业：营销、运检。

7.2.5.1 场景描述

某公司由于光伏扶贫，目前接入分布式光伏用户 8959 户，分布在全公司 1380 个台区，占比 79.59%。按原计算规则因光伏原因造成负损台区 923 台，超 100%高损台区 167 台。

7.2.5.2 问题分析

用电信息系统建设时，未考虑到用户余电上网情况，造成小光伏上网电量与台区供电量互抵，导致在线损电量不变的情况下，供电量较少，甚至出现线损率为负的极端情况。

7.2.5.3 解决措施

1. 解决思路

对用电信息采集系统台区线损计算规则及计算公式进行调整。

2. 解决步骤

对于电能表正反向计量设置原则明确如下：

(1) 发电电源点即发电上网，靠近发电机出口处为正，远离出口处为负。

(2) 仅有母线，靠近母线为正，远离母线为负，即流出为正，流入为负。

(3) 既有发电，又有母线，流出是正，远离出口处为负；流出母线为正，流入母线为负。

光伏发电用户计量接线见图 7-5～图 7-7。

7.2.5.4 应用成效

该公司在运公用变压器台区数 1734 台，在 5 月 27 日调整采集系统光伏计算规则后，公司线损合格台区（用采系统中线损率 –1%～9%的公用变压器台区）455 台，占全公司台区总数 26.24%，比规则调整前增加 11.39 百分点。

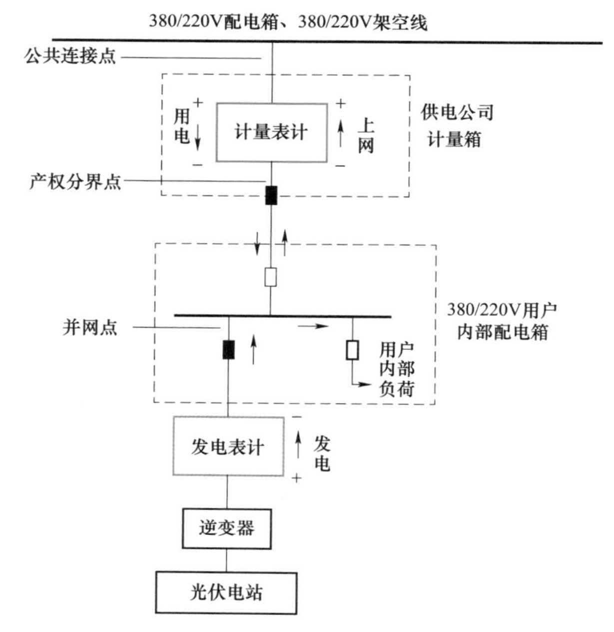

图 7–5 220V 自发自用余电上网用户

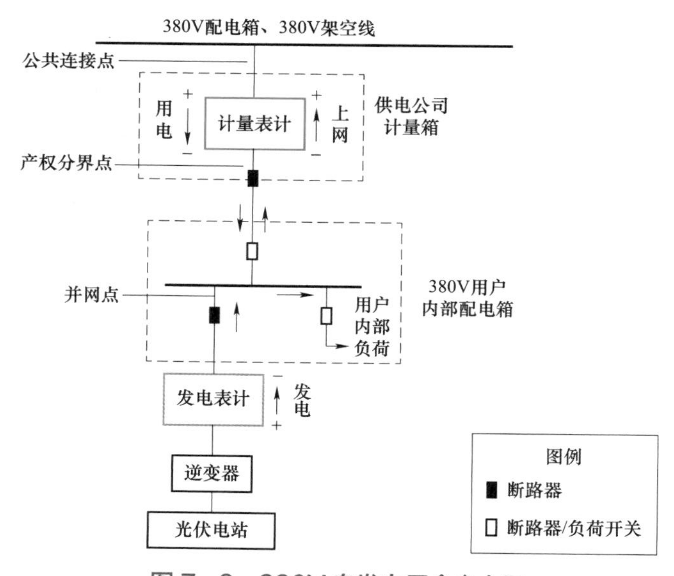

图 7–6 380V 自发自用余电上网

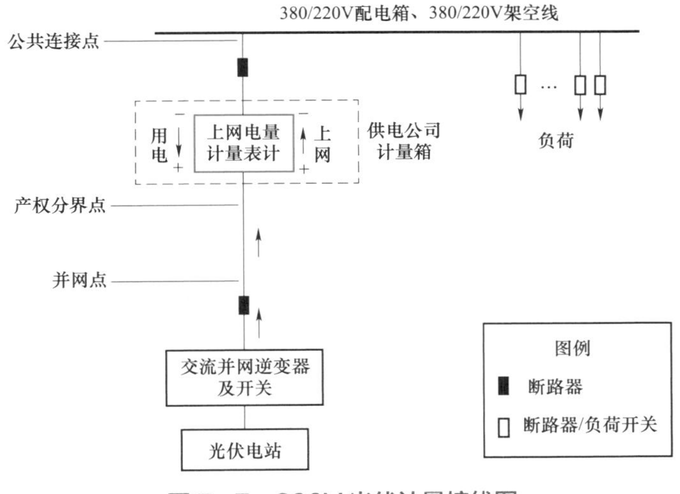

图7-7　380V光伏计量接线图

7.2.6　小水电采集质量提升经验

涉及专业：营销。

7.2.6.1　场景描述

某省西部、南部地区现有水电站3000余家，其中6000kW以下小水电站约2900家。由于数量多、分布散、管理薄弱等原因，小水电采集覆盖率、成功率一直未得到有效提升，影响线损计算准确性。

7.2.6.2　问题分析

从目前的情况来看，计量采集装置未安装、网络信号未覆盖或不稳定是影响小水电采集覆盖率、成功率提升的主要因素。

7.2.6.3　解决措施

该省公司以小水电数量众多的丽水地区为试点，开展小水电采集质量提升工作。

（1）对小水电站进行系统梳理与现场排查，未安装采集装置的分批次进行补装。

（2）开展小水电电站采集信号治理，对于无线信号不稳定的电站，试点应用第2代远程无线放大装置（见图7-8），提高信号传输可靠性。

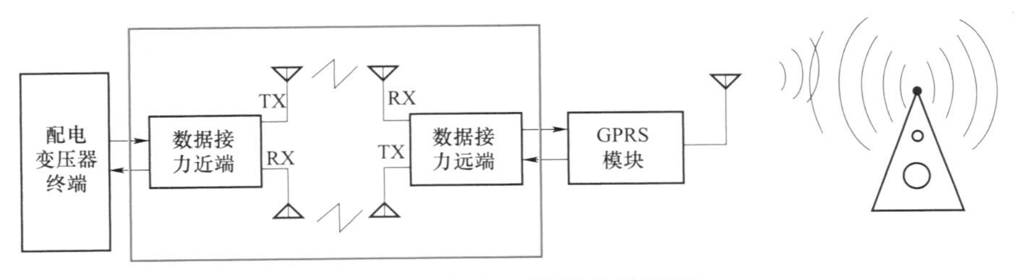

图7-8　远程无线放大装置图

7.2.6.4 应用成效

经过半年的努力，该地区目前小水电采集覆盖率提升至 95%，采集成功率提升至 85%。

7.3 中间平台电量接入管理

7.3.1 海量平台数据错误异常诊断

涉及专业：调控、信通。

7.3.1.1 场景描述

5 月海量平台取数错误，将反向有功、正向有功取反，导致电厂上网电量偏差，涉及的供电量较大的关口如下：

某市 A 地区/110kV，钟腾Ⅱ回 152 开关，偏差 24845317.2kWh；

某市 B 地区/110kV，钟腾Ⅰ回 151 开关，偏差 24602767.2kWh；

某市 C 地区/10kV，前电Ⅰ回 917 开关，偏差 2880522kWh。

7.3.1.2 问题分析

通过到电能量采集系统查询电厂上网关口表底，发现海量平台将正向有功、反向有功数据取反。

7.3.1.3 解决措施

1. 解决思路

协调海量平台修改接口程序；同期线损管理系统重新抽取数据、重新计算线损。

2. 解决步骤

（1）协调海量平台厂商修改抽取电厂上网关口供电表底接口程序，并重新抽取电厂上网关口表底数据。

（2）同期线损管理系统重新从海量平台抽取电厂上网关口表底。

（3）将重新抽取的电厂上网关口表底数据上传总部数据库。

（4）重新计算供电量及线损率。

7.3.1.4 应用成效

重新计算后电厂上网电量正常，5 月分区线损正常。

7.3.2 海量平台中 TMR 数据自动补采机制典型经验

涉及专业：调控。

7.3.2.1 场景描述

在 SG－ERP 整体规划中，数据中心包含结构化数据平台、海量历史/准实时数据管理平台（简称海量平台）、地理信息平台和非结构化数据平台四部分，从而提供覆盖面相对完整的企业级数据共享和统一标准访问服务。海量平台用于满足各业务应用对历史/准实时数据进行按需存储、整合、共享交换、计算加工以及统一和标准访问的需求。平台存储、整合了能够准确反映电力生产运行状况的历史/准实时数据，结合数据中心汇集的各业务应用生成的结构化数据，可以满足各业务应用之间信息共享的需求。

某公司作为国网海量平台 V3.0 和海量平台深化应用建设的双试点单位，于 2010 年开始海量平台建设，至 2015 年完成海量平台及深化应用的建转运工作。截至目前实现了接入用电信息采集、调度 SCADA、电能计量、环保监测等多个系统数据，数据接入测点量达到 9900 万左右，随着平台应用不断深化，海量平台接入数据的覆盖面、数据量还在不断增加。同时海量平台为一体化电量与线损、配网运营监测、量价费损、电网规划深化应用等多个系统提供准实时/历史数据服务。

7.3.2.2 问题分析

目前，该公司调控中心省公司和地市公司共有 6 套 TMR 系统，TMR 系统接入海量平台的数据为历史准实时数据，按照同期线损管理系统建设要求，TMR 系统完成对 35kV 及以上变电站关口电量表底数据（正向有功总电能示值、反向有功总电能示值、正向无功总电能示值、反向无功总电能示值等相关数据）自动采集，并对采集的关口进行补采，并推送至海量数据平台进行更新。由于该公司 35kV 及以上变电站关口是逐步接入，且存在缺失表底、表底数据窜位等情况，因此需要 TMR 系统补采相关表底数据，满足同期线损管理系统要求。

在海量平台建立 TMR 数据自动补采机制之前，海量平台项目组人员要经常在业务部门人员通知后进行手动修改补采接口程序配置文件参数，进行数据补采和更新。海量平台运维人员要经常加班配合且操作步骤繁琐，因此有必要优化 TMR 的补录数据接入接口，建立 TMR 数据自动补采机制。

7.3.2.3 解决措施

通过深化台区日线损的统计分析，依托逐步完善的线变箱户关系，实施分区、分压、分线、分台区线损日统计、周分析工作机制，将线损管理由月统计调整为周分析，实现线损由结果管理向过程管控转变，从而有力提升配网运行管理水平。

根据同期线损计算结果与分析，针对线损率偏高的分线、线损率不合格的台区开展逐一核查分析工作，通过接线图、台区隶属关系、台账与现场实际比对、负载分析等多方面查找原因，制定整改措施，及时纠偏，从而降低分线、台区日线损不合格数量。

针对 TMR 这类跨部门、跨业务数据共享需求，海量平台项目组向其深入调研了数据更新频率、数据量、访问方式、匹配方式等具体情况，结合平台已实现的接入数据，制订了程序的功能实现框架。程序的实现过程如下：

（1）沟通 TMR 项目组让其将需要补录的数据通过 FTP 上传到海量平台接口服务器的指定目录下。

（2）修改 TMR 自动补采接口程序的配置文件参数，设置写入的库 IP 地址、端口号、实例名、用户名和密码等信息，同时根据现场需求设定程序每隔 1 分钟去文件夹下查询一次，启动程序后，每隔 1 分钟程序会去 6 个文件夹下进行检查是否有 TMR 数据文件，如果存在 TMR 数据文件，程序会自动将数据文件解析并写入海量平台的库中。文件读取并写入完成后会将原文件自动备份后删除，这样可以避免程序每次读取的文件都是最新上传的。

（3）通知一体化电量与线损项目组不定期的通过与海量平台的接口程序检查 TMR 采集的正向有功总电能示值、反向有功总电能示值、正向无功总电能示值、反向无功总电能示值等相关历史准实时的补录数据。

7.3.2.4　应用成效

本次海量平台数据接入工作，涉及 TMR 系统、海量平台、一体化电量与线损等多个系统及业务部门。在完成本次 TMR 自动补采接口程序设计及研发的过程中，增强了各个系统平台之间，厂商与业务部门之间的协作默契度，并在整个过程中增加了解，为今后的业务工作协同打下坚实基础。

海量平台 TMR 数据接入补采机制的研究，减轻了海量平台项目组和一体化电量与线损项目组人员的工作量，提高了数据采集与传输的效率，是数据共享融合的典型应用案例，其良好效果将为该公司开展的配网运行效率分析、量化费损等数据集成提供极有意义的经验借鉴。

新形势下，信息通信运维对象的规模和复杂度越来越高；信息系统运维对象在地域上的变化，对纵向的级联贯通、本地化服务、集中管控、安全服务等方面的要求也越来越高，技术架构也越来越复杂。该公司对信息系统运维工作的统筹度越来越高，管理更加深化和创新。海量平台通过本次 TMR 数据接入补采机制的研究，减少了海量平台项目组人员 TMR 数据补录和更新的工作量，提高了数据接入的自动化，海量平台项目组人员认真总结分析问题和解决问题的思路和方法，在日后海量平台的运维过程提供借鉴。

第 8 章

线损计算管理

线损计算是降损节能，加强线损管理的一项重要的技术管理手段。然而，线损计算是一项繁琐复杂的工作，特别是配电线路和低压线路，由于分支多、负荷量大、数据多、情况复杂，使得线损计算难度更大。

8.1 台区供售电量核查及组合台区治理典型经验

涉及专业：营销。

8.1.1 场景描述

以某县供电公司 PMS_锦绣华城 13 号变压器（台区编号 0890837545725）为例，8 月同期月线损率 54.88%，见图 8－1。

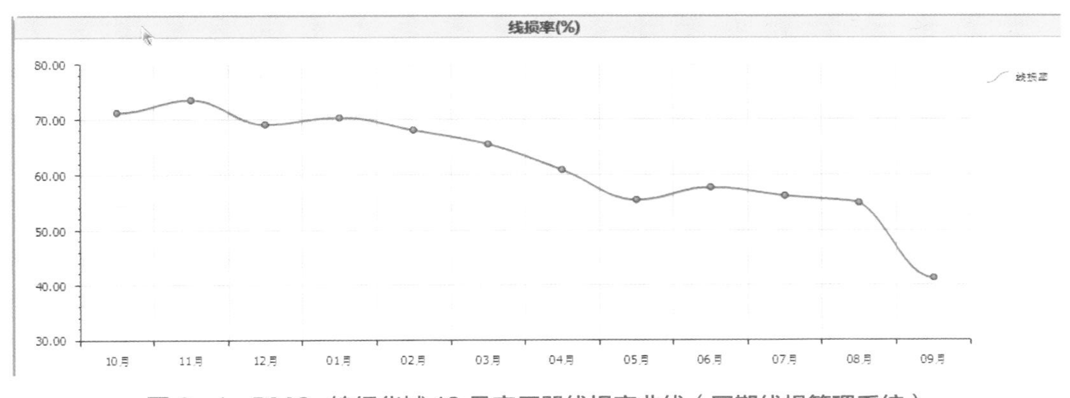

图 8－1 PMS_锦绣华城 13 号变压器线损率曲线（同期线损管理系统）

8.1.2 问题分析

经查用电信息采集系统，该区 8 月线损率 38.30%。现场检查发现存在两台变压器切换供电情况。用采系统为组合台区，组合台区线损率 1.33%，组合台区锦绣华城 13、14 号配电变压器，为合格台区，见图 8－2 和图 8－3。

图 8－2 基础考核单元图

图 8－3 组合考核单元图

8.1.3 解决措施

根据现场用电情况，现需在同期线损中对这两个台区进行组合。组合前比对同期、用采两侧台区供售电量，以确保台区组合后线损率计算正确，见图 8－4 和图 8－5。

图 8－4 锦绣华城台区线损率图

图 8－5 组合比对同期、用采供售电量明细

比对发现 13 号变压器供电量（输入电量）同期、用采不一致，售电量一致；14 号变压器供电量、售电量均不一致。总加计算组合后台区线损仍为不合格状态，需对同期线损台区供售电量进行排查消缺，见图 8－6 和图 8－7。

图 8－6　13 号变压器进行台区供电量比对分析

1	311	0890837545725	PMS_锦绣华城13#变	PMS_10kV城南118线	PMS_金湖支	金湖县供电公司	630	公变	运行	2017-05-03 14:25:58
1	20	0890837545726	PMS_锦绣华城14#变	PMS_10kV城南118线	PMS_金湖支	金湖县供电公司	630	公变	运行	2017-05-03 14:26:11

图 8－7　对比信息图

比对发现同期线损中供电量计入了两个数据，其中序号 2 电量 84966kWh 与用采供电量一致，序号 1 电量有误。说明台区输入电量模型配置错误。如两者均不符合，可通过上下表底确认是否为正确表计。如表计不正确，在 gis1.6（或基础数据稽查应用）中查看正确总表表箱挂接关系。

在台区模型配置中删除错误挂接的关口表计 13300011912856，见图 8－8 和图 8－9。

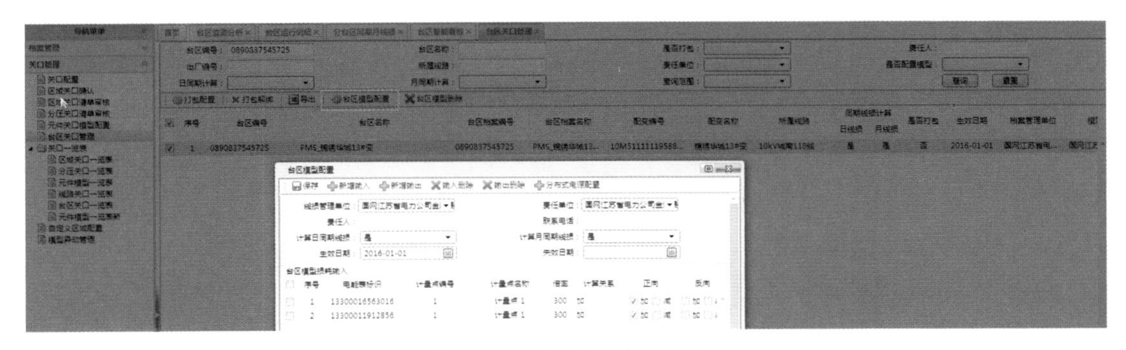

图 8－8　台区模型配置图

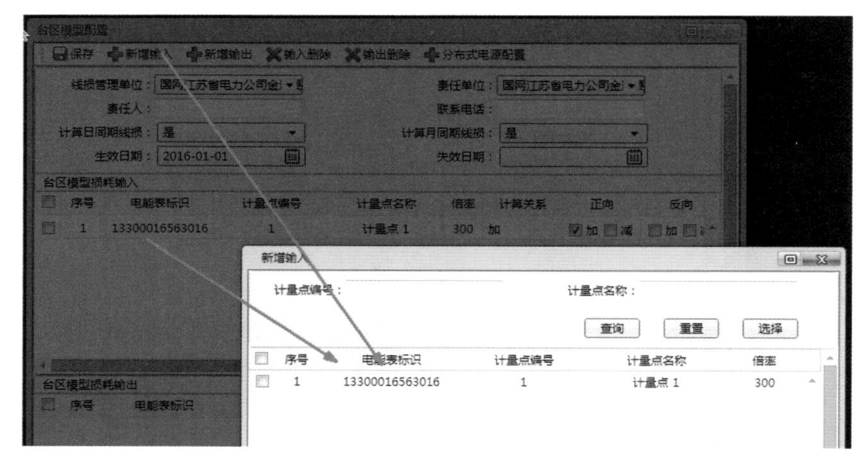

图 8－9　电能表信息图

保存刷新后，查看供电量已变更，见图 8－10。

图 8－10　电量情况图

至此，13 号变压器台区治理完成。同期供、售电量与用采一致。

总结目前常见供电量问题主要分四类：

（1）台区输入模型配置错误（可整改）。

（2）光伏台区未计入供电量（可整改）。

（3）Gis 图形表箱拓扑不通，导致营销侧、同期侧总表台变关系不一致（可整改，gis1.6 中整改）。

（4）台区总表故障、换表、换互感器等，引起供电量异常（无法整改）。

同样，对 14 号变压器进行台区供售电量分析。

核查台区供电量（见图 8－11），存在错误挂接关口表计，删除错误挂接总表。

核查台区售电量，同期线损管理系统售电量 28885kWh，用采售电量 31417kWh，相差电量 2532kWh，需进一步比对分析。

图 8－11 电量明细图

导出同期售电量明细，见图 8－12。

序号	用户名称	出厂编号	表号	倍	上表底	下表底	资产编号	本期电	上期电	售电量占比(%	环比(%	接线方	用户编号
13	*苏金帝物业服务有限公司	1538822483	8200000030938782	1	2849.29	3096.56	1538822483	247	245	0.75	0.82	三相四线	**02791120
3	*苏金帝物业服务有限公司	1538822139	8200000030938438	1	0	0	1538822139	0	0	0		三相四线	**02791029
21	*苏金帝物业服务有限公司	1538821740	8200000030938039	1	20786.67	22849.72	1538821740	2063	2190	6.3	-5.8	三相四线	**02792018
9	*苏金帝物业服务有限公司	1538821415	8200000030937714	1	4971.15	5439.06	1538821415	468	279	1.43	67.74	三相四线	**02791117
10	*苏金帝物业服务有限公司	1538821410	8200000030937709	1	1873	2375.24	1538821410	502	292	1.53	71.92	三相四线	**02791118
12	*苏金帝物业服务有限公司	1538821408	8200000030937707	1	4651.87	5093.43	1538821408	442	596	1.35	-25.84	三相四线	**02791119
2	*苏金帝物业服务有限公司(锦绣华城小区)	1538821236	8200000030937535	1	8726.65	9723.6	1538821236	997	984	3.04	1.32	三相四线	**02791028
14	*苏金帝物业服务有限公司	1538819288	8200000030935587	1	42.36	42.36	1538819288	0	0	0		三相四线	**02791121
23	*湖县中润置业有限公司	1538511622	8200000030510691	1	0.06	0.06	1538511622	0	0	0		单相	**02792020
4	*苏金帝物业服务有限公司锦绣华城服务中心	1538027047	8200000030265116	1	515.03	556.02	1538027047	41	142	0.13	-71.13	三相四线	**02791036
17	*苏金帝物业服务有限公司	1538020906	8200000030539275	1	9641.24	10797.57	1538020906	1156	1575	3.53	-26.6	三相四线	**02791984
7	*苏金帝物业服务有限公司锦绣华城服务中心	1538020808	8200000030539177	1	1769.76	1863.03	1538020808	93	388	0.28	-76.03	三相四线	**02791039
25	*道顺	1538020712	8200000030539081	1	58428.41	64456.01	1538020712	6028	6986	18.41	-13.71	三相四线	**02807059
8	*苏金帝物业服务有限公司锦绣华城服务中心	1538020709	8200000030539078	1	6147.41	6148.41	1538020709	1	0	0		三相四线	**02791040
16	*苏金帝物业服务有限公司	1538020646	8200000030539015	1	22739.82	25275.77	1538020646	2536	4216	7.74	-39.85	三相四线	**02791983
19	*道顺	1538019727	8200000030538096	1	29768.36	34736.64	1538019727	4968	5007	15.17	-0.78	三相四线	**02792009
20	*道顺	1538019063	8200000030537432	1	54697.78	64017.26	1538019063	9319	12143	28.46	-23.26	三相四线	**02792010
5	*苏金帝物业服务有限公司锦绣华城服务中心	1538017097	8200000030199666	1	0	0	1538017097	0	0	0		三相四线	**02791037
6	*苏金帝物业服务有限公司锦绣华城服务中心	1538015771	8200000030198340	1	862.34	886.6	1538015771	24	25	0.07	-4	三相四线	**02791038
								28885	35068				

图 8－12 同期售电量明细

求和算本期电量 28885kWh，与同期统计售电量一致。

用采系统导出售电量明细（见图 8－13），通过 lookup 函数进行两侧比对。

序号	电表局编号	用户编号	用户名称	用电地址	用电标	电量(kwh)	同期电量	抄表段号	表箱号
1	1533045206	2102790926	金湖县锦绣华城小区14#变压器	金湖县锦绣华城小区5#配电房	供电	6	#N/A	2805009009	0902064494
2	1538819288	2102791121	江苏金帝物业服务有限公司	金湖县锦绣华城小区51幢2单元电梯	用电	0	0	2805000814	0902064470
3	1538822139	2102791029	江苏金帝物业服务有限公司	金湖县锦绣华城小区商业B303消防双电源	用电	0	0	2805000814	0902064490
4	1538511622	2102792020	金湖县中润置业有限公司	金湖县锦绣华城小区商业B201商铺	用电	0	0	2805002035	0902069723
5	1538017097	2102791037	江苏金帝物业服务有限公司锦绣华城服务中心	金湖县锦绣华城小区1区防护消防电源2号电器间	用电	0	0	2805004515	0902064483
6	1538020709	2102791040	江苏金帝物业服务有限公司锦绣华城服务中心	金湖县锦绣华城小区1区防护消防电源5号电器间	用电	1	1	2805004515	0902064489
7	1538015771	2102791038	江苏金帝物业服务有限公司锦绣华城服务中心	金湖县锦绣华城小区1区防护消防电源3号电器间	用电	24.26	24	2805004515	0902064485
8	1538027047	2102791036	江苏金帝物业服务有限公司锦绣华城服务中心	金湖县锦绣华城小区1区防护消防电源1号电器间	用电	40.99	41	2805004648	0902064481
9	1538020808	2102791039	江苏金帝物业服务有限公司锦绣华城服务中心	金湖县锦绣华城小区1区防护消防电源4号电器间	用电	93.27	93	2805004515	0902064486
10	1538822483	2102791120	江苏金帝物业服务有限公司	金湖县锦绣华城小区51幢1单元电梯	用电	247.27	247	2805000814	0902064469
11	1538821408	2102791119	江苏金帝物业服务有限公司	金湖县锦绣华城小区50幢3单元电梯	用电	441.56	442	2805000814	0902064466
12	1538821415	2102791117	江苏金帝物业服务有限公司	金湖县锦绣华城小区50幢1单元电梯	用电	467.91	468	2805000814	0902064463
13	1538821410	2102791118	江苏金帝物业服务有限公司	金湖县锦绣华城小区50幢2单元电梯	用电	502.24	502	2805000814	0902064464
14	1538821236	2102791028	江苏金帝物业服务有限公司(锦绣华城小区)	金湖县锦绣华城小区商业A309消防双电源	用电	996.95	997	2805000814	0902064493
15	1538020906	2102791984	江苏金帝物业服务有限公司	金湖县锦绣华城小区商业B301社区用房	用电	1156.33	1156	2805004648	0902060167
16	1538821740	2102792018	江苏金帝物业服务有限公司	金湖县锦绣华城小区商业A传达室	用电	2063.05	2063	2805004648	0903429375
17	900201819	2102799295	金湖县供电公司	金湖县锦绣华城5号配电房公用电	用电	2531.69	#N/A	2805002035	0902064565
18	1538020646	2102791983	江苏金帝物业服务有限公司	金湖县锦绣华城小区商业A302物管	用电	2535.95	2536	2805004648	0902060167
19	1538019727	2102792009	王道顺	金湖县锦绣华城小区商业A201商铺	用电	4968.28	4968	2805004648	0902060167
20	1538020712	2102807059	王道顺	金湖县锦绣华城小区商业A301商铺	用电	6027.6	6028	2805004648	0902060167
21	1538019063	2102792010	王道顺	金湖县锦绣华城小区商业A118-22-2商铺	用电	9319.48	9319	2805004648	0902060167
						31423.83			
						2531.69			
						28892.14			

图 8－13 售电量对比明细图

发现序号 17 在同期线损里未计入售电量。经查，该户为配电房公用电（目前系统不支持配电房自用电计入同期系统，待系统优化），除去该户，两侧售电量一致。

如发现同期系统未计入售电量用户为正常用电客户，则在 gis1.6（或基础数据稽查应用）中查看表计表箱挂接关系。对挂接异常进行整改。

目前常见售电量问题主要为：

（1）该台区下 gis 表箱拓扑不通（表箱异动失败），造成营销（用采）与同期线损中户变关系不一致（可整改）。

（2）计量装置故障等引起的电量异常（无法整改）。

（3）配电房公用电、无表用电等无法计入售电量（待系统优化）。

该台区排除公用电问题，同期、用采月电量一致。所以，根据现场用电情况，结合用采系统，在同期线损管理系统进行打包（组合）处理。

在关口管理中对该台区进行打包配置，见图 8－14。

图 8－14　台区打包配置图

注：相关信息（缺一不可，否则无法保存通过）包括：台区名称、管理单位、责任单位（精确到供电所），生效日期（选择上上月某天）、责任人、联系电话。

8.1.4　应用成效

该台区组合后，9 月同期线损率 6.84%，台区线损率达到合格阈值（见图 8－15），损失电量主要为配电房公用电，无法计入售电量，有待系统进一步优化。

图 8－15　治理后台区线损率图

8.2 省级计算程序调优典型经验

涉及专业：信通。

8.2.1 场景描述

某省公司 3900 万低压用户，在计算电量时数据量大，利用总部下发的原始程序计算一次需要超过 34 小时的时间，项目组针对这一问题进行计算程序调优。

8.2.2 问题分析

计算档案抽取速度慢，完成计量点台区关系，计量点档案抽取需要 15 小时左右；电量计算时计算结果写入 Hbase 慢，需要 12 小时左右；数据抽取 TXT 上搬总部速度慢，需要 7 小时以上；上搬总部的文件过大；上搬总部纵向平台卡死。

8.2.3 解决措施

1. 解决思路

优化计量点台区关系，计量点档案抽取 SQL 程序；将电量计算与结果写入分开执行，并将结果多线程写入 Hbase；优化数据抽取 TXT 程序，减小抽取 TXT 范围为非低压数据；并对上搬总部的文件大小进行限制保存，保证可以顺利将表底和电量上搬总部。

2. 解决步骤

（1）优化计量点台区关系，计量点档案抽取 SQL 程序，将 UNION 方式进行简写处理，见图 8－16。

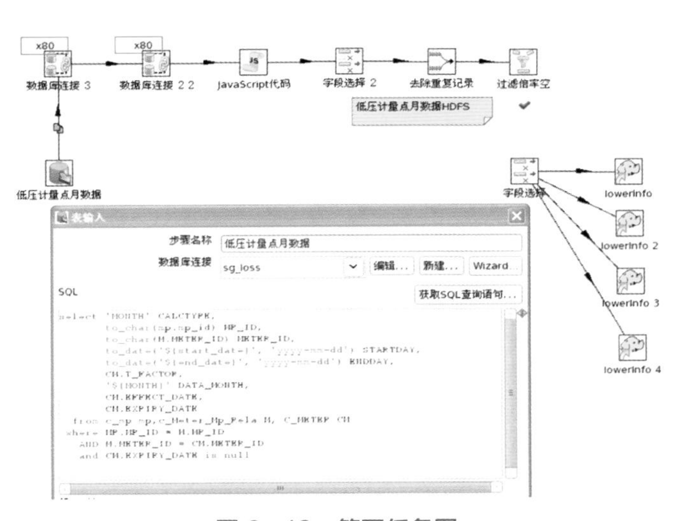

图 8－16 简写任务图

（2）将电量计算与结果写入分开执行，并将结果多线程写入 Hbase，见图 8－17 和图 8－18。

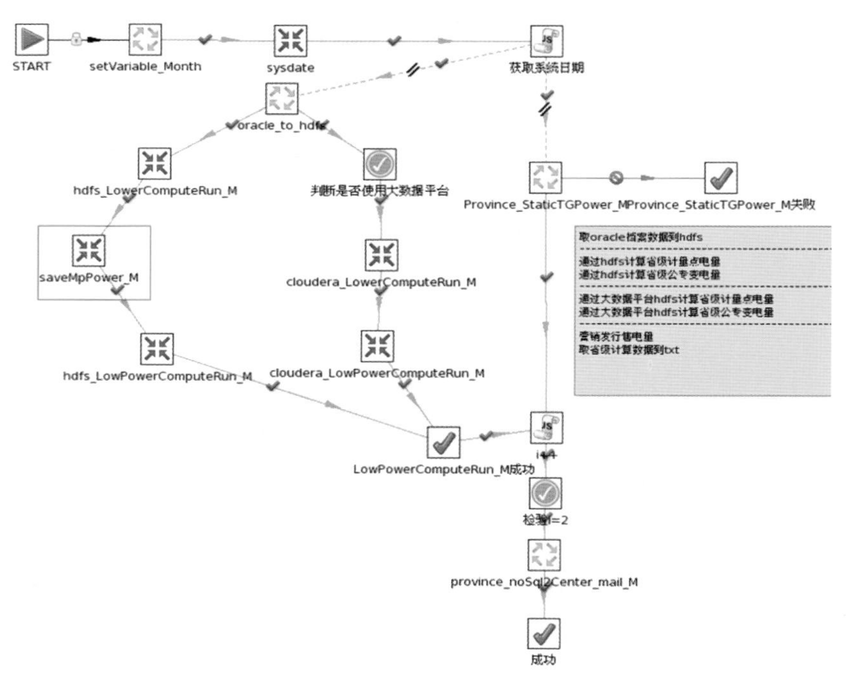

图 8－17 多线任务图

图 8－17 增加 savemppower_m 将结果写入 Hbase。

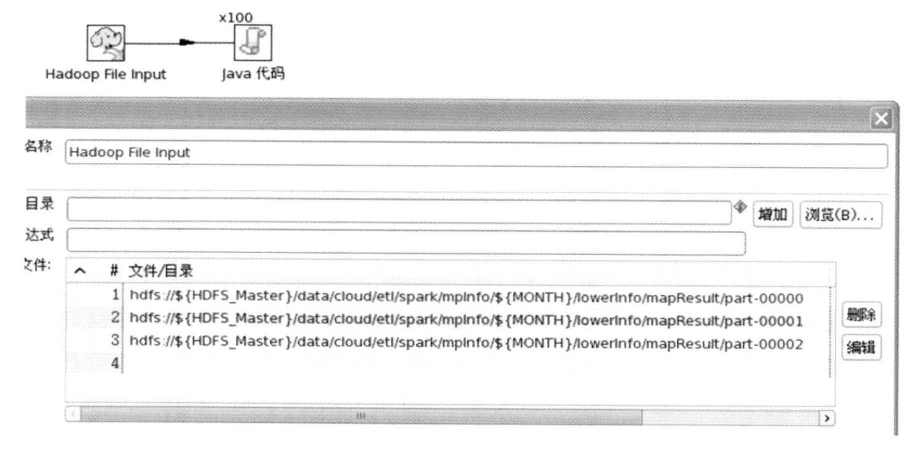

图 8－18 结果任务图

图 8－18 将结果分线程写入 Hbase。

（3）优化数据抽取 TXT 程序，减小抽取 TXT 范围为非低压数据，见图 8－19。

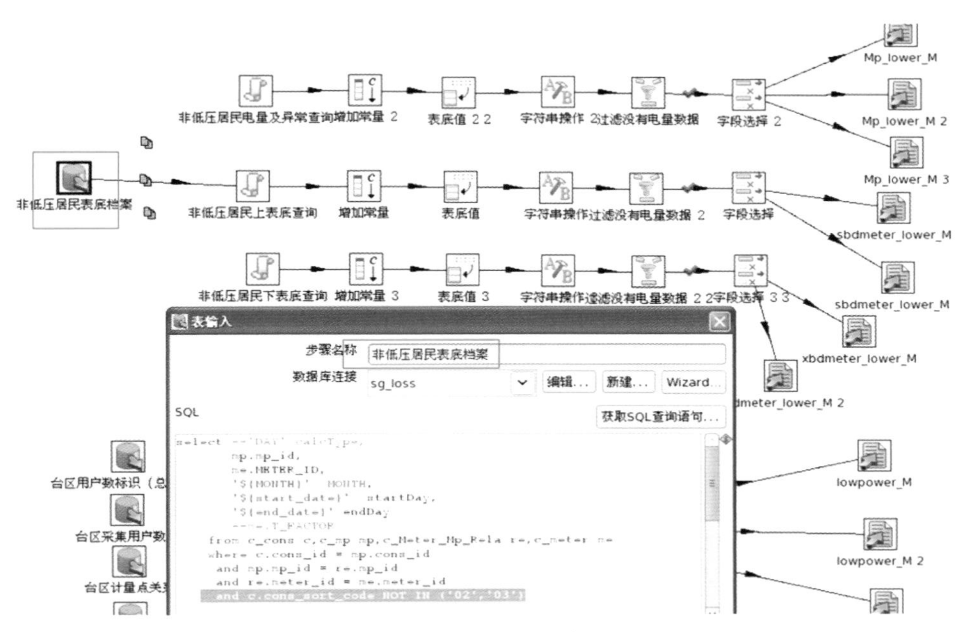

图 8－19　TXT 程序图

（4）并对上搬总部的文件大小进行限制保存，保证可以顺利将表底和电量上搬总部，见图 8－20。

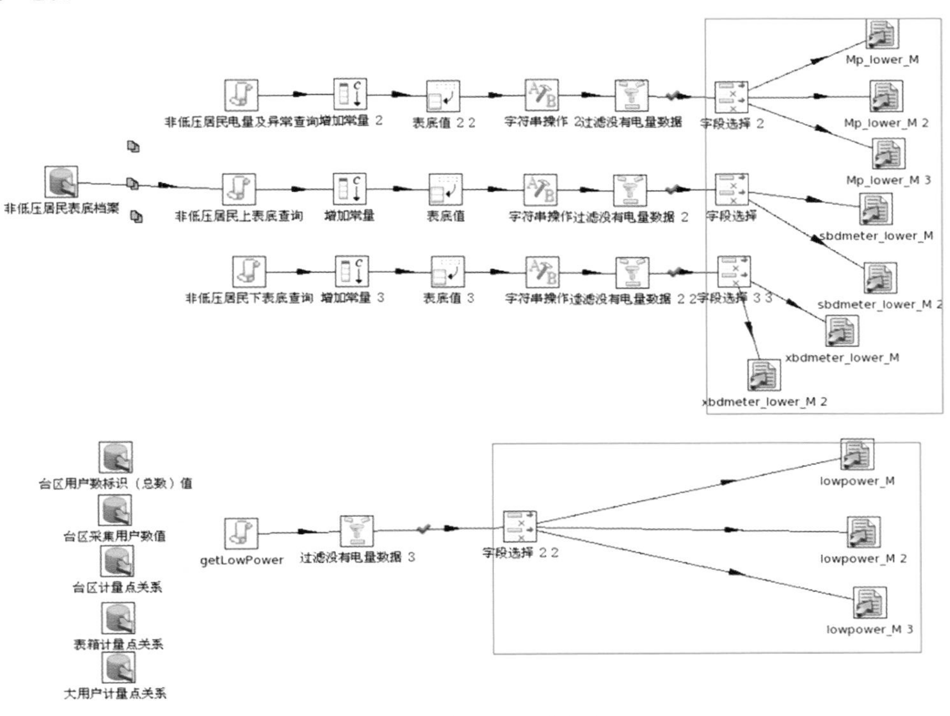

图 8－20　表底和电量搬运任务图

8.2.4 应用成效

该公司截至 9 月 1 日完成对计算程序调优工作，目前计算一次的总体时间控制在 10 小时左右，时长缩短 2/3，后续将和开发组继续沟通，进一步进行计算调优。

8.3 用采公用、专用变压器和低压用户电量计算提升方案

涉及专业：信通。

8.3.1 场景描述

由于同期线损管理系统中各省的日电量、月电量是在本地计算完成后将结果传到总部，现有的计算作业 lowermpMeter_to_ HDFS_DAY.ktrjob 任务生成的计量点－表计档案日（月）数据只有一个文件存放在 Hadoop 分布式文件系统中，计算电量时最多只能有两个进程同时读取和计算，仅计算某省某市一天的电量数据在 1 小时以上，满足不了该省所有单位日电量一起计算的时间要求。

8.3.2 问题分析

首先分析硬件环境对计算时间造成影响，提升硬件环境。之后分析集群配置对计算时间造成影响，调整现有集群配置。最后分析计算作业本身是否存在瓶颈，造成计算时间过长。

8.3.3 解决措施

1. 解决思路

造成计算时间过长的原因主要有硬件环境、集群配置、计算程序本身等。按硬件环境、集群配置、计算程序本身的顺序逐一排查原因。

2. 解决步骤

（1）提升硬件环境，将内存从原来的 16G 提升到现在的 64G，修改 Spark 计算时的内存为 6G，CPU 核数为 4，以满足计算程序对软硬件的要求，进而缩短计算时间。

（2）修改集群配置，修改操作系统 limits.conf 文件参数，追加参数，见图 8－21。

```
hadoopadm      soft      nproc      32000
hadoopadm      hard      nproc      32000
hadoopadm      soft      nofile     1024
hadoopadm      hard      nofile     65536
hadoopadm      soft      stack      2048
hadoopadm      hard      stack      2048
```

图 8－21 集群配置图

（3）修改计算程序，生成计量点－表计日（月）数据时根据 rowid 做取余运算，余数相同的数据放在一个文件里，总共生成 10 个文件存放在 Hadoop 里，在做电量计算时每个文件有一个进程负责读取和计算。将之前的大文件拆分为 10 个小文件，有多个进程同时处理。

8.3.4 应用成效

经过改进的计算程序计算日（月）电量时有 10 个进程同时对电量进行计算，之前只有两个进程同时对电量进行计算，在硬件环境满足的情况下计算该市一天（月）的日（月）电量计算时间在 20 分钟左右，缩短至之前的 1/5，满足日电量计算的时间要求。

第 9 章

异常数据分析与治理

数据异常是线损工作中经常出现的问题，其原因也是五花八门。以下各单位对数据异常情况的分析与治理，从多角度为我们提供了参考，解决了数据异常问题，为各业务改进产生价值，同时推进了同期线损管理系统的应用。

9.1 营配调贯通异常诊断

9.1.1 按照“七步法”统筹协同各专业开展基础数据维护经验

涉及专业：运检、营销、调控。

9.1.1.1 场景描述

线路运维班组掌握的 10kV 二路线路单线图较为分散，图中的设备确实较多、专业之间数据互不一致，见图 9－1。

9.1.1.2 问题分析

各专业管理界面不够清晰、业务流程相互独立，日常工作开展协同程度较低。

9.1.1.3 解决措施

1. 解决思路

明确以“两图一表”（指线路单线图、GIS 标绘图和 GIS－PMS－186 变压器对应表）作为现场清理与系统建模之间的责任界面，理清专业之间的责任界面，按照“七步法”统筹协同各专业开展工作。

2. 解决步骤

某公司中压贯通流程可以概括为“清理、贯通七步法”，即，按照时间顺序分为档案汇总、现场复核、调度命名、标牌完善、问题会诊、GIS 建模与系统完善七个步骤。概要如下：

第一步：档案汇总。

阶段目标：查询、分析营配调档案，汇总形成第一版单线图。

步骤概要：此阶段工作由县公司实施组内勤人员完成。具体操作层面大致分为三步：

1）查询调度 OMS，复核线路拓扑图。

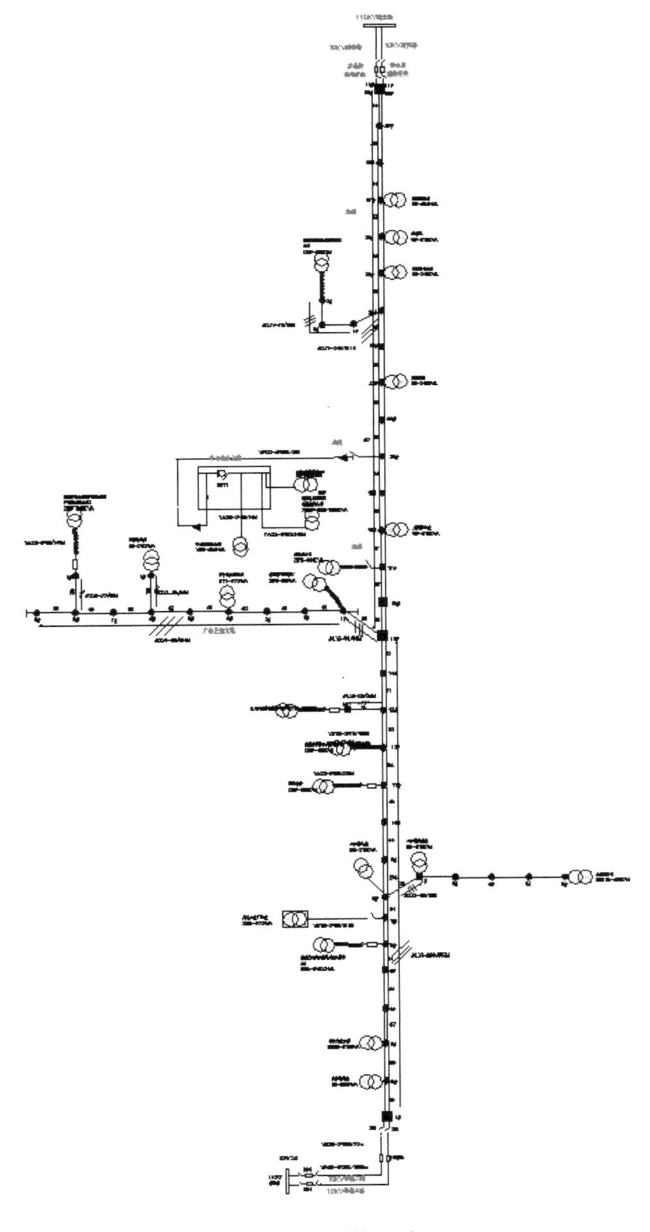

图 9-1 单线示意

2）查询 PMS 或 GIS，综合其他运维档案，按责任界限在线路拓扑图的基础上添加主要设备和客户信息。

3）查询 186，综合业扩档案，罗列本线路在 186 系统内的客户清单，并初步比对。无法确定对应关系的，在单线图上标示为核查重点。

成果资料：第一版单线图、186 系统客户及变压器清单。

第二步：现场复核。

阶段目标：现场复核设备和客户信息，整理形成第二版单线图，标绘地理位置图（或采集坐标）。

步骤概要：本阶段工作需县公司实施组与各属地责任班组共同完成。具体操作层面分为以下几步：

1）县公司牵头人召集配电运检班、各供电所等属地单位一起，共同当面核定清理界限。

2）县公司实施组编制清理计划，统筹协调配电班（针对公用电缆网设备）和客户电气负责人（针对客户设备）与责任班组人员一起到现场核实。

3）县公司实施组统一现场设备标绘规范，向责任班组一线人员深入讲解现场复核的流程、方法、标准和注意事项。

4）县公司实施组分线路向各责任班组提供纸质版第一版单线图、GIS 截图和 186 系统客户清单，由责任班组现场复核和对设备位置进行标注。

特别强调的是，责任班组在现场复核的过程中，应完成以下几点：

a. 严格按照图例规范，分别在纸质单线图、GIS 底图上做好设备标记。

b. 收集设备相关台账资料，做好标示标牌统计及杆号涂刷等前期工作。

c. 严格以现场为准，逐一通过电能表编号核实客户信息。若无法与本线路的 186 客户清单对应的，实时与实施组电话联系，反馈现场电表号并确保能够找到对应客户，核查现场与 186 系统的户名、挂接关系、总容量及容量分布是否一致。

一致的，现场人员在单线图上记录户号；不一致的，内勤组人员在问题客户清单中按规范做好记录。

d. 户表小区内有多台变压器供电的，务必在现场确定变压器准确数量、位置和使用性质（居照或公建），同步明确各变压器命名编号和营销 ID 号，并对应在该线路的 186 客户清单中的记录新的变压器名称。

5）县公司实施组汇总各责任单位核实成果，修改第一版单线图形成第二版单线图，打印后交责任班组现场清理人员签字确认。

成果资料：第二版单线图、GIS 标绘图、问题客户清单。

第三步：问题会诊。

阶段目标：合署会诊问题客户清单，确认现场与 186 系统变压器的对应关系，标注相应营销 ID 号。

步骤概要：县公司实施组召集生技、用电检查、业扩、抄表等人员合署办公，对现场复核收集的问题、客户清单和现场无法找到对应客户的 186 客户清单集中进行会诊。通过查阅、复核、改接档案等方式，对各客户的总容量及容量分布进行比对。

比对成功之后，实施工作组依据《中低压设备命名及标示标牌制作规范》对变压器逐一命名，在电子版单线图上修改变压器名称、标注相应营销 ID 号，同步修改 186 系统内对应变压器的名称。该客户在 186 系统有分支线的，比对人员同步在单线图中客户前端的线路上标注分支线营销 ID 号，同步修改 186 系统内对应支线名称。

注意：比对、标注完毕之后，实施工作组应负责逐条线路复核营销 186 系统中该线路下属的高压客户及变压器总数是否完全匹配。

确认单线图上的客户（含变压器）、分支线已经完全标注之后，该标注齐备的单线图（第三版）和地理标注图纸即作为清理人员与建模人员的交接界面。

成果资料：第三版单线图，GIS 标绘图。

第四步：调度命名。

阶段目标：复核完善线路、站房的调度命名。

通过对现场设备的重新复核，尤其是随着省公司对专网设备的进一步明确，大量原属于客户内部设备的线路、站房将纳入公网管理。因此，线路现场复核完毕之后，各县公司实施组将经各责任单位签字确认的第二版线路单线图交县级调控中心（配调）审核。各县级调控中心（配调）审核之后，应对线路主要可开断元件、主要支线，尤其是各站房设备、各出线间隔重新命名，并逐条线路重新下达调度命名文件，确保调度操作范围覆盖全部运维范围。

成果资料：各线路的调度命名文件。

第五步：标牌完善。

阶段目标：完善现场标示标牌、拍摄设备照片。

各属地责任班组现场人员依据新的调度命名文件和现场清理时统计的标示标牌明细，按照《中低压设备命名及标示标牌制作规范》，逐一完善相关设备的标示标牌涂刷或悬挂；同步按照国网规范对设备拍照。因现场照片较多，容易错乱，导致之后无法整理，要求现场同步准确记录照片编号。现场照片由属地责任班组整理，必须依据设备标准命名对照片文件名重命名。

成果资料：完善的现场标示、标牌，重命名完毕的设备照片

第六步：GIS 建模。

GIS 系统建模技术性较强，有专业人员负责专题培训甚至协助处理存量数据，这里不再赘述。在这个过程中，必须注意公网和视同公网的设备必须与 PMS 对应；专网设备中，分段线路和变压器需与 186 系统对应。

第七步：系统完善。

责任班组依据现场实际，修正、完善局属和视同公网管理设备的 PMS 台账资料，注意确保 GIS－PMS 台账正确和一致；同步进行局属资产设备的“账－卡－物”一致性对应。

营销人员依据 GIS－PMS－186 对照表和单线图同步修改 186 系统中的变压器名称。

成果资料：GIS 绘制图，PMS、186 对应的档案。

9.1.1.4 应用成效

经过各班组协同，重新复核、绘制的线路单线图（见图 9－2）能够完整、真实地再现现场设备，能够在 GIS 地图上实现可视化。

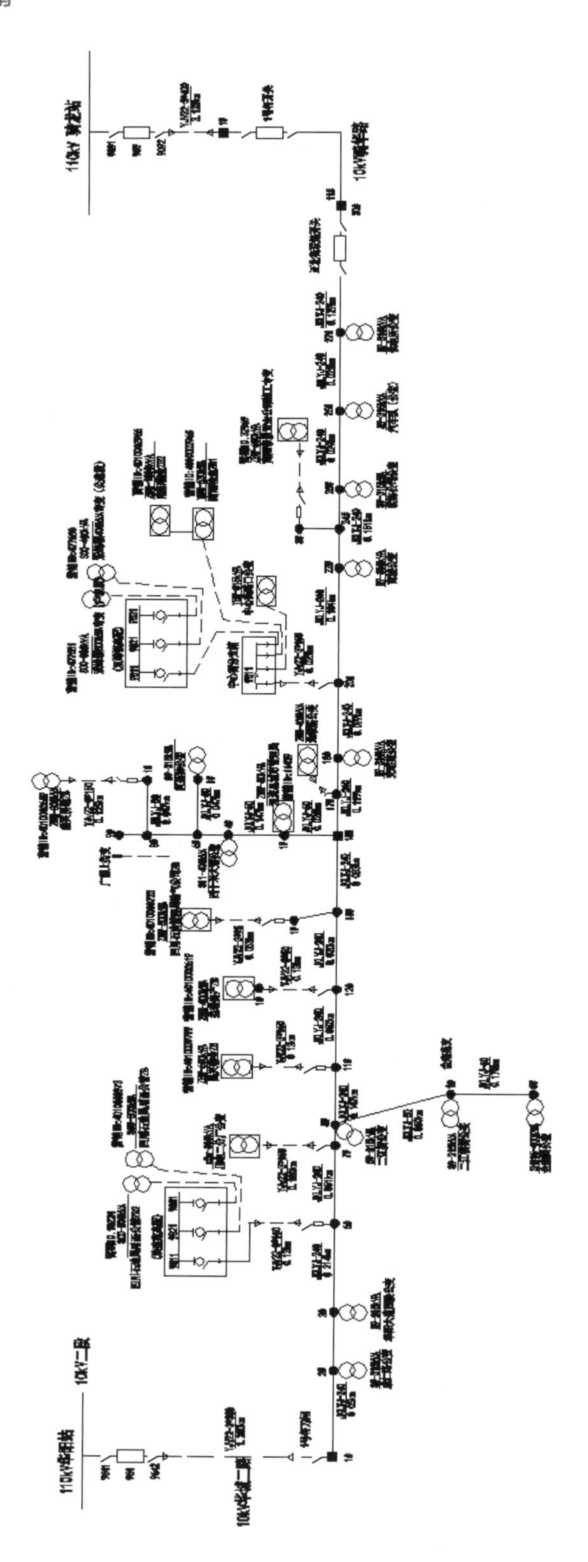

图9－2　单线示意

9.1.2 变压器切改标准业务及操作流程规范

涉及专业：运检、营销。

9.1.2.1 场景描述

结合电力公司业扩报装等实际营销业务，针对变压器切改，增容，或变压器位置迁移等业务场景，现无统一业务标准及操作规范，导致用户在进行数据维护时，产生大量垃圾数据。若先进行变压器拆除操作，营销侧原台区下仍有挂接用户，导致 GIS 中大量退运变压器无法退运，或强行退运后导致 PMS 与营销数据不一致。

9.1.2.2 问题分析

针对变压器切改、增容，或变压器位置迁移等业务场景，若先进行变压器拆除操作，营销侧原台区下仍有挂接用户，导致 GIS 中大量退运变压器无法退运，或强行退运后导致 PMS 与营销数据不一致，导致用户在进行数据维护时，产生大量垃圾数据。

9.1.2.3 解决措施

该公司梳理标准操作流程及方法并制定规范，并由发展部、运检部、营销部同时下发至各二级单位统一执行。为避免低压关系更新错误，造成垃圾数据或错误数据的情况，对于变压器切改，用户应首先在 PMS2.0 系统中新增变压器，然后将原有低压关系更新至新增变压器后，对原有变压器进行退运。以上操作完成后，系统会自动同步至营销业务应用系统及同期线损管理系统，用户于次日到相关系统进行验证。

9.1.2.4 应用成效

由发展部、运检部、营销部下发至各二级单位，有效提高了各公司数据治理工作效率。

9.1.3 配电变压器所属线路更新程序优化典型工作经验

涉及专业：运检、营销。

9.1.3.1 场景描述

某省公司按照总部下发的营配贯通接口程序进行配电（箱式变压器、柱式变压器）线路档案数据接入更新时，尤其对于 GIS 平台推送的线变关系中存在的一部分主线，在国家电网有限公司未完成大馈线数据治理的同时，不能满足 10kV 分线及分台区计算，影响分线合格率，偏离实际业务需要。

9.1.3.2 问题分析

在 10kV 分线及分台区线损计算过程中，大部分分线线损合格率不正确。经过分析，发现部分线路下所挂接的台区缺失，主要因为部分配电未挂接到相应的馈线上。由于 GIS 平台按照运检业务进行馈线拆分时，该部分配电只是挂接到所属的主线或支线上，导致在馈线下不能找到该部分配电。

9.1.3.3 解决措施

（1）按照 GIS 平台线变关系表与 PMS2.0 设备台账表进行数据比对，确定线路的性质是否为馈线，若为馈线直接更新配电变压器所属线路。

（2）针对主线或支线的情况，按照该线路所属馈线字段进行更新配电变压器所属线路，为满足档案数据定期更新，保证数据准确性，直接将相应的 SQL 语句更新至 Kettle 程序中，后续直接进行数据更新，见图 9－3 和图 9－4。

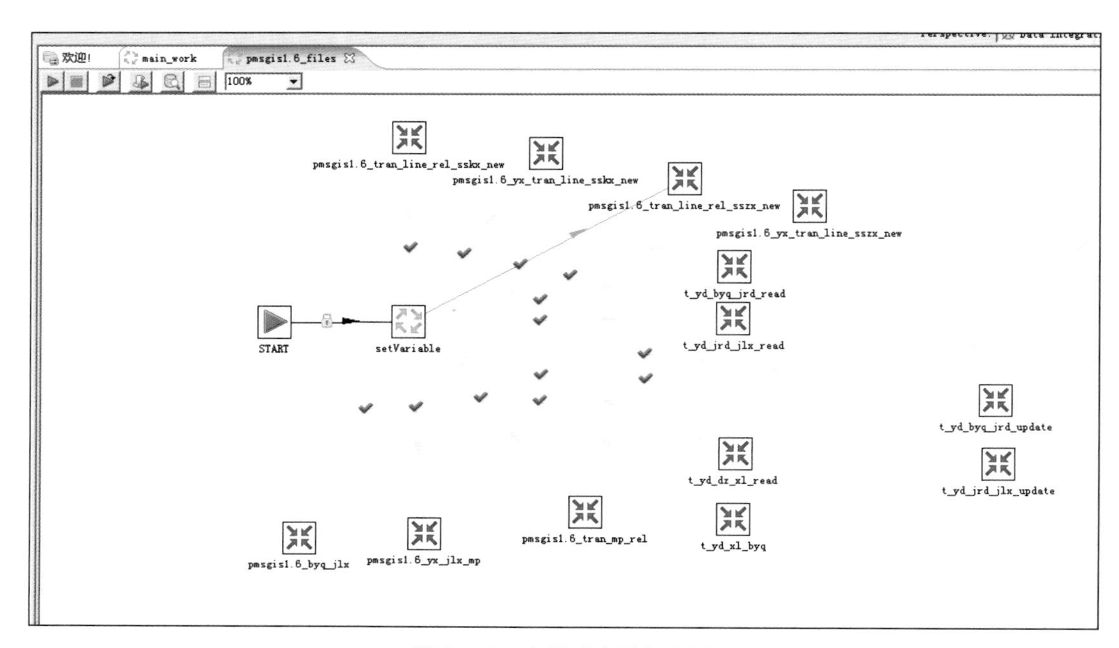

图 9－3　主线或支线任务图

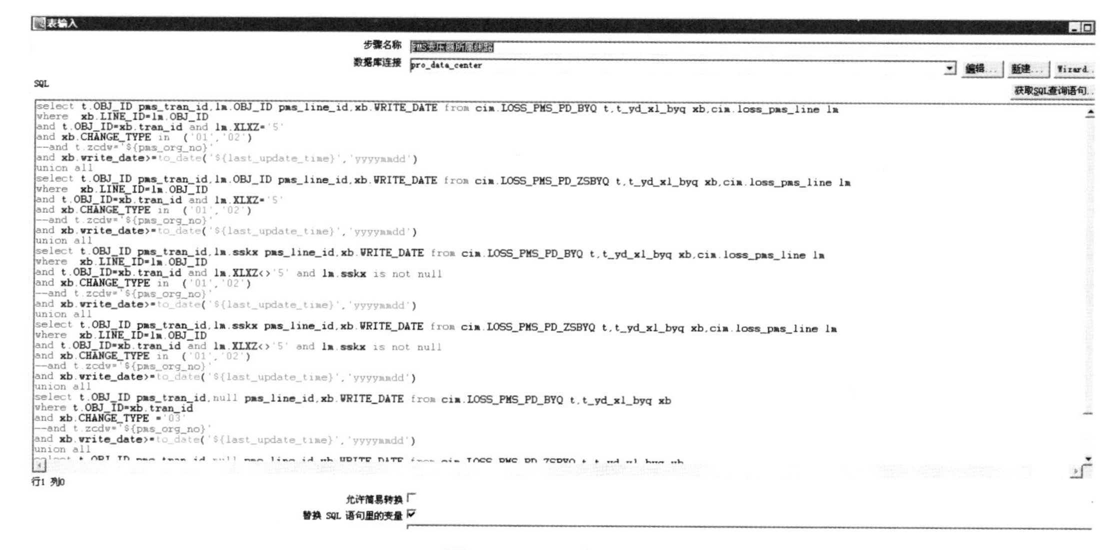

图 9－4　任务脚本图

9.1.3.4　应用成效

通过该语句更新后，实现了档案数据接入的准确性、完整性，通过与源端系统线变关系零误差，保证了 10kV 馈线下所属台区的准确性，达到 10kV 分线、分台区线损计算的目标。

9.1.4 考核表接线、变压器运行状态错误导致的超大损线路分析诊断

涉及专业：运检、营销。

9.1.4.1 场景描述

10kV 广恒线该线路实际共带有公用变压器 8 台、专用变压器 3 台，同期线损管理系统中带有公用变压器 5 台、专用变压器 3 台。该线路 8 月同期线损管理系统显示，输入电量 245640.00kWh，售电量 165447.00kWh，损失电量 80193.00kWh，线损率 32.65%。

9.1.4.2 问题分析

该线路 8 月同期线损管理系统显示，输入电量 245640.00kWh，售电量 165447.00kWh，损失电量 80193.00kWh，线损率 32.65%。经过对比单线图及线路供售电量分析，初步诊断为考核表接线错误导致线路高损。

9.1.4.3 解决措施

1. 解决思路

一是先对线路供电量进行确认；二是对线变关系、线路运行方式进行核对确认；三是对线路下挂接的台区及高压户电量进行分析。

2. 解决步骤

一是先对线路供电量进行确认，通过 D5000 系统，通过计算积分电量的方式与采集的电量进行比较，确认线路供电量无误。

二是对线变关系、线路运行方式进行核对确认，通过对经过现场已经核查过的单线图与同期线损管理系统中的线路售电侧台区及高压户做对比，发现同期线损管理系统中售电量明细中缺少某小区一期 2－1 变压器、某小区二期 1－2、2－2 变压器两个台区，经过对 SG186 档案及 PMS 档案进行检查发现，该两个台区在系统中状态为停运状态。

三是去现场对 8 个公用变压器及 3 个高压户表计接线进行检查，经现场检查发现某小区一期 2－1 变压器，现场考核表已损坏，某小区二期 1－1 变压器考核表 B 相接线错误；某小区二期 1－2 变压器考核表 A 相接线错误、C 相断相；某小区二期 2－2 变压器考核表 C 相接线错误，上述问题导致考核表少计电量。

针对以上存在的问题，现场联系营销及计量专业，对现场发现的问题表计进行更换及接线问题整改，对系统变压器及台区运行状态与现场不一致的，进行调整。

单线图见图 9－5。

9.1.4.4 应用成效

经过现场核查，相关问题整改后，找回损失电量约 70000kWh，线损率为 4.1%，线路可达标。

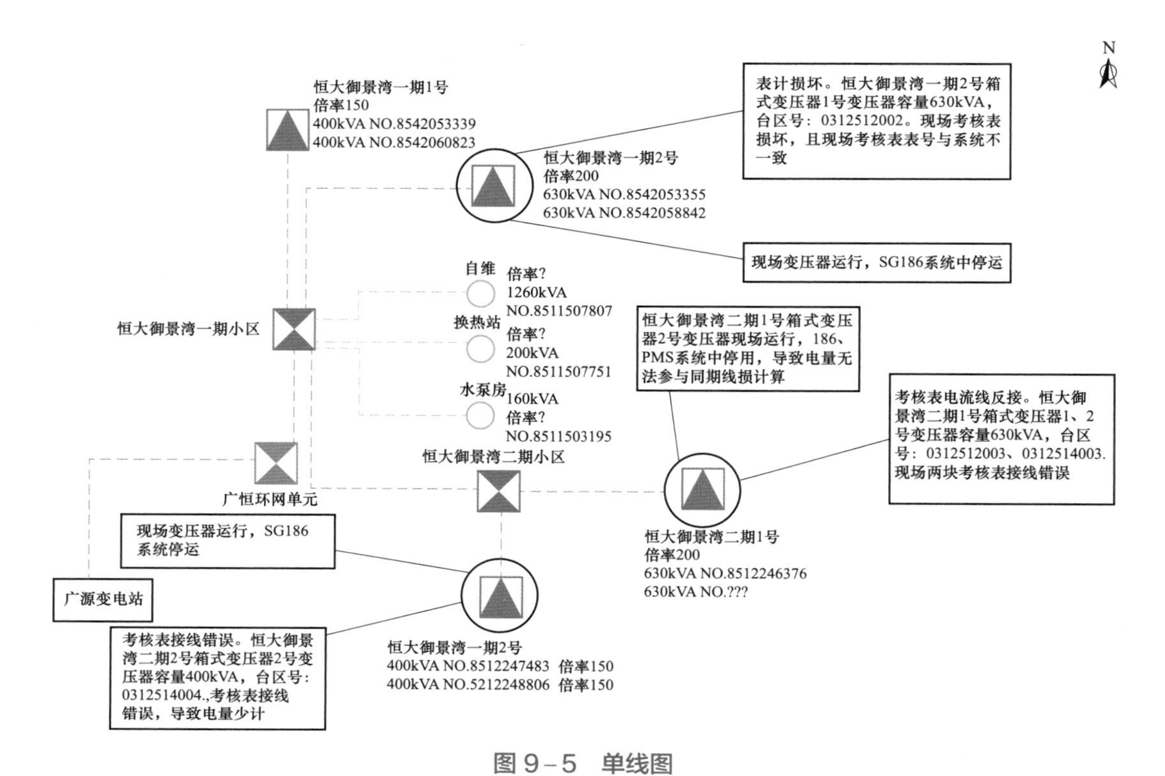

图 9-5 单线图

9.2 设备档案异常诊断

9.2.1 主网设备台账维护规范化管理经验

涉及专业：调控。

9.2.1.1 场景描述

主网设备台账维护不规范，如设备名称中有“空格”，设备台账信息见表 9-1。

表 9-1　　设备台账信息图

PMS 台账	存在问题	处理方法
双涵变电站 110kV Ⅲ母	设备名称有空格	删除空格
双涵变电站 110kV Ⅰ母	设备名称有空格	删除空格
杏南变电站 10kV Ⅳ母	设备名称有空格	删除空格
杏南变电站 10kV Ⅲ母	设备名称有空格	删除空格
杏南变电站 10kV Ⅱ母	设备名称有空格	删除空格
杏南变电站 10kV Ⅰ母	设备名称有空格	删除空格

续表

PMS 台账	存在问题	处理方法
钟山变电站 110kV Ⅱ母	设备名称有空格	删除空格
钟山变电站 110kV Ⅰ母	设备名称有空格	删除空格
温厝变电站 110kV Ⅲ母	设备名称有空格	删除空格
温厝变电站 110kV Ⅰ母	设备名称有空格	删除空格
温厝变电站 110kV Ⅱ母	设备名称有空格	删除空格
莲岳开关站 110kV Ⅱ母	设备名称有空格	删除空格
莲岳开关站 110kV Ⅰ母	设备名称有空格	删除空格

9.2.1.2 问题分析

基础数据维护人员未严格按照规范要求录入设备名称。

9.2.1.3 解决措施

1. 解决思路

夯实设备台账基础管理工作，确保设备数据接入成效。各部门高度重视基础数据管理工作，明确各类数据维护规范、要求、负责人，及时整改基础数据存在问题，提升数据质量。

2. 解决步骤

（1）高度重视。为切实加强生产信息系统基础数据管理，更好地开展实用化指标提升工作，将设备台账的规范记录作为常态工作管理。

（2）明确职责。变电运维站的设备工程师为台账基础数据核查、整改的主要负责人，班组同时还要安排一名固定管理人员作为设备工程师的 B 岗，在其有事外出时协助核查、整改数据。运维人员在做好本职工作同时，积极参与台账数据的收集整理。

（3）加强培训。针对省公司修编的台账基础数据标准，认真组织开展宣贯培训，结合国家电网公司、省公司通报的问题数据，开展典型问题分析，确保每一位管理人员、运维人员熟悉相关专业数据标准。

（4）及时整改。通过评价标准完善系统筛查工具，批量筛查出问题数据，周整改及时率必须达 100%。

（5）实现新数据“日增日结”。针对“新台账”规范性问题，各班组负责数据筛查的管理人员要确保新增数据 100%符合规范，按照“T+0”的原则，对当日产生的数据规范性进行全面审核，保证每日数据符合评价标准，实现“日增日结”。

（6）抽查常态化。每周、每月不定期开展数据抽查，并对查出问题举一反三，逐台逐项普查并闭环整治，将该项工作常态化开展。

9.2.1.4 应用成效

督促主网设备管理部门及时整改基础数据问题，实现专业系统设备台账录入、维护的标准化和规范化，确保设备台账数据的准确性，保证同期线损管理系统设备接入的及时性、完整性。

9.2.2 解决 PMS 数据在数据中心流转中存在重复数据的典型经验

涉及专业：信通。

9.2.2.1 场景描述

线损集成 PMS 系统数据是通过 PMS 推送至数据中心 buff 区，然后由 buff 推送到 cim 区，线损用户通过读取 cim 视图获取 PMS 数据，因数据传输链路较长，在线路表中同一个设备编码在通过数据中心业务视图读取到了多条数据。

9.2.2.2 问题分析

PMS2.0 推送到数据中心缓冲区（buff_cim）线路表有变更类型字段（C 表示创建，D 表示删除，M 表示改造），相同的设备编码出现两条数据是因为其中一条数据表示（D）删除状态，另一条显示（M）改造状态。PMS2.0 推送到数据中心缓冲区数据如图 9－6 所示。

	OBJ_ID	SBBM	RECORDSTATUS
1	F4673B73-E095-4193-9921-556D7BD2E096-7179…	29M00000007380112	D
2	FDA54925-52AE-B65A-CE04-30AD8030265A-1234…	29M00000005869787	D
3	SBID000000E5CC615151DF4A30BA27A8226B60515…	29M00000005869787	M

图 9－6 数据中心缓冲区数据

数据中心根据国网总部管控组下发的 ETL 将数据从缓冲区推送到数据中心 cim 库中。数据中心 cim 库中数据如图 9－7 所示。

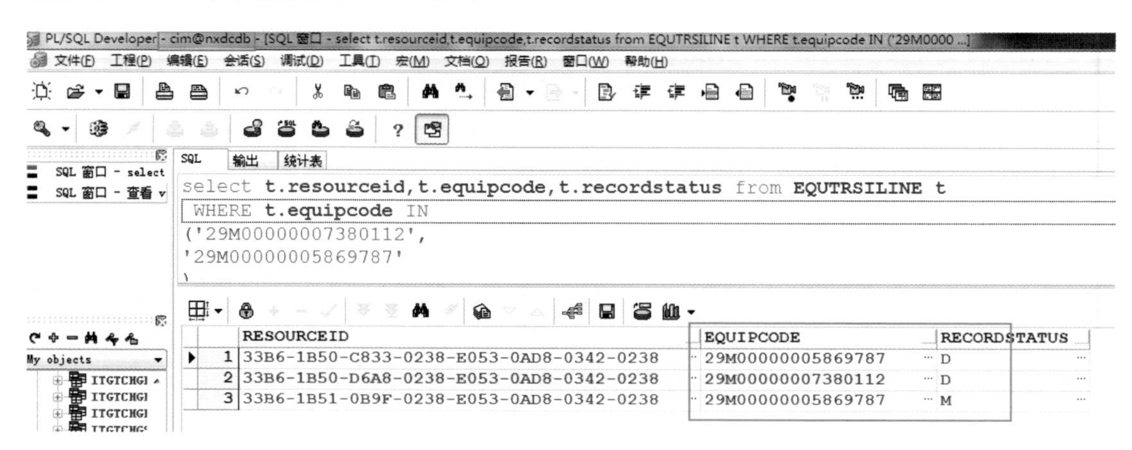

图 9－7 数据中心 cim 库数据

同期线损管理系统通过业务视图（在 cim 库中）读取数据，但业务视图中不涉及变更类型字段读取，所以同期线损管理系统在线路表中同一个设备编码在通过数据中心业务视图读取到了多条数据。

读取线路表业务视图脚本如图9－8所示。

```
1  create or replace view loss_pms_line as
2  select
3  a.MRID as OBJ_ID,--线路标识
4  a.NAME as XLMC,--线路名称
5  a.RUNNO as YXBH,--运行编号
6  a.LOCALCITY as SSDS,--所属地市
7  a.OPERATINGCOMPANYID as YWDW,--运维单位
8  a.OMSTYPE as SSDD,--所属调度
9  a.OMSCOMPANYID as DDDW,--调度单位
10 a.CROSSAREATYPE as KQYLX,--跨区域类型
11 a.OPERATIONDATE as TYRQ,--投运日期
12 a.CURRENTSTATUS as YXZT,--设备状态
13 a.VOLTAGEGRADE as DYDJ,--电压等级
14 a.DISLINECHARACTER as XLXZ,--线路性质
15 a.MAINLINE as SSZX,--所属主线
16 a.LINEMOUNTMODE as JSFS,--架设方式
17 a.ASSETPROPERTY as ZCXZ,--资产性质
18 a.ASTCOMPANYID as ZCDW,--资产单位
19 a.STARTSUBSTATION as QDDZ,--起点电站
20 a.ENDSUBSTATION as ZDDZ,--终点电站
21 a.STARTNODELOC as QDWZ,--起点位置
22 a.STARTNODEMODE as QDLX,--起点类型
23 a.ENDLOC as ZDWZ,--终点位置
24 a.ENDMODE as ZDLX,--终点类型
25 a.LINEALLLENGTH as XLZCD,--线路总长度
26 a.STARTONOFFCODE as QDKGBH,--起点开关编号
27 a.ENDONOFFCODE as ZDKGBH,--终点开关编号
28 a.AERIALCABLELENGTH as JKXLCD,--架空线路长度
29 a.CABLELENGTH as DLXLCD,--电缆线路长度
30 a.ISAGRIGRID as SFNW,--是否农网
31 a.EQUIPCODE as SBBM,--设备编码
32 a.STARTNODENAME as QDWZMC,--起点位置名称
33 a.ENDNAME as ZDWZMC,--终点位置名称
34 a.belongfeederline as SSKX,--所属馈线
35 a.POWERPLATERUNID as DXMPYXKID,--电系铭牌运行库ID
36 a.RECORDTIMESTAMP as ZHGXSJ --最后更新时间
37 from EquTrsiLine a
38 where a.DESCRIPTION is null or a.DESCRIPTION != 'OMS-EQUTRSILINEDL1';
```

图9－8 线路表业务视图脚本

9.2.2.3 解决措施

1. 解决思路

有三种方法可以解决：

（1）在数据中心ETL工作流buff至cim中增加过滤条件去除重复数据。

（2）线损档案同步程序中过滤，此方案因cim视图下无recordstatus字段，所以不可行。

（3）通过修改数据中心cim区视图loss_pms_line的组成sql，增加过滤条件recordstatus！＝‘D’。

通过和数据中心论证，采取第三种方法。

2. 解决步骤

通过在cim视图下loss_pms_line增加条件：where a.recordstatus!＝'D'，过滤重复数

据，保证数据唯一性，见图 9－9。

```
create or replace view cim.loss_pms_line as
select
a.MRID as OBJ_ID, --线路标识
a.NAME as XLMC, --线路名称
a.RUNNO as YXBH, --运行编号
a.LOCALCITY as SSDS, --所属地市
a.OPERATINGCOMPANYID as YWDW, --运维单位
a.OMSTYPE as SSDD, --所属调度
a.OMSCOMPANYID as DDDW, --调度单位
a.CROSSAREATYPE as KQYLX, --跨区域类型
a.OPERATIONDATE as TYRQ, --投运日期
a.CURRENTSTATUS as YXZT, --设备状态
a.VOLTAGEGRADE as DYDJ, --电压等级
a.DISLINECHARACTER as XLXZ, --线路性质
a.MAINLINE as SSZX, --所属主线
a.LINEMOUNTMODE as JSFS, --架设方式
a.ASSETPROPERTY as ZCXZ, --资产性质
a.ASTCOMPANYID as ZCDW, --资产单位
a.STARTSUBSTATION as QDDZ, --起点电站
a.ENDSUBSTATION as ZDDZ, --终点电站
a.STARTNODELOC as QDWZ, --起点位置
a.STARTNODEMODE as QDLX, --起点类型
a.ENDLOC as ZDWZ, --终点位置
a.ENDMODE as ZDLX, --终点类型
a.LINEALLLENGTH as XLZCD, --线路总长度
a.STARTONOFFCODE as QDKGBH, --起点开关编号
a.ENDONOFFCODE as ZDKGBH, --终点开关编号
a.AERIALCABLELENGTH as JKXLCD, --架空线路长度
a.CABLELENGTH as DLXLCD, --电缆线路长度
a.ISAGRIGRID as SFNW, --是否农网
a.EQUIPCODE as SBBM, --设备编码
a.STARTNODENAME as QDWZMC, --起点位置名称
a.ENDNAME as ZDWZMC, --终点位置名称
a.belongfeederline as SSKX, --所属馈线
a.POWERPLATERUNID as DXMPYXKID, --电系铭牌运行库ID
a.RECORDTIMESTAMP as ZHGXSJ --最后更新时间
from EquTrsiLine a
where   a.recordstatus!='D'
AND a.DESCRIPTION is null or a.DESCRIPTION != 'OMS-EQUTRSILINEDL1'
;
```

图 9－9　重复数据脚本图

9.2.2.4　应用成效

在 cim 区视图增加过滤字段后，去除了重复数据，保障了 PMS 流入到线损库数据的唯一性，确保线损档案数据无冗余，数据完整、准确。

9.2.3　分布式电源档案数据治理典型经验

涉及部门：运检、营销。

9.2.3.1　场景描述

分布式电源档案取自营销业务系统，包括其中包含光伏、生物质等发电用户及计量点信息。某省公司在开展全省分布式电源档案数据接入工作时，发现营销业务系统发电客户（FC_GC）信息中的部分并网上网计量点错误维护为发电计量点，部分上网关口电能计量点用途类型错误维护为发电关口。

（1）发电客户计量点编号是发电关口计量点编号，非上网关口计量点编号。

由图 9－10 可知，发电客户并网计量点维护错误。

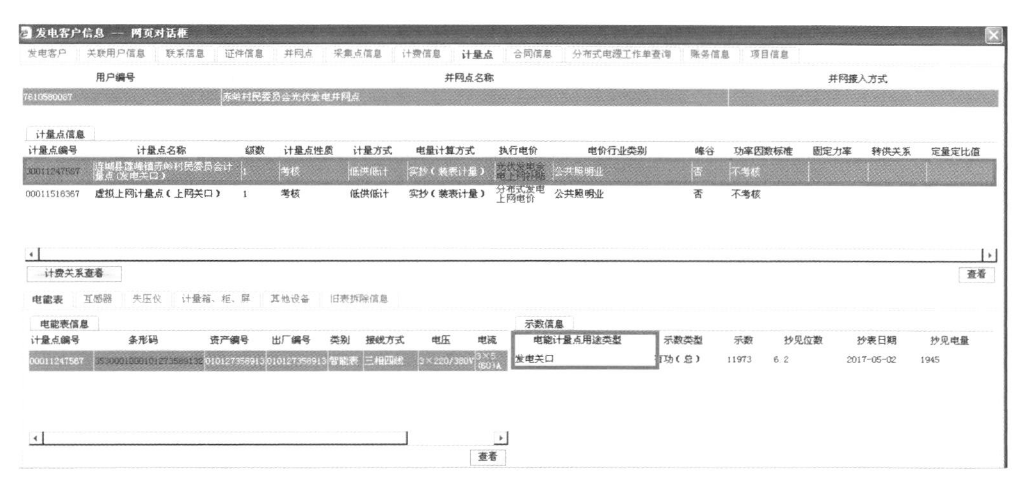

图 9-10　采集系统电能计量点类型图

（2）计量点提供的是上网计量点，但计量点用途类型为发电关口。

由图 9-11 可知，发电客户并网计量点主用途类型维护错误。

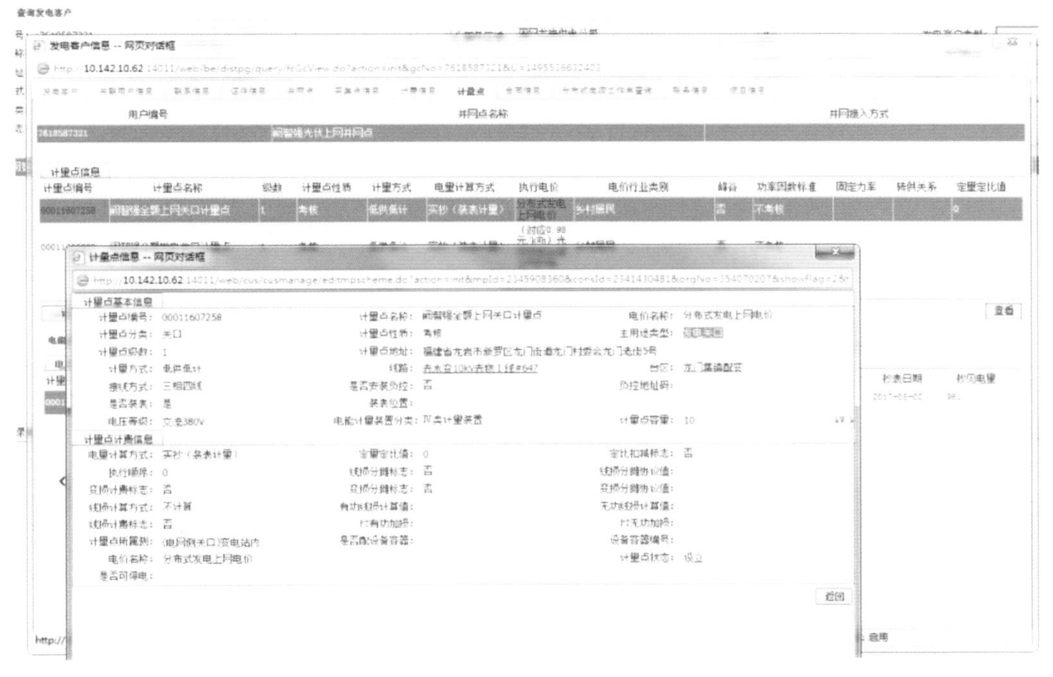

图 9-11　采集系统电能计量点用途图

9.2.3.2　问题分析

同期线损管理系统在接入分布式电源档案数据时需满足两个条件：

（1）计量点为并网上网点；

（2）电能计量点用途类型为上网关口。

9.2.3.3 解决措施

1．解决思路

该省公司高度重视，精心组织线损实施组制定《分布式电源档案数据接入模板》并收集数据，通过对各市、县公司线下上报分布式电源档案数据与营销系统后台发电客户表（FC_GC）数据进行核实比对，针对分布式电源上网计量点和电能量计量点用途类型错误维护问题形成清单并下发市县公司限时整改，对于整改完成的档案数据，同期线损管理系统进行实时同步更新。

2．解决步骤

（1）组织线损实施组编制《分布式电源档案数据接入调研模板》，下发市县公司收集数据，见图 9－12。

管理单位	用户编号	用户名称	并网点电压等级	发电类型	计量点编号	计量点名称
如：厦门供电公司	7579627179	清源海阳（厦门）新能源有限公司	10kV	光伏	00009655185	清源海阳（湖里留学人员一二期）上网关口01

说明：1、本次调研仅为分布式电源（光伏、生物质），已在同期线损系统上线的电站，无需重复填写，以免电厂上网电量重复统计。
2、管理单位细化到县公司。

图 9－12　分布式电源档案数据接入调研模板图

（2）按照调研模板上报数据与营销业务系统后台数据进行比对，见图 9－13。

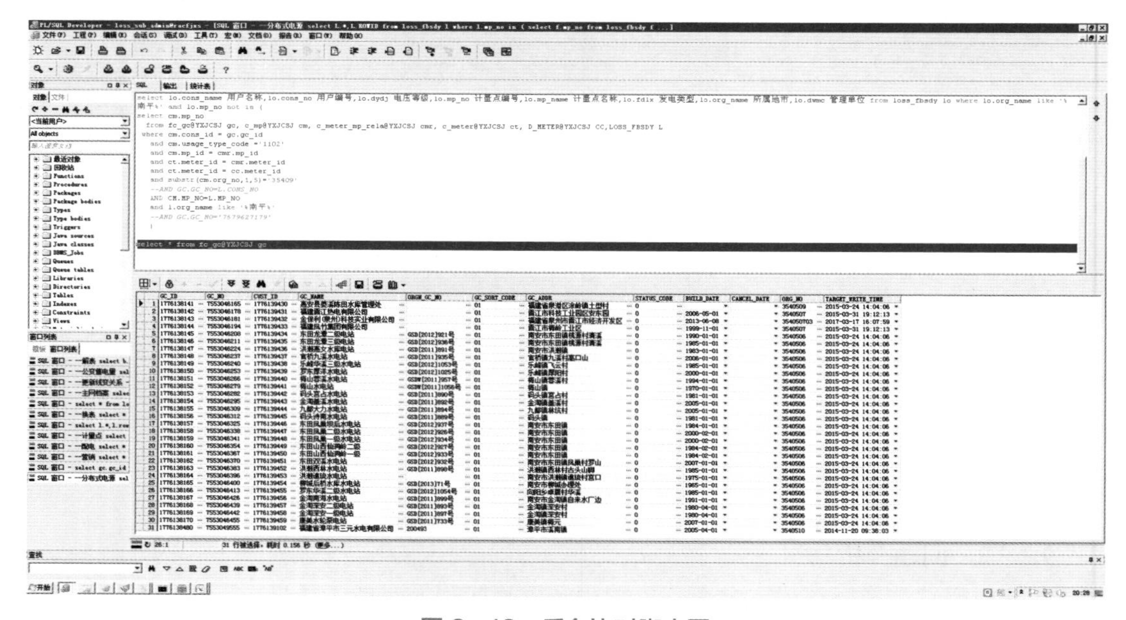

图 9－13　后台比对脚本图

（3）通过分布式电源档案数据接口程序同步更新数据，见图 9－14。

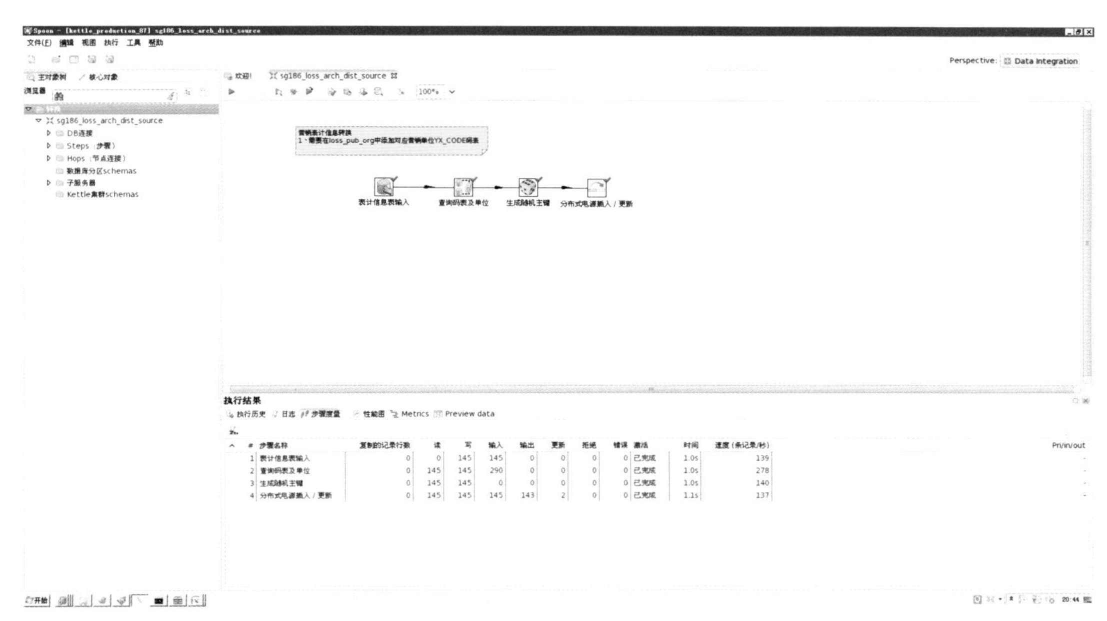

图 9－14　分布式电源数据接口程序

9.2.3.4　应用成效

通过上述步骤处理，截至 8 月 31 日，同期线损管理系统已接入共计 4833 户分布式电源用户，数据接入完成率达 99.82%，见图 9－15。

图 9－15　同期线损管理系统分布式电源用户图

9.2.4 追本溯源，精益化分线线损管理经验

涉及部门：运检、营销。

9.2.4.1 场景描述

某公司 10kV 分线线损管理水平较低，已经成为同期线损管理短板。目前多依靠于对配电线路进行打包配置来提升线路达标率，线路的线变关系存在错误较多，无法反映单条线路的真实线路。

9.2.4.2 问题分析

针对配电线路的线变关系，主要涉及高压用户以及公用变压器两方面，该公司决定从档案着手分析线路的线变关系：

（1）根据同期线损管理系统线变关系从 GIS1.6 平台取数的原则，发展部联合运检部、营销部提供源端公用变压器、高压用户档案清单，分别从 PMS2.0 中导出公用变压器清单，营销系统导出高压用户清单，营配贯通平台分别导出已对应公用变压器、专用变压器清单，再从同期线损管理系统中导出公用变压器、高压用户清单，以上清单均包含所属线路字段，对公用变压器、高压用户分别做源端系统—营配贯通平台—同期线损管理系统的比对，发现三者间差异数据。

（2）通过三者系统比对，发现公用变压器档案正确率较高，高压用户所属线路错误较多。公用变压器档案错误主要原因为 GIS1.6 系统中馈线与大馈线维护不一致；高压用户档案错误主要原因为双电源用户所属线路错误较多，总计有 336 个双电源用户计量点编号，存在明显错误有 185 个，错误率高达 55.06%。这两个问题严重影响了配电线路线变关系的正确性，从而影响配电线路分线线损的计算。

9.2.4.3 解决措施

1. 解决思路

因为属于源端系统错误数据，发展部协调运检、营销开展集中整治，由运检部负责解决公用变压器馈线与大馈线维护不一致的问题，营销部负责解决双电源用户所属线路错误问题。

2. 解决步骤

发展部以之前 3 个系统间比对后的差异数据为问题清单，下发运检部、营销部进行整改。运检部、营销部负责组织集中办公，参与人员为基层供电所系统维护人员，办公人员需解决全部问题清单方能离场。

针对公用变压器馈线与大馈线维护不一致问题，基层供电所提供最新线路单线图，公用变压器馈线与大馈线以单线图所属线路为准，在 GIS1.6 系统中统一维护为正确线路。

针对高压用户档案错误的问题，主要原因为双电源用户所属线路错误较多，营销人员首先从营销系统中导出计量点所属线路清单，以计量点为单位对应所属线路，在这过程中发现营销系统内双电源档案也存在错误，最终由供电所营销人员对双电源用户进行现场表计查勘，将正确线路维护入营销系统中，同步完成同期线损管理系统的双电源用户计量点

所属线路的后台更新。

9.2.4.4 应用成效

通过源端数据—营配贯通平台—同期线损平台的比对,发现了线变关系错误的真实原因,从而有针对性地进行源端系统整改维护,提升配电线路线变关系的正确性、同期线损管理系统公用、专用变压器档案的正确性以及与源端的一致性。

目前,该公司建立基础数据动态维护流程,由发展部进行定期档案比对,基层供电作为问题清单整改部门,运检部、营销部作为问题清单整改管理与闭环部门。该流程可精准定位源端数据错误点,有针对性地开展治理工作,大大提升了基础数据治理效率,同期保证了基础数据的常态正确。

9.3 计量点异常诊断

9.3.1 电能量采集系统计量点异常排查经验

涉及专业:调控

9.3.1.1 场景描述

同期线损管理系统汇集了来自调度 EMS 系统的电网设备模型信息和来自电能量采集系统的设备信息,在二者的集中比对关联中,经常发现 EMS 系统中存在的电网设备在电能量采集系统的设备信息里找不到对应设备,而实际去原系统里查询,该设备又是正常存在的。

举例:在同期线损管理系统中,检查到 EMS 提供的同一母线下的电容器、电抗器,有部分未能查到关联的电能量采集系统的数据,但是查看电能量采集系统,电容器、电抗器计量点信息又能在原系统上查询到,二者无法对应。初步判断是同期线损管理系统从电能量采集系统中读取数据的环节有问题。

9.3.1.2 问题分析

由于电能量采集系统已持续运行多年,未接到有使用人员反馈过电容器、电抗器的数据异常,所以这些计量点在电能量采集系统里是真实存在的,应无问题。

同期线损管理系统读取电能量采集系统数据信息是通过访问数据库获取的,检查相关的 SQL 语句,发现获取数据的 SQL 语句的相关过滤检索条件没有问题,不存在针对部分厂站部分设备的剔除语句。

在数据库里人工执行获取数据的 SQL 语句,发现获取到的数据仍然有缺失,因此对于该问题的原因排查还是回到数据源本身。通过对比分析能正常获取到的电容器、电抗器参数和确认的未获取到的电容器、电抗器参数发现,能正确获取的设备参数填写完整,而未能获取到的设备参数上有 1～2 项缺失或者填写错误,如设备的“首端元件类型”“末端元件类型”“连接设备”等,因此将问题的原因锁定在这些参数上,即这些参数是同期线损管理系统条件过滤分类获取电能量设备计量点信息的关键，这些参数缺失或者错误，就会影响计量点信息的正确获取。

深究其原因，由于电能量采集系统不具有电网接线拓扑结构，设备基本属性描述及设备间连接关系大量依赖于设备参数的详细填写，在此基础上形成设备间关系，得出相应的分类统计计算数据。但在实际使用过程中，部分设备的参数字段因为相对不重要，或者对于电能量采集系统孤立使用时暂时用不上，存在参数字段填写不完整或者填写有错误的情况，只是之前这个问题并未暴露出来。在同期线损管理系统接入电能量采集系统数据后，在读取电能量采集系统的设备详细描述及设备间连接关系，并与来自调度 EMS 系统的电网设备模型拓扑信息进行比对关联时，就会发现在来自电能量采集系统的设备数据缺失。

9.3.1.3 解决措施

1. 解决思路

将电能量采集系统的设备参数填写完整就能解决数据获取不到的问题，通过试验一个电容器设备，验证有效。

2. 解决步骤

规范填写电能量采集系统的设备参数，确保参数的完整性和正确性，尤其是设备的首末端连接点信息、设备类型信息。完成后由同期线损管理系统重新获取参数数据，确保二者的一致性。

9.3.1.4 应用成效

解决了同期线损管理系统获取不到设备计量点信息的问题，保证了获取到的设备信息的正确性，为采集数据的接入和数据分析统计打好了基础。

9.3.2 运用新技术提升电能量采集系统数据质量

涉及专业：发展、调控、营销、信通。

9.3.2.1 场景描述

随着市郊和县域光伏扶贫项目的大力推进，电源用户侧电量采集无法接入并应用于一体化电能量系统。

9.3.2.2 问题分析

并网运行的新能源用户数量剧增，大多接入 10kV 公用线路，实时信息无法上传并接入地县一体化电能量系统。

落实公司提升精益化管理水平的要求，集中解决小电源、自备电厂等电源运行数据缺失问题，加强全口径发电数据采集统计与应用分析，以提升一体化电能量系统在线应用成效。

9.3.2.3 解决措施

1. 解决思路

运用北斗新技术将新能源用户数据实时采集并接入地县一体化电能量系统。

2. 解决步骤

（1）建设基于北斗卫星传输的关键信息采集系统，实现对小电源厂站内运行数据的综合采集，解决通信网络不健全而造成的通信传输瓶颈制约。

（2）在用户侧采用分布式就地安装电力数据卫星采集装置，对机组数据进行采集，通过电力数据卫星采集装置对这些数据预处理后传送到通信过程层。

（3）在调度端安装信息管理平台，通过卫星无线通信，接收电源实时运行数据和信息，同时实现与一体化电能量采集及管理系统之间信息交互。

9.3.2.4 应用成效

地区新能源（含综合利用发电机组等分布式电源）电源用户一体化电能量系统数据接入从 2013 年的 0%提升到 2015 年末的 100%，常态运维，实时传送，在线计算和应用。

9.3.3 标准化处理电量采集系统计量点异常

涉及专业：调控。

9.3.3.1 场景描述

同期线损治理工作的基础是基础数据治理，而电量采集系统是线损工作的重要数据基础。通过标准化的日常数据巡视，及时发现分析电量采集系统缺陷，是电量采集系统缺陷治理工作的源头，是保证电量采集系统数据正确的基础。

9.3.3.2 问题分析

电量采集系统数据繁多，如何通过有效、规范化的日常系统数据巡视工作来保证电量采集系统的正确性，是电量采集系统维护工作的基础。为提高日常巡视工作效率，及时发现系统内数据异常，某省公司制定了电量采集系统标准化巡视流程，以规范系统巡视工作，提升电量采集数据治理工作的工作效率。通过闭合缺陷处理流程，严格管控各缺陷处理时间节点，提升电量缺陷处理效率。

9.3.3.3 解决措施

1. 解决思路

按照《电网电能量采集系统运行管理工作规范（试行）》（×电调〔2016〕1202）的要求，电力调度控制中心职责为集中监控单位对电量消缺流程进行全过程管控，包括研判电量故障、发起消缺流程、消除主站缺陷、确认厂站消缺。

按照职责要求，电力调控中心的电量系统日常巡视及故障研判是缺陷流程发起的重要源头。以某市公司为例，电力调控中心结合电量系统工作的特点，制定标准化系统数据巡视内容和步骤，安排人员按照要求每天巡视电量采集系统并发布系统巡视日报，敦促责任单位按照工作流程及时消缺。

2. 解决步骤

解决步骤包括以上六个环节，重点介绍系统整体巡视、母线平衡巡视、分线线损巡视及缺陷处理流程需重点关注问题。

（1）系统整体巡视。登录电量采集系统，在首界面巡视内容，重点是右下角运行信息栏，需查看终端服务器以及电表故障情况，重点是关口表故障情况，列出新增及故障消除情况。

（2）母线平衡巡视。母线平衡是查找电量采集系统变电站站内问题有力的手段。通过系统智能校核菜单下的平衡统计，查看每一条越限母线，分析每条越限母线的采集原因，能很快提升电量采集系统数据的正确性。

母线平衡中应注意的问题：

1）正确维护表计方向，确保入母线表计为反向有功，出母线表计为正向有功，并且更换表计方向后要在“采集数据”下的“电量数据”中完成表计电量数据重采。

2）正确维护表计位数，因规约不同，表计位数不同。

3）正确维护设备参数，如 TV、TA 等参数。

4）正确维护电表更换记录，确保平衡指标中能正确找到更换前、更换后的底码。

5）备用间隔如果缺表或表计采集异常，可以先临时将设备置成“未投”状态。

6）对于部分平衡率适当超差的母线，仔细核对每块表计的时间是否有偏差、遥测数据是否有偏差、站变电量是否偏大、电容器电抗器等有功是否异常等。

7）检查表计的对时，当表计对时与系统超差严重时，会出现电量采集母线不平衡现象。

通过母线平衡巡视，发现电量采集系统内电量数据的异常，并形成缺陷报告，转发各相关责任部门进行处理。

（3）分线线损巡视。利用智能校核里分线线损统计功能，查询分线线损不合格的线路，将越限线路进行分析。

目前分线线损分析中常出现的问题如下：

1）电量采集系统中线端定义错误，漏定义、T 接、定义错误端点。

2）电量采集系统中线路电能表地址错误，造成母线平衡正确而线损越限，需核实线端两端电量应在合理范围内。

3）部分线端因一次设备问题，未装表。

4）部分出现负线损问题，需核查一下线端侧的母线电压，末端 TV 精度不准，造成末端母线电压过高，会造成负线损问题。

5）部分电表电量数据未同步，需核实表底码，重新手工同步电能表底码。利用底码同步功能，实现表底码电量数据同步。

（4）电量缺陷处理流程。缺陷处理流程重点在于发起、管控和闭环。按照该省公司的要求，电量系统的缺陷管理由电力调控中心负责。所以通过电量采集系统数据巡视，及时发现缺陷并分析，发布系统缺陷、落实责任单位并形成考核闭环。目前，按照这套工作机制，自 2016 年 9 月该市地调发现 TA 开路 2 起、TV 故障 5 起、计量回路接线错误 9 起，做到有问题必有流程、有流程必有结果。

9.3.3.4 应用成效

应用电量采集系统标准化巡视方法以来，该市公司电量采集系统的母线平衡率提升了

9.58%，缺陷分析有效性 100%。线损数据的准确性得到了大幅提升，排查处理各类缺陷 42 条，有力地支持了同期线损工作。提升了数据巡视效率，巡视一遍系统从原来平均 2 小时，提升到日均 1 小时 15 分钟，效率提升了 37.5%。目前该市公司电量系统缺陷发现及时、缺陷处理流程顺畅，有效支持了同期线损工作。

9.3.4 零供电量异常的分析诊断

涉及专业：营销。

9.3.4.1 场景描述

由图 9－16 可知，关公 4 社公用变压器、花园新街公用变压器供电量为 0。

1	台区编号	台区名称	所属线路	所属变电站	月份	供电量(kW·h)	整段电量(kW·h)	损失电量(kW·h)	线损率(%)
2	1109002526	10KV板杨路关公4社公变	10kV板杨路	成都.板桥	2015-08	0	24490.16	-24490.16	-999.9999
3	1109000005	10KV板杨路高石花园新街公变	10kV板杨路	成都.板桥	2015-08	0	10949.26	-10949.26	-999.9999

图 9－16　源端系统台区信息图

9.3.4.2 问题分析

根据线损模型，计算台区线损时，取台区下考核表的主计量，根据关公 4 社情况进行分析。

（1）获取该台区下所有的用户，见图 9－17。

用电地址：　抄表段编号：　用户状态：
线路：　台区：10kV板杨路关公4社公变　电能表出厂编号：
查询　重置　操作

	用户编号	用户名称	用电地址	缴费号	原用户编号	抄表段编号	抄表员	用户状态	运行容量	合同容量	用电类别
1	2090011142	关公4社	关公4社		090011142	1109002526	王建君	正常用电客户	315	315	考核
2	3800010136	中英机械设备公司	コ		010103010375	1109002526	王建君	正常用电客户	50	50	非工业
3	3800001450	李晓琼	江桥村		010103001495	1109002526	王建君	正常用电客户	46	46	商业用电
4	3800009158	王汝林	コ		010103009305	1109002526	王建君	正常用电客户	20.4	20.4	非工业
5	3800009048	易文全	コ		010103009191	1109002526	王建君	正常用电客户	13.2	13.2	非居民照明
6	3800009137	周志明	コ		010103009282	1109002526	王建君	正常用电客户	13.2	13.2	非居民照明
7	3800009140	余显军	コ		010103009285	1109002526	王建君	正常用电客户	13.2	13.2	非居民照明
8	3800001728	王树明	关公村		010103001780	1109002526	王建君	正常用电客户	8.8	8.8	居民生活用电
9	3800001745	周素蓉	关公村		010103001797	1109002526	王建君	正常用电客户	8.8	8.8	居民生活用电
10	3800001775	王树明	关公村		010103001827	1109002526	王建君	正常用电客户	8.8	8.8	非工业
11	3800008643	川藏路双新段	首		010103008772	1109002526	王建君	正常用电客户	8.8	8.8	非工业
12	3800008736	叶玉琼	7社		010103008870	1109002526	王建君	正常用电客户	8.8	8.8	居民生活用电
13	3800008737	张应芳	7社		010103008871	1109002526	王建君	正常用电客户	8.8	8.8	居民生活用电
14	3800008738	黄远康	7社		010103008872	1109002526	王建君	正常用电客户	8.8	8.8	居民生活用电
15	3800008739	刘忠云	7社		010103008873	1109002526	王建君	正常用电客户	8.8	8.8	居民生活用电
16	3800008740	罗文福	7社		010103008874	1109002526	王建君	正常用电客户	8.8	8.8	居民生活用电
17	3800008741	王继明	7社		010103008875	1109002526	王建君	正常用电客户	8.8	8.8	居民生活用电
18	3800008742	陈福凯	7社		010103008876	1109002526	王建君	正常用电客户	8.8	8.8	居民生活用电
19	3800008743	王继忠	7社		010103008877	1109002526	王建君	正常用电客户	8.8	8.8	居民生活用电
20	3800008744	张留根	7社		010103008878	1109002526	王建君	正常用电客户	8.8	8.8	居民生活用电
21	3800008745	张朝云	7社		010103008879	1109002526	王建君	正常用电客户	8.8	8.8	居民生活用电
22	3800008746	徐友弟	7社		010103008880	1109002526	王建君	正常用电客户	8.8	8.8	居民生活用电
23	3800008747	徐友玉	7社		010103008881	1109002526	王建君	正常用电客户	8.8	8.8	居民生活用电
24	3800008748	蔡志才	7社		010103008882	1109002526	王建君	正常用电客户	8.8	8.8	居民生活用电

图 9－17　台区下所有的用户图

（2）根据容量进行判断，户号 2090011142 容量最大，应为台区总表所建户，查看用户类别，主计量点性质，见图 9－17 和图 9－18。

根据图 9－18 和图 9－19 可看出，由于该用户为低压居民，获取用户档案时，该用户应为考核用户，统计低压用户数据时，数量会多一条。

前期该用户所带计量点性质为售电侧结算，故无法计算台区总表电量。

图 9－18　用户类别为低压居民

图 9－19　计量点性质为考核

9.3.4.3　解决措施

（1）变更用户类别，确定用户档案准确率。

（2）完成计量点所属性质变更，台区总表性质应为台区供电考核。

9.3.4.4　应用成效

梳理档案准确率，完成台区总表核算准确性。

9.3.5　双电源用户计量点挂接关系混乱引起的线损异常治理

涉及部门：运检、营销。

9.3.5.1 场景描述

同期线损管理系统计算 10kV 分线线损后，发现部分双电源用户的两条进线线损均不合格，以某学院、某公司两个用户为例，进线线损计算情况如图 9－20 和图 9－21 所示。

图 9－20 某学院进线线路 2 月线损计算结果

图 9－21 某公司进线线路 2 月线损计算结果

9.3.5.2 问题分析

图 9－20 和图 9－21 中的两个双电源用户涉及的四条线路虽然每一条线路线损都不合格，但是从供、售电量的数据可以发现每个用户的总供电量与总售电量却是基本持平的，即两条线路打包后的总线损率是正常的，故推测双电源用户的计量点与线路挂接关系存在问题。

9.3.5.3 解决措施

1. 解决思路

针对该问题，运检部会同营销部再次核查该线路的“线－户－计量点”关系，确保线路模型准确。

2. 解决步骤

（1）运检部首先利用大馈线功能再次核对确认“变－线－户”关系的准确性，确保线路拓扑关系正确。

（2）营销部结合用户变现场，排查用户计量点档案情况，核实双电源用户计量点所属的线路，纠正历史遗留的归档错误。同期线损管理系统中，某学院和某公司两个用户的计量点与线路挂接关系均与实际情况不符，具体如图 9－22 和图 9－23 所示。

（3）根据营销部的排查结果，修正了计量点与线路的挂接关系，同期线损管理系统重新抽取线路档案进行计算后，这两个用户涉及的四条线路线损均处于合格范围内，见

表 9－2。

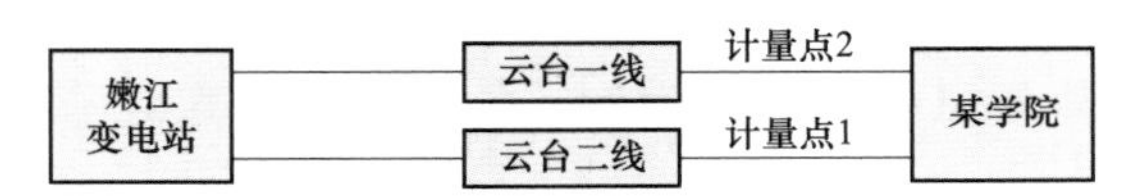

系统中“变-线-户-计量点”关系示意图

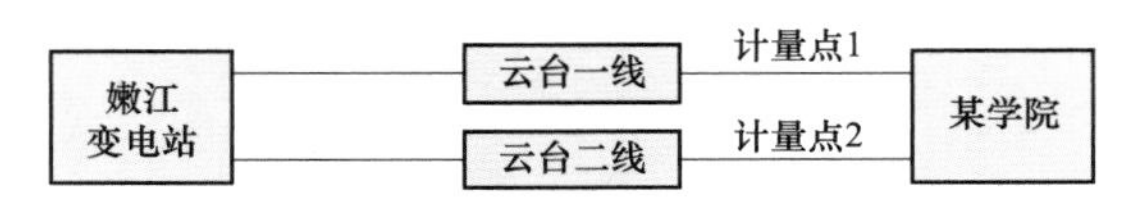

实际的“变-线-户-计量点”关系示意图

图 9－22　某学院进线线路拓扑关系对比图

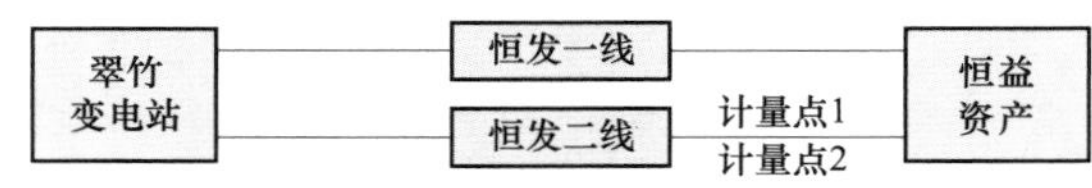

系统中“变-线-户-计量点”关系示意图

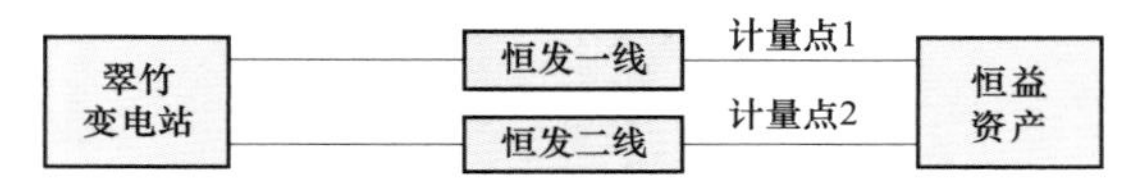

实际的“变-线-户-计量点”关系示意图

图 9－23　某公司线线路拓扑关系对比图

表 9－2　整改后的四条线路分线线损率

项目	供电量	售电量	分线线损率	备注
10kV 恒发二线	171 360	171 350	0.01%	合格
20kV 云台一线	48	0	100.00%	轻载通过报备
20kV 云台二线	449 016	447 520	0.33%	合格

9.3.5.4　应用成效

双电源用户的计量点与线路挂接关系，在营销部原先的专业管理中并未作出明确的要求，但是这对分线线损管理却是一个非常重要的因素。经过这次案例分析，运检部联合营销部在全市范围内进行排查，梳理双电源用户的售电侧计量点信息，并整改了计量点与线路挂接关系错误共 14 户，涉及 10（20）kV 线路 28 条，提升配电线路线损合格率 1.1 个百分点，为进一步提高配电线路线损计算的准确性奠定良好基础。

9.4 分元件异常线损诊断

9.4.1 母线不平衡数据异常诊断

涉及专业：调控。

9.4.1.1 场景描述

应用同期线损管理系统开展月度母平分析，发现以下变电站 5 月母平异常：220kV 梧侣变电站 110kV 母线不平衡率为 –4.33%、110kV 五通变电站 10kV 母线不平衡率为 2.66%。

9.4.1.2 问题分析

同期线损管理系统中这几条母平输入、输出关口配置经核查无问题，关口表计示数与电能量采集系统均一致，初步判断为现场计量表计原因造成母平实际异常，系统正确反映实际异常母平指标。

9.4.1.3 解决措施

1. 解决思路

协同调度、变电、营销等专业部门针对异常母平进行联合分析诊断，查找原因，将问题纳入缺陷流程规范管理，并督促专业部门及时组织分析消缺。

2. 解决步骤

重视母平存在问题的分析与整改，碰到疑难问题，联合多个专业部门、采用多种技术手段联合分析，主要分析方法如下：

（1）检查有无 TA、电能表计等相关设备异动，或新间隔启动送电，检查异动或新带负荷设备 TA 参数等是否正确。

（2）线路可与对侧电量进行对比；主变压器可对高、中、低三侧电量进行对比，查找问题表计。

（3）通过测量二次回路电流与电压，确认变比是否正确。

（4）通过电能量系统与现场电度走数进行对比，可排除通信不正常计量表计。

（5）通过电能量系统与积分电量进行对比或电能量系统所走电量与所带负荷进行对比。

（6）检查电度表计有无告警信号，查看告警内容（是否失电压等）。

（7）经过现场检查、分析，发现母平异常原因如下：

1）220kV 梧侣变电站 110kV 母线不平：由于 11A 电能表液晶屏只显示 A、B 两相电压，正常应为三相。

2）110kV 五通变电站 10kV 母线不平：由于电能量采集系统上的 948 读数从 3 月 31 日后没有变化，但现场电能表正常运转，4 月 28 日现场抄录 948 有功读数为“1877.19”，电能量采集系统示数停止在“1823.12”，推测因电能表的采集通信线松脱造成，变电站运维人员已于4月上报缺陷，但计量人员还未处理，导致5月该母平仍然异常。

处理：梧侣变电站 11A 电能表已上报缺陷流程；督促计量人员处理五通变电站 948 电能表缺陷。

9.4.1.4 应用成效

（1）梧侣变电站 11A 电能表、五通变电站 948 电能表缺陷已处理，6月母平均恢复正常：梧侣变电站 110kV 母线不平衡率为－0.27%、110kV 五通变电站 10kV 母线 0.1%。

（2）同期线损管理系统正确反映实际异常指标，发挥系统的正常监测作用，真实体现专业管理的实际情况。

9.4.2 同期线损计算线损率偏大发现表计故障

涉及专业：调控、营销。

9.4.2.1 场景描述

某公司在计算 2016 年 9 月同期线损的过程中，发现某供电公司 110kV 辰勤 1355 线损率高达 33.71%，远远偏离正常值。

9.4.2.2 问题分析

经分析，辰勤 1355 由 220kV 辰塔站供松江 110kV 南勤站，2016 年 9 月输入电量 1546.7936 万 kWh，输出电量 1025.376 万 kWh，损失电量 521.4176 万 kWh。辰塔站辰勤 1355 TA 变比 1600/5A，TV 变比 110 000/100V，南勤站辰勤 1355 TA 变比 1200/5A，TV 变比 110 000/100V，电能量采集系统与站内基础信息核对均正确。

进一步对辰塔站辰勤 1355 出线电量、南勤站辰勤 1355 进线电量与南勤站负荷侧（南勤站 1 号主变压器+3 号主变压器电量）作比对，辰塔站辰勤 1355 出线电量为电量 1546.7936 万 kWh，南勤站辰勤 1355 进线电量为 1025.376 万 kWh，南勤站负荷侧（1 号主变压器+3 号主变压器电量之和）为 1539 万 kWh，显然是南勤站辰勤 1355 进线电量有问题。

排除了系统配置问题后，判定为南勤站辰勤 1355 进线表计问题。

9.4.2.3 解决措施

确定了南勤站辰勤 1355 进线表计问题后，10 月 24 日派人去现场排查，排除了接线问题后，对辰勤 1355 进线电能表进行了更换，换表后电能量采集系统电量增长。

9.4.2.4 应用成效

表计更换后辰塔站辰勤 1355 电量曲线与南勤站辰勤 1355 电量曲线相吻合。

9.4.3 输电线路负线损核查发现 110kV 母线“假”平衡

涉及专业：调控。

9.4.3.1 场景描述

某供电公司在计算 2017 年 1 月同期线损的过程中，发现 110kV 岗戚 7X09 线路线损率为－41.53%，远远偏离正常值，而天岗湖变电站的 110kV 母线 1 月份母线平衡率为 0.01，符合 110kV 母线平衡标准。

9.4.3.2 问题分析

经分析，岗戚 7X09 由 110kV 天岗湖变电站（有电厂上网）反供 220kV 戚庄变电站，2017 年 1 月输入电量 696.49 万 kWh，输出电量 985.75 万 kWh，损失电量－289.26 万 kWh。天岗湖变电站岗戚 7X09 TA 变比 600/5A，TV 变比 110/0.1V，戚庄变电站戚岗 7X09 TA 变比 600/5A，TV 变比 110/0.1V，电能量采集系统两站 1 月的电量数据如图 9－24 所示。

天岗湖变电站　岗戚 7X19 线　2017 年 01 月　统计数据　单位：有功（万 kWh）		
日期	天岗湖变电站侧正有功	戚庄变电站侧反有功
2017－01	696.49	985.75
2017－01－01	25.69	32.75
2017－01－02	30.69	40.12
2017－01－03	32.03	41.91
2017－01－04	13.04	13.97
2017－01－05	5.17	6.89
2017－01－06	3.25	4.48
2017－01－07	2.59	3.22
2017－01－08	3.15	3.86
2017－01－09	24.95	30.26
2017－01－10	0.9	1.07
2017－01－11	18.23	36.84
2017－01－12	20.19	41.51
2017－01－13	22.35	48
2017－01－14	24.8	61.17
2017－01－15	20.35	41.95
2017－01－16	17.56	32.73
2017－01－17	17.41	34.37
2017－01－18	3.58	3.83
2017－01－19	10.16	10.56
2017－01－20	49.04	65.08
2017－01－21	45.74	56.76
2017－01－22	45.34	54.12
2017－01－23	47.2	59.27
2017－01－24	43.49	49.37
2017－01－25	44.29	52.99

图 9－24　两变电站侧 1 月电量数据对比（一）

天岗湖变电站　岗戚 7X19 线　2017 年 01 月　统计数据　单位：有功（万 kWh）		
日期	天岗湖变电站侧正有功	戚庄变电站侧反有功
2017-01-26	45.08	55.57
2017-01-27	43.23	50.69
2017-01-28	6.24	7.79
2017-01-29	2.64	3.3
2017-01-30	14.12	22.57
2017-01-31	13.99	18.74

图 9-24　两变电站侧 1 月电量数据对比（二）

从图 9-24 中可以看出，天岗湖变电站侧岗戚 7X09 每天的输出电量都小于戚庄变电站侧戚岗 7X09 的输入电量，初步怀疑是天岗湖变电站侧的岗戚 7X09 电能表计量故障。进一步核查天岗湖变电站 110kV 母线的母线平衡率。

根据图 9-25 分析，当时该母线完全平衡，其中为该开关的正向总有功，为该开关的反向总有功。可以看出，如果是单一岗戚 7X09 电能表故障出现的计量问题，其母线不可能平衡。

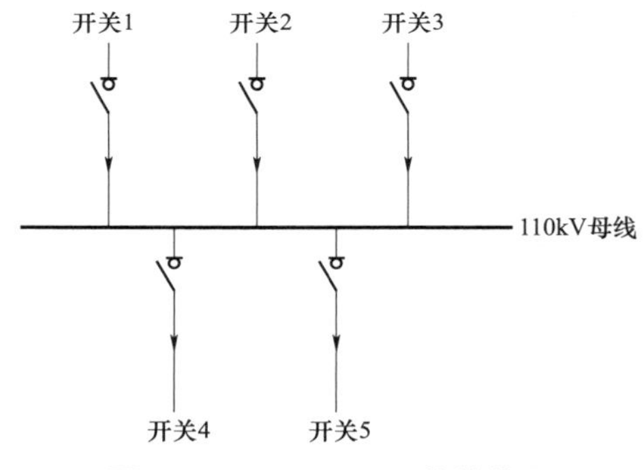

图 9-25　110kV 母线接线图

排除了岗戚 7X09 电能表本身故障的因素，进一步分析会不会是整条母线所有电能表存在的共性问题，比如电压、电流采集错误从而使母线出现了“假”平衡。

9.4.3.3　解决措施

1. 解决思路

如果电压或者电流出现成比例的缺失，那么有功功率也会出现成比例的缺失，在同一条母线上的开关计量点也会同时出现电量增加或者减少，这种情况下母线却依然可以平衡。检查发现天岗湖变电站 110kV Ⅰ段母线所有表计缺失 A 相电压，怀疑是二次计量 A 相熔丝熔断，这种计量熔丝熔断的情况在变电站中经常出现但是不容易被发现，因为这种熔丝熔断没有信号，而且在一次图上的电压是保护电压而不是计量电压。

2. 解决步骤

确定了天岗湖变电站 110kV Ⅰ段母线所有表计缺失 A 相电压问题后，2 月 6 日派人去现场排查，发现确实是二次计量 A 相熔丝熔断，即更换了 110kV Ⅰ段母线二次计量 A 相熔丝，更换熔丝后电量正常，见图 9-26。

戚岗 7X19 线　计量点　2017 年 2 月　统计数据　单位：有功（万 kWh）		
日期	天岗湖变电站侧	戚庄变电站侧
2017-02	1221.26	1284.62
2017-02-01	21.91	41.18
2017-02-02	26.27	57.29
2017-02-03	8.44	5.15
2017-02-04	9.77	11.35
2017-02-05	21.12	46.6
2017-02-06	15.84	30.76
2017-02-07	8.45	6.99
2017-02-08	9.64	9.5
2017-02-09	54.92	53.99
2017-02-10	77.75	75.77
2017-02-11	71.67	70.09
2017-02-12	70.88	68.9
2017-02-13	65.34	63.88
2017-02-14	56.5	55.44
2017-02-15	66.14	64.55
2017-02-16	34.85	34.32
2017-02-17	38.81	38.01
2017-02-18	72.86	70.88
2017-02-19	54.39	53.33
2017-02-20	23.5	23.23
2017-02-21	12.41	12.41
2017-02-22	17.16	17.03
2017-02-23	60.19	58.87
2017-02-24	70.75	69.16
2017-02-25	62.43	60.85
2017-02-26	57.15	56.1
2017-02-27	67.45	65.74
2017-02-28	64.68	63.23

图 9-26　熔丝更换后电量对比

9.4.3.4 应用成效

计量熔丝熔断导致计量电表电压缺相的情况在变电站中经常发生，而且不易被发现，这种情况下母线会出现“假”平衡，更不利于问题的发现。通过使用同期线损管理系统对110kV 分线线损率计算，发现线损率不合格的线路进行问题排查，有助于发现表计、设备一次方面的问题，使同期线损管理系统体现更大的实用性。

9.4.4 由线损两侧倍率偏差而造成负损的分析

涉及专业：调控

9.4.4.1 场景描述

某地市公司调度专业人员通过同期线损管理系统对“某省勤迎 7I8 线”线损率进行查询，发现 2016 年 12 月线损率异常，出现负损，具体见图 9－27。

图 9－27 输电线路查询

9.4.4.2 问题分析

110kV 迎勤 7I8 线两端变电站为 220kV 勤王变电站和 110kV 迎宾变电站，勤王变电站为智能站，智能电能表，迎勤 7I8 线勤王变电站侧 TA 计量变比为 1200/1；迎宾变电站为常规站，常规电能表，迎勤 7I8 线迎宾变电站侧 TA 计量变比为 600/5。两侧存在 TA 计量变比不同带来的误差、电量测量途径带来的误差、电能表倍率不同带来的误差。

9.4.4.3 解决措施

1. 解决思路

为了整改问题，逐一分析误差因素：

勤王变电站侧 TA 计量变比为 1200/1，迎宾变电站侧 TA 计量变比为 600/5，折算成倍率两侧相差了 10 倍。为此，选取 2 月 17 日和 2 月 24 日两个典型日进行分析。

2 月 17 日，勤王变电站勤迎线供出电量 171 600kWh，电量明细如图 9－28 所示。

2 月 17 日，迎宾变电站勤迎线受入电量 173 844kWh，线损电量－2244kWh，线损率－1.3%。电量明细如图 9－29 所示。

统计数据

勤王变 110kV 勤迎7I8线 统计数据

日数据　月数据　年数据　时段数据　K线分析

<< 2017-02-17 >> 计量点 有功数据 数据形式 显示峰谷平 查询 导出

日期	正向有功(总)	正向有功(总)数据质量标志	反向有功(总)	反向有功(总)数据质量标志
2017-02-17	171,600.00		0.00	

时间	正向有功原始底码	正向有功一次增量	正向有功增量数据质量标志	反向有功原始底码	反向有功一次增量	反向有功增量数据质量标志
04:00		13,200.00			0.00	
05:00		0.00			0.00	
06:00		13,200.00			0.00	
07:00		0.00			0.00	
08:00		13,200.00			0.00	
09:00		13,200.00			0.00	
10:00		0.00			0.00	
11:00		13,200.00			0.00	
12:00		13,200.00			0.00	
13:00		0.00			0.00	
14:00		13,200.00			0.00	
15:00		13,200.00			0.00	
16:00		0.00			0.00	
17:00		13,200.00			0.00	
18:00		0.00			0.00	
19:00		13,200.00			0.00	
20:00		13,200.00			0.00	
21:00		0.00			0.00	
22:00		13,200.00			0.00	
23:00		0.00			0.00	
24:00		0.00			0.00	

图 9－28　电量明细

统计数据

迎宾变 110kV 迎勤7I8线 统计数据

日数据　月数据　年数据　时段数据　K线分析

<< 2017-02-17 >> 计量点 有功数据 数据形式 显示峰谷平 查询 导出

日期	正向有功(总)	正向有功(总)数据质量标志	反向有功(总)	反向有功(总)数据质量标志
2017-02-17	0.00		173,844.00	

时间	正向有功原始底码	正向有功一次增量	正向有功增量数据质量标志	反向有功原始底码	反向有功一次增量	反向有功增量数据质量标志
04:00		0.00			5,544.00	
05:00		0.00			5,148.00	
06:00		0.00			5,940.00	
07:00		0.00			7,524.00	
08:00		0.00			8,844.00	
09:00		0.00			8,976.00	
10:00		0.00			9,372.00	
11:00		0.00			10,296.00	
12:00		0.00			7,260.00	
13:00		0.00			6,468.00	
14:00		0.00			8,844.00	
15:00		0.00			9,108.00	
16:00		0.00			8,580.00	
17:00		0.00			8,580.00	
18:00		0.00			7,920.00	
19:00		0.00			7,656.00	
20:00		0.00			7,524.00	
21:00		0.00			6,996.00	
22:00		0.00			6,204.00	
23:00		0.00			5,280.00	
24:00		0.00			4,752.00	

图 9－29　统计数据

2 月 24 日，勤王变电站勤迎线供出电量 184 800kWh，电量明细如图 9－30 所示。

统计数据

勤王变 110kV 勤迎7I8线 统计数据

日数据 | 月数据 | 年数据 | 时段数据 | K线分析

<< 2017-02-24 >> 计量点 有功数据 数据形式 显示峰谷平 查询 导出

日期	正向有功(总)	正向有功(总)数据质量标志	反向有功(总)	反向有功(总)数据质量标志
2017-02-24	184,800.00		0.00	

时间	正向有功原始底码	正向有功一次增量	正向有功增量数据质量标志	反向有功原始底码	反向有功一次增量	反向有功增量数据质量标志
04:00		0.00			0.00	
05:00		13,200.00			0.00	
06:00		0.00			0.00	
07:00		13,200.00			0.00	
08:00		13,200.00			0.00	
09:00		0.00			0.00	
10:00		13,200.00			0.00	
11:00		13,200.00			0.00	
12:00		0.00			0.00	
13:00		13,200.00			0.00	
14:00		13,200.00			0.00	
15:00		0.00			0.00	
16:00		13,200.00			0.00	
17:00		13,200.00			0.00	
18:00		0.00			0.00	
19:00		13,200.00			0.00	
20:00		13,200.00			0.00	
21:00		0.00			0.00	
22:00		13,200.00			0.00	
23:00		0.00			0.00	
24:00		0.00			0.00	

图 9-30 统计数据

2 月 24 日，迎宾变电站勤迎线受入电量 185 724kWh，线损电量 –924kWh，线损率 –0.5%。电量明细如图 9–31 所示。

统计数据

迎宾变 110kV 迎勤7I8线 统计数据

日数据 | 月数据 | 年数据 | 时段数据 | K线分析

<< 2017-02-24 >> 计量点 有功数据 数据形式 显示峰谷平 查询 导出

日期	正向有功(总)	正向有功(总)数据质量标志	反向有功(总)	反向有功(总)数据质量标志
2017-02-24	0.00		185,724.00	

时间	正向有功原始底码	正向有功一次增量	正向有功增量数据质量标志	反向有功原始底码	反向有功一次增量	反向有功增量数据质量标志
04:00		0.00			5,544.00	
05:00		0.00			6,072.00	
06:00		0.00			6,336.00	
07:00		0.00			7,920.00	
08:00		0.00			9,900.00	
09:00		0.00			9,900.00	
10:00		0.00			10,032.00	
11:00		0.00			10,824.00	
12:00		0.00			7,260.00	
13:00		0.00			7,128.00	
14:00		0.00			9,636.00	
15:00		0.00			9,768.00	
16:00		0.00			9,372.00	
17:00		0.00			8,976.00	
18:00		0.00			8,052.00	
19:00		0.00			7,920.00	
20:00		0.00			7,656.00	
21:00		0.00			7,128.00	
22:00		0.00			6,732.00	
23:00		0.00			5,808.00	
24:00		0.00			5,280.00	

图 9-31 统计数据

由以上两个典型日数据可以看出，勤王变电站勤迎线 7I8 开关的表计倍率为 1 320 000，表计最小步长为 0.01，表记的单位步长的电量为 13 200kWh，而迎宾变电站勤迎线 7I8 开关的表计倍率为 132 000，表计最小步长为 0.01，表计单位步长的电量为 1320kWh，通过比较可以看出，勤王变电站在供电电量不满足 13 200kWh 时，表计不会发生变化，而迎宾变电站表计已经有所增加，导致受入电量大于供出电量，线损率为负。

2. 解决步骤

在实际工作中，虽然无法做到线路两侧变比完全一致，但可以使 TA 计量变比接近，该公司组织检修和计量人员将迎勤 7I8 线勤王变侧 TA 计量变比由 1200/1 改为 600/1，减小了由于两侧 TA 计量变比不同带来的负损误差。处理结束后，该线路 2017 年 3 月线损率回归正常，具体如图 9－32 所示。

图 9－32　输电线路查询

9.4.4.4　应用成效

目前，影响线损负线损的问题有很多，如表计时钟同步、新旧电能表计的正负偏差、表计自身精度、表计用的计量 TA 的配置是否合理等，这些可能的情况都需要调控、检修、计量专业管理人员进行逐一的分析、排除和判断。

本次问题的排查，主要是通过分析引起线路负损的因素，给出消缺建议，从而节约问题处理时间，提高工作效率。

9.4.5　电缆屏蔽层接地工艺影响计量

涉及专业：调控、运检。

9.4.5.1　场景描述

检修公司康桥站、龙东站 35kV 母线平衡率在 4～6 月出现连续三个月偏大情况，在开展精细化治理工作中通过与某供电公司受电侧电量比对，发现康桥站有 4 条、龙东站有 2 条出线线损率长期在－9%～－3%，由于供电负荷率均远超 5%，排除了 TA 小负荷非线性原因引起负线损可能。

9.4.5.2　问题分析

屏蔽电缆抑制干扰的能力除与屏蔽层本身的质量有关外，还与屏蔽层接地方法密切相关。提出良好的屏蔽，仅靠电缆屏蔽层是不够的，重要的是选择正确的屏蔽层接地方式、接地点。

9.4.5.3 解决措施

1. 解决思路

（1）排除线路受电端及主变压器低压侧电能计量准确性的问题。

（2）现场检查电流互感器工作状态。

2. 解决步骤

将电缆屏蔽层接地全部改为回穿 TA 方式接地。

9.4.5.4 应用成效

负线损问题全部解决，康桥、龙东两站母线平衡在后续月中均恢复正常状态。

9.4.6 负损线路治理应用交流

涉及专业：调控。

9.4.6.1 场景描述

根据 2018 年 35～110kV 分线最新考核要求，分区关口涉及的线路同期月线损率在 0%～3%，为合格，其余线路考虑到小负损情况，则在－0.8%～3%视为合格。某电网分线线损中长期存在若干条负损线路。经计算排除了由于上、下级表计允许误差导致的负损原因，同时也不符合白名单报备条件，负损问题困扰着线损治理工作。

9.4.6.2 问题分析

根据国家电网有限公司对同期线损的考核要求，该区域内 35kV 分线唐马二 316 线、唐下 314 线、唐官 318 线、唐桃 312 线长期存在月同期线损负损问题，见表 9－3。

表 9－3 同期线损负损问题

线路名称	模型配置	计量资产编号	月同期线损值（%）						
			2018.3	2018.2	2018.1	2017.12	2017.11	2017.10	2017.9
唐马二	输入：唐庄户 316	58T07R00001621700	－1.48	0.17	－1.31	－3.45	－2.15	－1.86	－1.41
	输出：马神桥 201	1210124087300000988549							
唐下	输入：唐庄户 314	58T07R00001921700	－0.50	1.34	－0.11	－1.21	－0.96	－0.76	－0.34
	输出：罗庄子 202	L4J09600710121708							
	输出：下营 201	57H07H000404212EP							
	输出：下营 202	57H07H000601212EP							
唐官	输入：唐庄户 318	58T07R00044421700	－1.23	0.36	－1.19	－1.75	－1.93	0.38	－0.38
	输出：官场 202	1210124117200032043479							
唐桃	输入：唐庄户 312	58T07R00035221700	－1.27	0.59	－1.01	－2.01	－1.73	－1.61	－1.40
	输出：桃花园 2021	L5j06U00157121241							
	输出：桃花园 202－2	L5j06U00112721241							

9.4.6.3 解决措施

1. 解决思路

依据处理的难易程度先后排查负损问题，按照先营销后运检、先表计后互感器、先二次后一次的顺序依次对存在的问题进行排查、治理，见图 9－33。

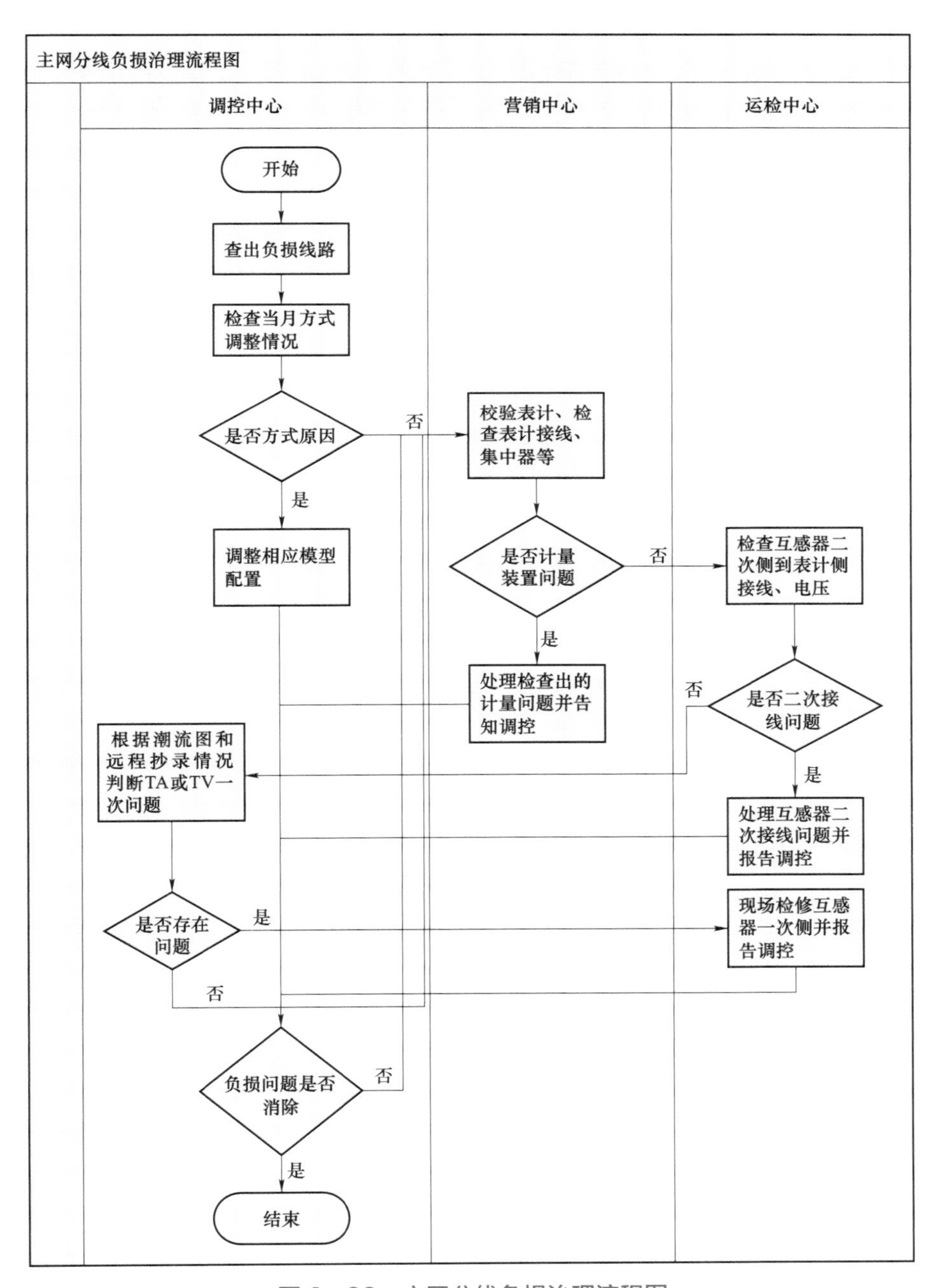

图 9－33 主网分线负损治理流程图

2. 解决步骤

（1）分析负损线路当月有无计划检修、故障除缺等方式调整，所带负荷是否被其他线路倒带过。

（2）给营销计量班下派工作任务单对负损线路计量装置进行现场检查，现场校验表计、检查表计接线、查看站内集中器是否正常。

（3）给运检部变电二次专业下派工作任务单对负损线路互感器二次接线进行现场检查，现场检查互感器二次侧到表计侧接线是否存在虚接问题、两侧同相电压是否相等。

（4）结合调控潮流参数和用采表计电压、电流远程抄录，判断负损线路互感器是否有问题，查看调控监控实时界面负损线路上下级开关有功、电压、电流，通过比较看上级有功是否小于下级，若出现上级小于下级情况，再比较上下级开关电压、电流参数，是否存在上级电压小于下级电压、上下级电流相等的情况，若存在上述情况则初步判断负损线路所在母线电压互感器存在问题；若比较发现上级电压大于下级电压、上级电流小于下级电流的情况，则可以初步判断负损线路电流互感器存在问题。

（5）初步判断问题后还需进一步利用用采系统远程抄录负损线路上、下级表计接入电压、电流值进一步判断，可以远程抄录负损线路两侧表计 AB、BC 线电压值与 A、C 相电流值，看是否在合理范围内，原则上 AB、BC 线电压值在 95～105V 范围内为合理，且 AB、BC 线电压值和 A、C 相电流值应该分别相等。如果电压值不在合理范围或 AB、BC 线电压值不相等，则可以进一步判断为电压互感器故障；如果 A、C 相电流值不相等，则可以进一步判断为电流互感器故障。

9.4.6.4　应用成效

110kV 唐庄户站 35kV 唐马二 316 线、唐下 314 线、唐官 318 线、唐桃 312 线出线负损问题治理。

经查唐庄户 35kV 负损线路负损期间无计划检修、故障除缺等方式调整，排除该种情况。

给营销计量班下派工作任务单，针对唐庄户站唐官 318、唐马二 316、唐下 314、唐桃 312 线表计进行现场校验、检查表计接线是否存在虚接问题、查看唐庄户站内集中器运行情况，经检查排除了计量装置问题。

给运检部二次专业下派工作任务单，针对唐庄户站唐官 318、唐马二 316、唐下 314、唐桃 312 线互感器二次接线进行现场检查，发现二次接线均无虚接问题，且经测互感器二次侧到表计侧同相电压均相等，因此排除了各负损线路互感器二次接线虚接等问题。

查看唐庄户站 35kV 5 号母线出线开关与下级开关调控系统图潮流参数情况，以唐马二线为例，对比唐马二线与下级关口潮流参数，发现同一时刻有功 3.14MW 小于下级 3.20MW，U_{ab} 电压值 35.5kV 小于下级 36.6kV，电流值 I_{ab} 大致等于下级，由此初步判断唐庄户 35kV 5 号母线电压互感器一次侧可能存在问题。

进一步查看用采系统表计远程抄录电压、电流情况，经在用采系统中进行远程抄录发现唐马二线开关表计 AB、BC 线电压值为 103V、97V，在允许范围内但不相等，下级对应线电压值分别为 104V、104V，在合理范围内且相等；通过方式调整，用一台变压器带两段母线，35kV 5号母线电压值小于4号母线电压值，由此可以判断唐庄户35kV 5号母线电压互感器一次侧有故障影响了二次值。

发现35kV 5号母线TV一次侧B相熔断器生锈导致接触不良，回路电压降增大，导致B相电压小于真实值，现场检修人员将一次保险进行了更换。

应用该负损线路治理方案对蓟州区域内35kV分线唐马二316线、唐下314线、唐官318线、唐桃312线等长期负损分线进行负损治理，治理后上述线路5月线损情况见表9－4。

表9－4　唐庄户站负损出线治理效果

线路名称	分线同期线损率
	5.1～6.1
唐马二316	0.21%
唐下314	1.25%
唐官318	0.58%
唐桃312	0.32%

9.4.7 由线路旁代引起的负线损率整治

涉及专业：调控。

9.4.7.1 场景描述

在同期线损管理系统中，9月110kV分线线损计算后，某省公司发现某市水尧7834线等多条线路出现负线损率偏大的情况，具体见表9－5。

表9－5　同期线损管理系统9月110kV分线线损异常线路表

线路名称	线损率（%）	输入电量（kWh）	输出电量（kWh）	线损电量（kWh）
水尧7834线	－25.82	2 780 096	3 498 000	－717 904

9.4.7.2 问题分析

以水尧7834线为例，首先检查线路起始站（水北变电站）、线路终止站（尧塘变电站）110kV母线9月电量平衡情况，发现母线平衡均符合要求。于是，通过电能量采集系统调出线路两端月度统计电量，见表9－6。

表9－6　电能量系统水尧7834线线端日电量明细　万kWh

日期	水北变电站110kV 水尧7834线		尧塘变电站110kV 水尧7834线	
	正向有功（总）	反向有功（总）	正向有功（总）	反向有功（总）
2016－09	278.01	0.00	0.00	349.80
2016－09－01	5.74	0.00	0.00	5.72
2016－09－02	0.00	0.00	0.00	0.00
2016－09－03	0.00	0.00	0.00	0.00

续表

日期	水北变电站 110kV 水尧 7834 线		尧塘变电站 110kV 水尧 7834 线	
	正向有功（总）	反向有功（总）	正向有功（总）	反向有功（总）
2016-09-04	0.00	0.00	0.00	0.00
2016-09-05	0.00	0.00	0.00	0.00
2016-09-06	0.00	0.00	0.00	0.00
2016-09-07	0.00	0.00	0.00	0.00
2016-09-08	0.04	0.00	0.00	0.00
2016-09-09	0.00	0.00	0.00	0.00
2016-09-10	0.00	0.00	0.00	7.92
2016-09-11	0.00	0.00	0.00	16.72
2016-09-12	0.00	0.00	0.00	17.60
2016-09-13	0.00	0.00	0.00	18.92
2016-09-14	6.27	0.00	0.00	16.72
2016-09-15	13.27	0.00	0.00	13.20
2016-09-16	15.88	0.00	0.00	15.84
2016-09-17	17.11	0.00	0.00	17.16
2016-09-18	17.25	0.00	0.00	17.16
2016-09-19	17.11	0.00	0.00	17.16
2016-09-20	16.47	0.00	0.00	16.72
2016-09-21	16.47	0.00	0.00	16.28
2016-09-22	17.42	0.00	0.00	17.60
2016-09-23	17.71	0.00	0.00	17.60
2016-09-24	17.81	0.00	0.00	17.60
2016-09-25	17.14	0.00	0.00	17.16
2016-09-26	17.74	0.00	0.00	18.04
2016-09-27	14.64	0.00	0.00	14.52
2016-09-28	16.90	0.00	0.00	16.72
2016-09-29	17.25	0.00	0.00	17.60
2016-09-30	15.80	0.00	0.00	15.84

从表 9-6 中可以看出 9 月 10～14 日，线路一端有电量，另一端电量为 0，存在明显差异，这部分电量导致线路月线损率为负值，但是具体原因仍然需要进一步查实。经检查电能量采集系统的数据，水北变电站旁联 720 开关在 9 月 10 日 15:00～9 月 14 日 15:00 时段存在有功增量，共计 71.44 万 kWh。把这部分旁路开关的电量计入该线路的输入电量再次计算，发现输入电量为 278.01+71.44=349.45 万 kWh，与输出电量 349.80 万 kWh 相吻合。

为了进一步验证原因、分析结果，从调度 D5000 系统中调阅了 9 月 10 日水北变电站运行方式图（见图 9-34），可见旁联 720 开关的确带负荷运行，水尧线旁路开关处于合

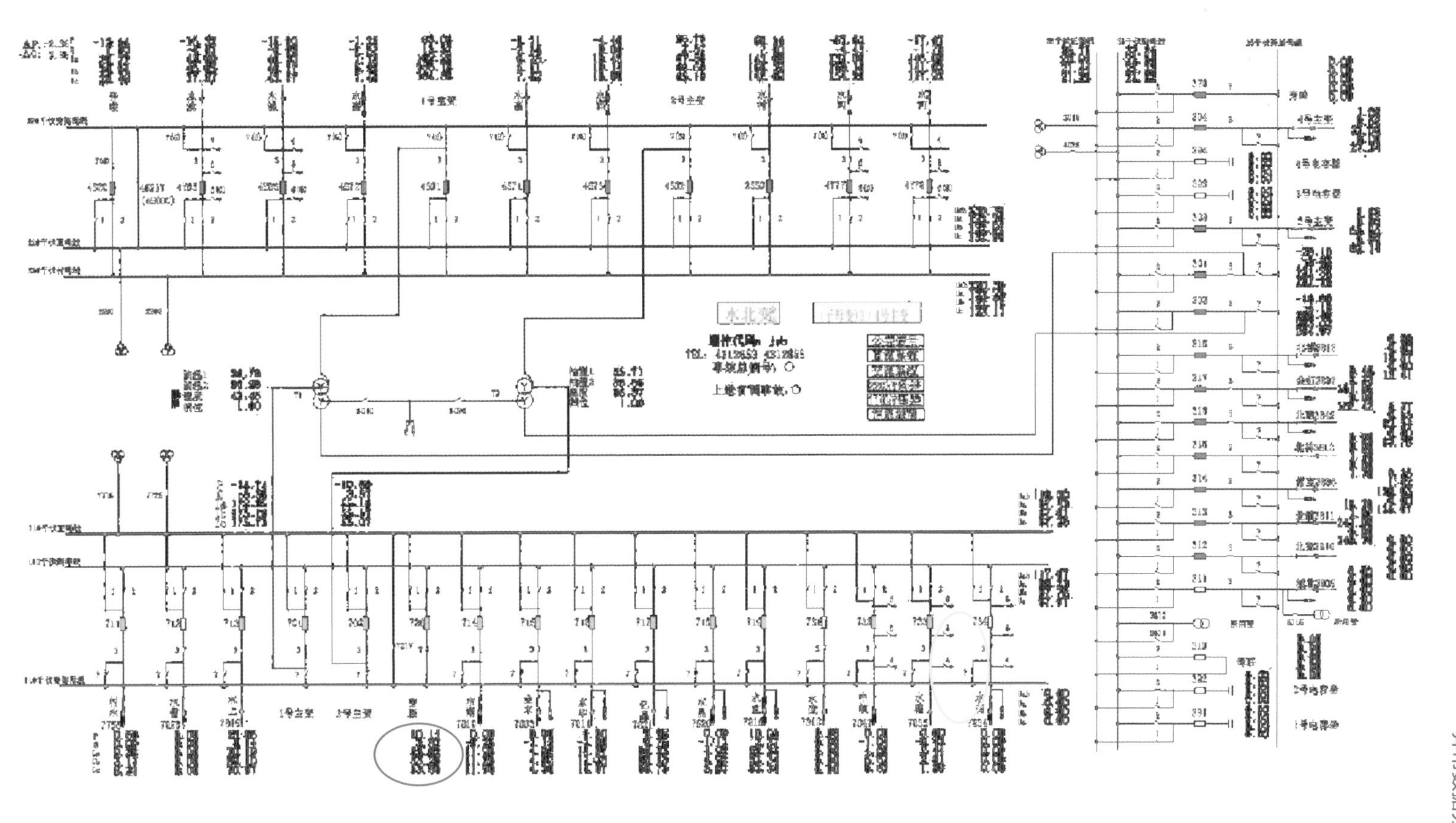

图 9-34　9 月 10 日水北变电站运行方式示意

位。于是，又从系统中调阅了旁联 720 开关 9 月的负荷曲线图（见图 9－35），与电能量采集系统中的数据相一致，可以确定水北变电站水尧 7834 线进行了旁代，找到了影响线路月线损率不合格的症结所在。

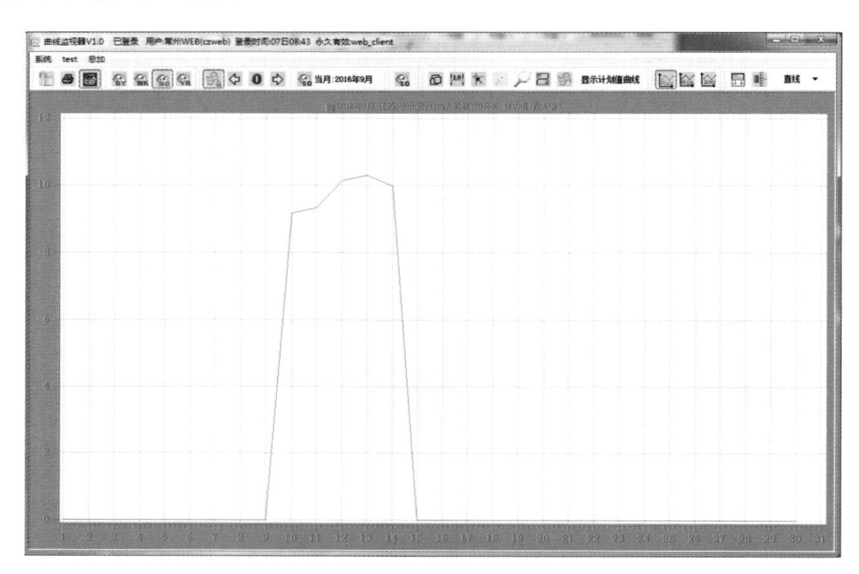

图 9－35　9 月水北变电站旁联开关负荷曲线图

9.4.7.3　解决措施

1．解决思路

这种由于线路旁代运行而造成的线路负线损并非真正意义上的线损不合格，只要能把旁路运行时，旁路开关的电量计入线损率计算公式就可以避免发生这种情况，减少人工判别、线下计算的工作量。

2．解决步骤

（1）根据调度 D5000 中各线路旁路开关的变位信息，统计线路旁代运行的时间段。

（2）在电能量系统中，将旁路开关该时段的电量增补在变电站旁路开关变位的开关模型上，即可计算出正确的线损率。

（3）在同期线损管理系统中，将旁路开关做到相关联的线路模型中，并根据统计的线路旁路开关的变位时间段来设置相应的生效时间、失效时间，这样就可以使线路的同期线损率不受旁代运行方式的影响（由于旁路开关可关联多条线路模型，建议旁路开关不同的生效、失效时间可以在不同的线路模型中分别配置）。

9.4.7.4　应用成效

因为开关检修或者方式调整而线路旁代的情况在春检、秋检期间非常普遍，会使多条线路线上计算线损率不合格，导致人工判别、计算的工作量很大。通过将旁路开关的实际电量计入线路模型中，可以使线上计算不受旁代运行方式的影响，保证了分线线损率的计算准确性，图 9－36、图 9－37 分别为整改前后，水尧 7834 线的 9 月月线损率情况。

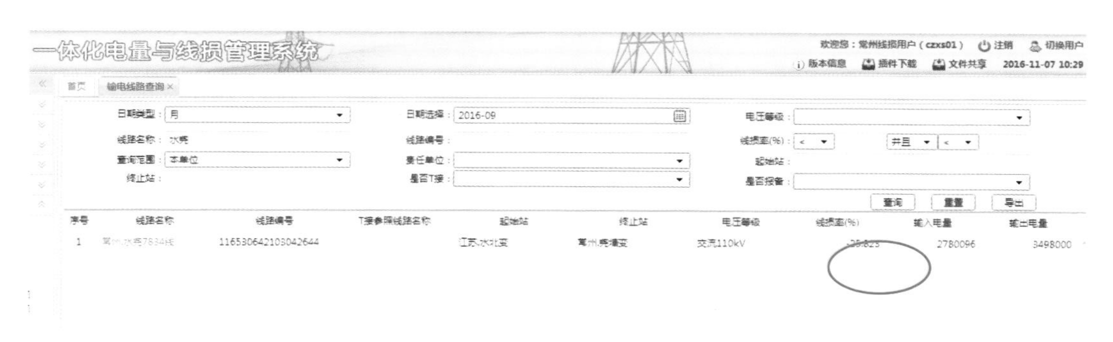

图 9－36　整改前同期线损管理系统 9 月水尧 7834 线月线损率计算查询

图 9－37　整改后同期线损管理系统 9 月水尧 7834 线月线损率计算查询

9.4.8　区域电网结构性变更引起“多母线、多分线”线损率不合格治理

涉及专业：调控。

9.4.8.1　场景描述

11 月，220kV 方港变电站投运后，该区域电网发生了结构性变更，造成相关 4 座变电站的 2 条输电线路、4 条母线出现“群体性”线损率不合格情况。

9.4.8.2　问题分析

由于该区域电网结构发生变化，相关供电计量点关口会更新计量信息，旧计量点应设置失效日期，才能计算出月累计电量。

9.4.8.3　解决措施

1. 解决思路

安排人员在同期线损管理系统中排查供电计量点表底问题。

2. 解决步骤

经多方排查，发现 8 个供电计量点 11 月下表底缺失，确认由于 220kV 方港变电站投运，该地区网架结构发生变化，相关供电计量点关口更新计量信息，造成底码采集中断，无法计算出月累计电量，对应输电线路及母线线损率不合格。

在“基础信息维护”模块中，找到子菜单“计量点抄表例日配置”，利用计量点编号查询旧计量点后，在配置中设置失效生效日期。对新计量点采用通用方法设置生效日期。

新、旧计量点表底补采完成，通过打包方式，完成线路、母线模型配置。

9.4.8.4 应用成效

2 条输电线路、4 条母线线损率恢复正常水平。

9.4.9 电压回路压降影响计量案例

涉及专业：调控、运检。

9.4.9.1 场景描述

某市区公司 35kV 某站 1 号主变压器 10kV 开关电量全部偏小 3%左右。

9.4.9.2 问题分析

由于 35kV 该站 1 号主变压器 10kV 开关电量全部偏小，排查单个计量问题，怀疑系统配置问题，或是各开关电量的共同量——10kV 母线电压计量有误。

9.4.9.3 解决措施

1. 解决思路

首先检查终端服务器配置是否正常，再检查 10kV 母线电压计量有误。

2. 解决步骤

（1）检查终端服务器配置，发现全部正常。

（2）检查 10kV 母线电压。从电能表面板显示发现 U_{ab}、U_{bc} 均显示为 99V。检查实际母线电压二次值为 103V，电能表电压测量值明显偏低 4%。

（3）电能表测量电流值与实际电流值相符，确定问题原因是电压测量误差。

（4）检查电压测量误差的具体原因，发现电能表屏 10kV 一段母线压变熔丝输入 103V，输出 99V，压降过大，造成电能表计量超差。

（5）取下并紧固压变熔丝后，输出恢复到 103V，电能表显示 103V，故障排除。

9.4.9.4 应用成效

本项故障排查获得了两项重要收获：

（1）单个母线上所有出线开关计量有误应首先从检查母线电压着手。

（2）传统熔丝物理特性决定了容易受环境温度变化影响测量精度，建议在二次电压输入侧均采用空气开关保护。

9.4.10 10kV 线路异常分析诊断

涉及专业：运检。

为提高 10kV 线路线损异常分析效率，减轻基层单位工作难度，同期线损管理系统提供了 10kV 线路异常分析诊断功能，为线损管理人员开展线路线损异常定位及原因分析提供辅助支撑。

9.4.10.1 场景描述

同期线损管理系统根据线路的电量与线损率异常情况将 10kV 异常线路分为四种异常，即高损线路、负损线路、零供线路和零售线路。高损线路是指线损率大于 6%的线路；

负损线路是指线损率小于 0 的线路；零供线路是指供电量为 0 的线路；零售线路是指售电量为 0 的线路。

9.4.10.2 问题分析

异常线路诊断原理如下：

1. 高损线路

（1）线路所在母线是否为负损。

判断条件：母线不平衡率小于 –2%即认为线路供电量计算错误。

（2）公用专用变压器总表数值。

判断条件：无总表公用专用变压器（表号为空）；有总表无数值公用专用变压器（电量或表底数据缺失）；零度户（上下表底数值相等）；以上任何一项有问题即为采集失败。

（3）公用专用变压器总表的波动率。

判断条件：波动率 =（本月电量 – 上月电量）/上月电量；波动率小于 –0.2 为异常；

（4）多电源用户诊断。

判断条件：用户计量点个数大于 1。

2. 负损线路

（1）线路所在母线是否为高损。

判断条件：母线不平衡率大于 2 为高损，小于 –2 为负损。

（2）电量构成异常分析。

判断条件：用户电量累加值不大于供电量的用户为电量异常可疑用户。

（3）线损率的变化量与每一个下挂公用专用变压器电量变化量的相关性。

判断条件：根据 6 个月的线损率变化量和电量变化量求相关系数绝对值大于 0.8 即为相关。

（4）公用专用变压器总表的波动率。

判断条件：波动率 =（本月电量 – 上月电量）/上月电量；波动率大于 0.2 为异常。

（5）多电源用户诊断。

判断条件：用户计量点个数大于 1。

3. 零供线路

（1）线路所在母线是否为高损。

判断条件：母线不平衡率大于 2 为高损，小于 –2 为负损。

（2）供电侧表计表底数值。

判断条件：关系缺失（测点编号为空）；计量点抄表例日为空即为异常；

（3）供电侧表计表底数值。

判断条件：上表底为空、下表底为空、下表底小于上表底、有表底无电量；任何一项有问题即为采集失败。

（4）供电侧表计上下表底数值是否一样。

判断条件：上下表底数值相等。

4. 零售线路

（1）线路线变关系是否为空。

判断条件：公用专用变压器个数为 0 即为线变关系为空。

（2）下挂公用专用变压器表计数值。

判断条件：零度户（上下表底、电量都为零）；有表计无数值（表底、电量为空或者下表底小于上表底）；无总表高压用户（表号为空）；无总表台区（表号为空），任何一项有问题即为采集失败。

（3）公用专用变压器表计是否走电。

判断条件：上下表底数值相等。

（4）计算与上传是否同步。

判断条件：线路下用户/台区同期售电量之和不为零并且线路线变关系正常、线路下挂公用专用变压器采集正常、公用专用变压器表计正常，即为异常。

9.4.10.3 解决措施

同期线损管理系统中，同期线损管理模块内的配电线路同期月线损界面可以对异常线路进行异常分析，查看该线路的异常情况，如图 9－38 所示。

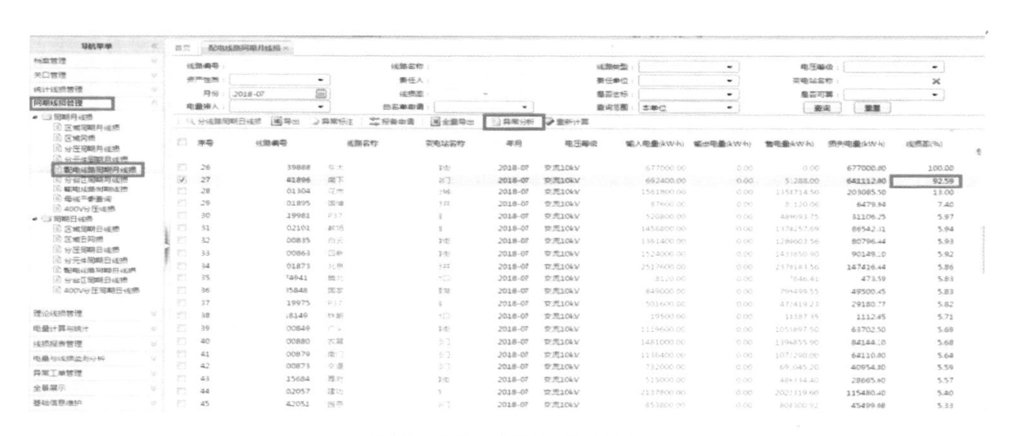

图 9－38 异常诊断入口

选中一条高损或负损、零供、零售线路，点击异常分析按钮即可进入该线路异常分析界面，注意：当选中的线路供售电量都为 0 时，可选择诊断项为零供线路分析或零售电量分析；对于已诊断线路可选择是否再次分析，如图 9－39 所示。

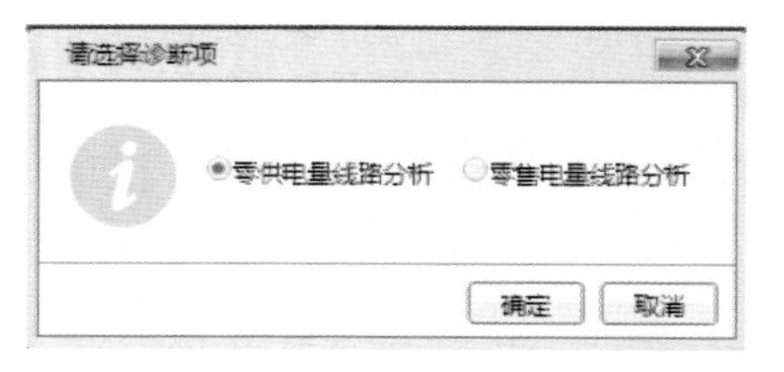

图 9－39 诊断项选择

线路异常分析界面（见图 9－40）主要由三部分组成：

第一部分展示了线路的详情信息，包括线路编号、名称、电量及线损率等信息，并提供异常分析导出和诊断说明功能；

第二部分展示了线路的分析诊断详情，包括原因分析、诊断项、诊断详情及诊断结果；

第三部分展示了各类诊断项的异常详情及明细，便于对异常线路进行治理。

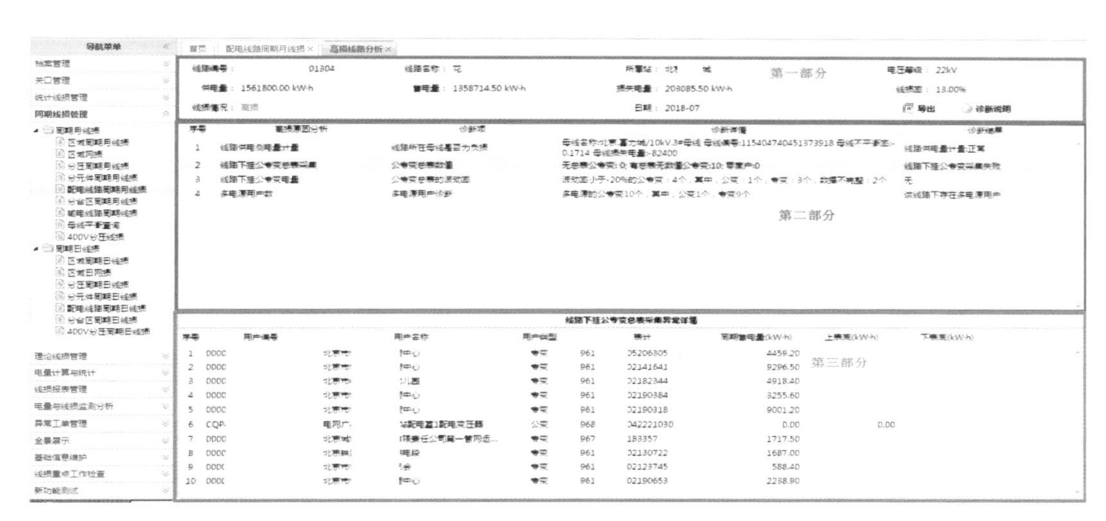

图 9－40　异常分析诊断界面

值得一提的是分析诊断界面的第二部分与第三部分是互相关联的，点击第二部分分析诊断详情中的每行诊断项，可分别对第三部分异常明细进行切换，便于对各诊断项的异常明细进行查看治理。

线路的线损情况及线损趋势查看：为了将线路信息进行整合，方便线损管理人员对线路线损情况及线损趋势、电量明细进行查看，同期线损管理系统提供了线路智能看板功能，在配电线路同期月线损界面点击线路名称即可穿透到该线路的智能看板界面，如图 9－41 所示。

线路智能看板同样由三部分组成：

第一部分展示了线路的详情信息，包括线路编号、名称、长度等信息，并提供统计周期筛选，可查看日、月不同周期的线损率情况；

第二部分展示了线路的线损情况，包括电量情况、运行异常以及采集异常等相关信息，并提供异常个数，便于进行治理；

第三部分展示了线路的线损分析、电量明细及异常明细情况，可对该线路供售电量与线损率趋势和供售电量明细以及售电量异常明细进行查看，便于对线路线损趋势和电量异常进行分析治理，见图 9－42 和图 9－43。

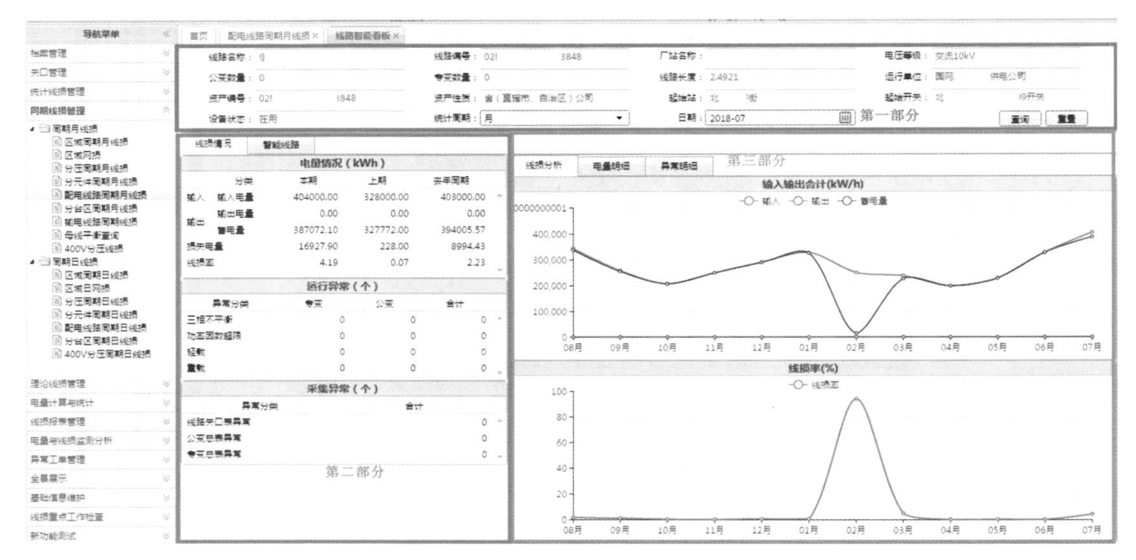

图 9-41　线路智能看板

9.4.10.4　应用成效

面对线路异常分析诊断，通过同期线损管理系统中线路智能看板功能，可以直接对线路线损情况及线损趋势、电量明细进行查看，辅助支撑线损异常定位，提高基层单位线损问题查找工作效率。

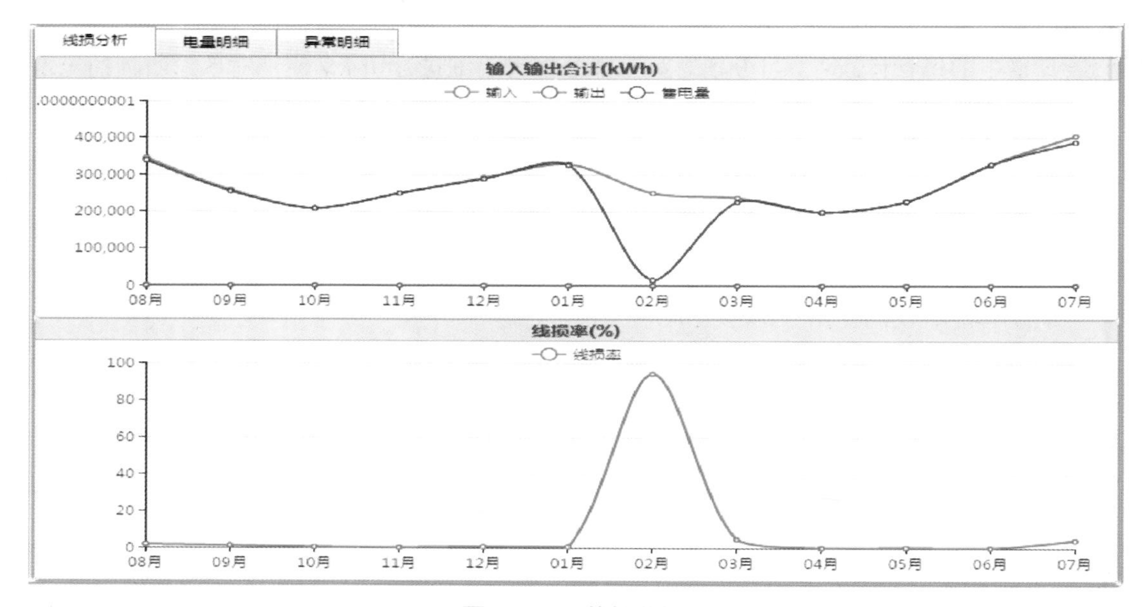

图 9-42　线损分析

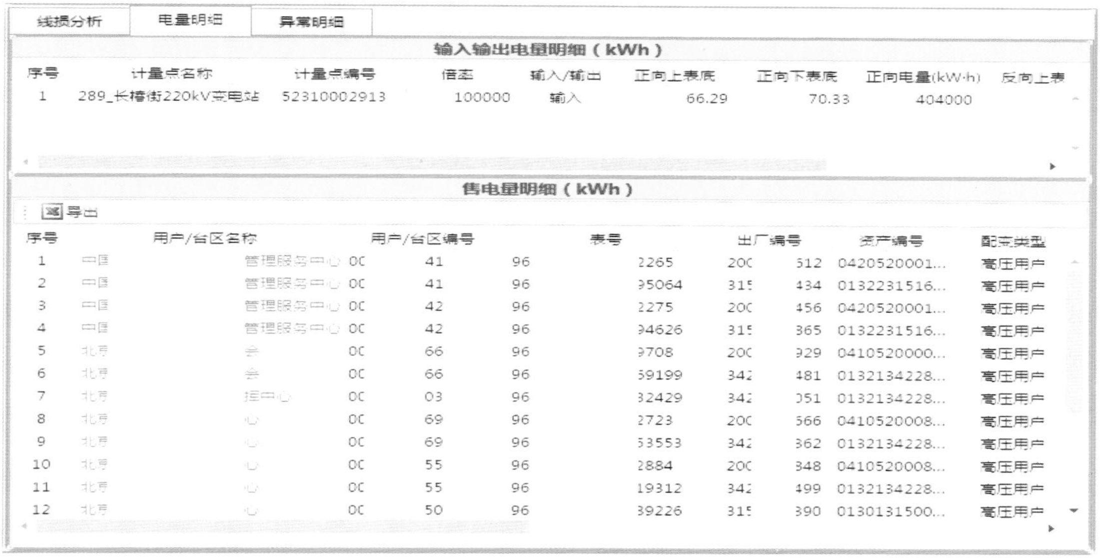

线损分析 | 电量明细 | 异常明细

输入输出电量明细（kWh）

序号	计量点名称	计量点编号	倍率	输入/输出	正向上表底	正向下表底	正向电量(kW·h)	反向上表
1	289_长椿街220kV变电站	52310002913	100000	输入	66.29	70.33	404000	

售电量明细（kWh）

导出

序号	用户/台区名称	用户/台区编号	表号	出厂编号	资产编号	配变类型
1	中国 管理服务中心	00 41 96	2265	200 512	0420520001...	高压用户
2	中国 管理服务中心	00 41 96	95064	315 434	0132231516...	高压用户
3	中国 管理服务中心	00 42 96	2275	200 456	0420520001...	高压用户
4	中国 管理服务中心	00 42 96	94626	315 365	0132231516...	高压用户
5	北京 会	00 66 96	9708	200 929	0410520000...	高压用户
6	北京 会	00 66 96	59199	342 481	0132134228...	高压用户
7	北京 理中心	00 03 96	32429	342 051	0132134228...	高压用户
8	北京 心	00 69 96	2723	200 566	0410520008...	高压用户
9	北京 心	00 69 96	53553	342 362	0132134228...	高压用户
10	北京 心	00 55 96	2884	200 348	0410520008...	高压用户
11	北京 心	00 55 96	19312	342 499	0132134228...	高压用户
12	北京 心	00 50 96	39226	315 390	0130131500...	高压用户

图 9－43　电量明细

9.4.11　10kV 分线线损高、负损常见问题

涉及专业：运检、营销。

9.4.11.1　场景描述

随着日线损达标率权重占比越来越高，提升分线合格率水平的关键是日线损合格率。但日线损受运行方式变化、设备异动、采集成功率等多因素影响，提升困难，为了全面提升线损合格率，某市公司制定下发《10kV 分线线损每日例行工作方案》指导基层运检专业开展日线损管理工作，在方案中对分线线损高、负损常见问题处理方式进行了总结。

9.4.11.2　问题分析

1. 负损常见问题

（1）线变关系错误。

错误原因：GIS 系统中，公用专用变压器的所属线路挂接错误，统计电量时错误地计入该变压器的计量点，导致售电量大于供电量，线损率小于 0。

（2）带母联的双电源高压用户未配置。

错误原因：同期线损管理系统根据 GIS 系统中的变压器追溯用户，带母联的双电源高压用户的所有计量点会被错误地计入其中一条线路上，导致一条线路售电量大于供电量，线路负损；另一条线路售电量缺失，线路高损。

（3）上下表底错误。

错误原因：同期线损管理系统抽取用采系统（电力用户用电信息采集系统）表底数据时间为每日 0 点整，并且只抽取一次数据。如抽数时取数为空或取数出错，将导致同期线损管理系统售电量错误，售电量大于供电量，线损为负。

（4）线路关口表精度问题。

错误原因：按照计量室反馈信息，变电站母平误差±2%为合格，且关口表计量倍率多为12 000，计量精度取小数点后两位，即最小计量单位为120kWh，关口表计量精度大于用户计量点精度，导致售电量略高于供电量，线路负损，即当前计量要求不满足日线损计算需求。

2. 高损常见问题

（1）线变关系错误。

错误原因：GIS系统中，公用专用变压器的所属线路挂接错误，统计电量时未计入该变压器的计量点，导致损失电量增加，线损率大于10%。

（2）带母联的双电源高压用户未配置。

错误原因：同期线损管理系统根据GIS系统中的变压器追溯用户，带母联的双电源高压用户的所有计量点会被错误地计入其中一条线路上，导致一条线路售电量大于供电量，线路负损；另一条线路售电量缺失，线路高损。

（3）上下表底错误。

错误原因：同期线损管理系统抽取用采系统（电力用户用电信息采集系统）表底数据时间为每日0点整，并且只抽取一次数据。如抽数时取数为空或取数出错，将导致同期线损管理系统售电量错误，损失电量增加，线损率大于10%。

（4）线路故障停电。

错误原因：10kV线路跳闸以后，系统0点抽数时，由于电表离线导致取数无表底，售电量缺失，线路高损。

（5）设备原因。

错误原因：一部分10kV配电线路供电半径过大、线径细、配电变压器为高损变压器、负载率高，自身理论线损偏高，导致实际线损超标。

（6）窃电。

错误原因：由于用户窃电，导致计量装置应计电量减少，损失电量增加，线损率大于10%。

9.4.11.3 解决措施

1. 负损常见情况

（1）线变关系错误。

整改方法：① 需核对公用专用变压器挂接线路是否正确，挂接错误的用户在GIS系统中做修改；② 需核对双电源高压用户的主备供是否与现场、营销186档案一致，不一致的在GIS系统中对开关状态做修改。

操作方法：“同期线损管理→同期日线损→配电线路同期日线损”模块，点击线路售电量对应的数值，穿透查看线路下公用专用变压器电量明细，辅助核查线变关系是否正确，见图9－44和图9－45。

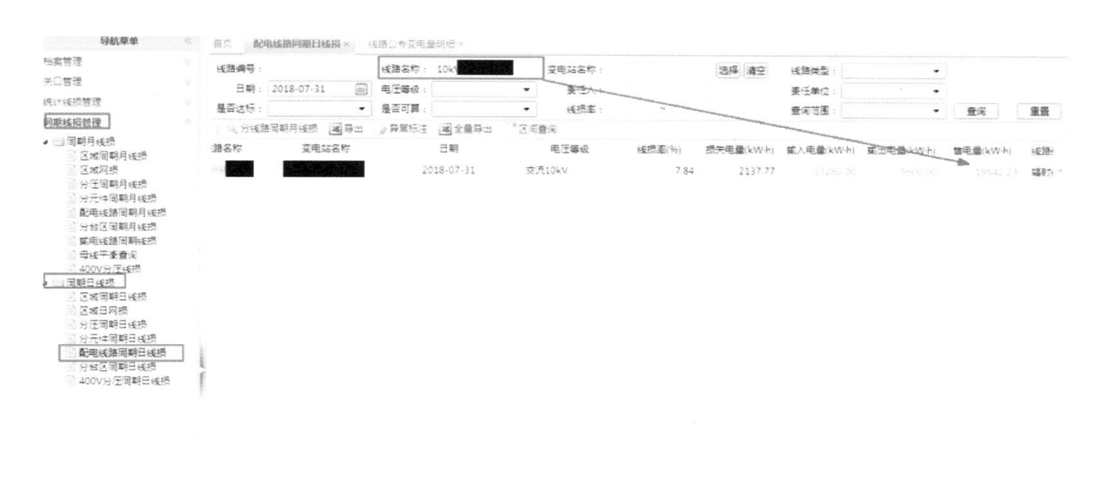

图 9－44　线路同期日线损查询

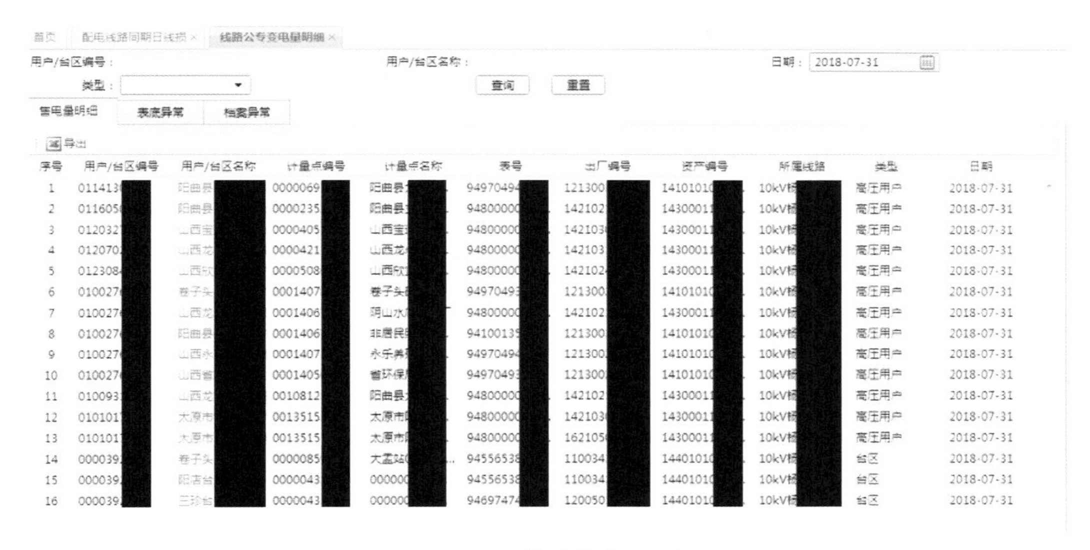

图 9－45　线路售电量明细

（2）带母联的双电源高压用户未配置。

整改方法：如核对线路线变关系正确，计量点信息无误，但线路仍然出现负损，需核查线路中是否存在带母联的双电源高压用户。如发现此类用户所有计量点电量全部计算到一条线路下，在线路输入模块配置计量点。

计量点配置方法：关口管理－元件关口模型管理，找到需要配置的线路，点击“分布式电源配置”，类型选择“高压用户”，输入计量点后查询、选择。计量点选择“正向，加”，点击保存，见图 9－46 和图 9－47。

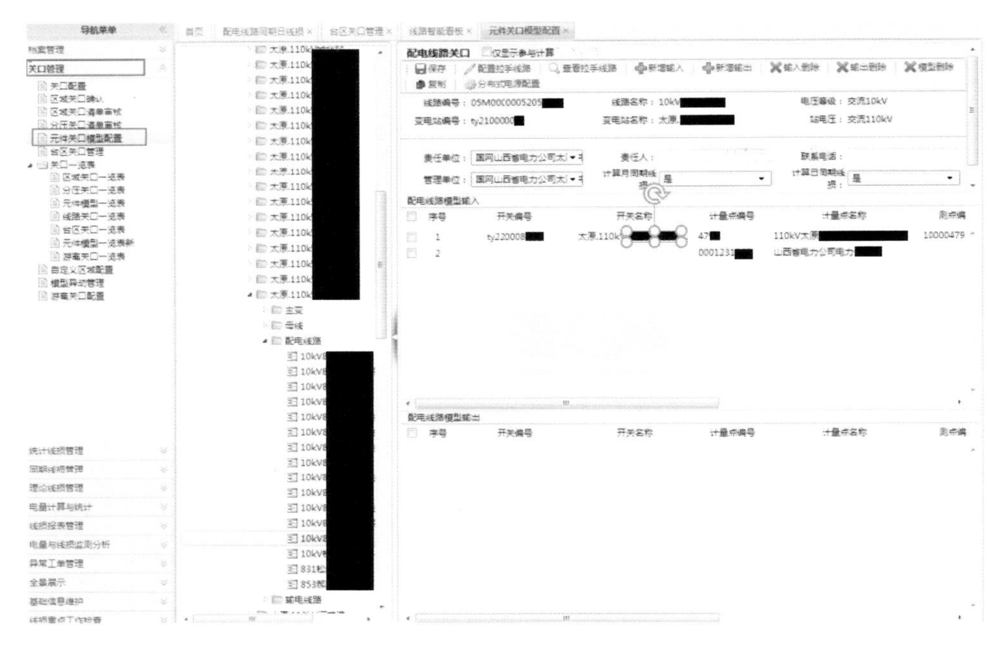

图 9-46　元件关口模型配置

（3）上下表底错误。

整改方法：查看线路连续几日线损波动情况，比对线路合格与不合格时各计量点电量浮动，查看上下表底是否无字或者突增突减，通过用采系统查看用户连续几日表底是否正常。

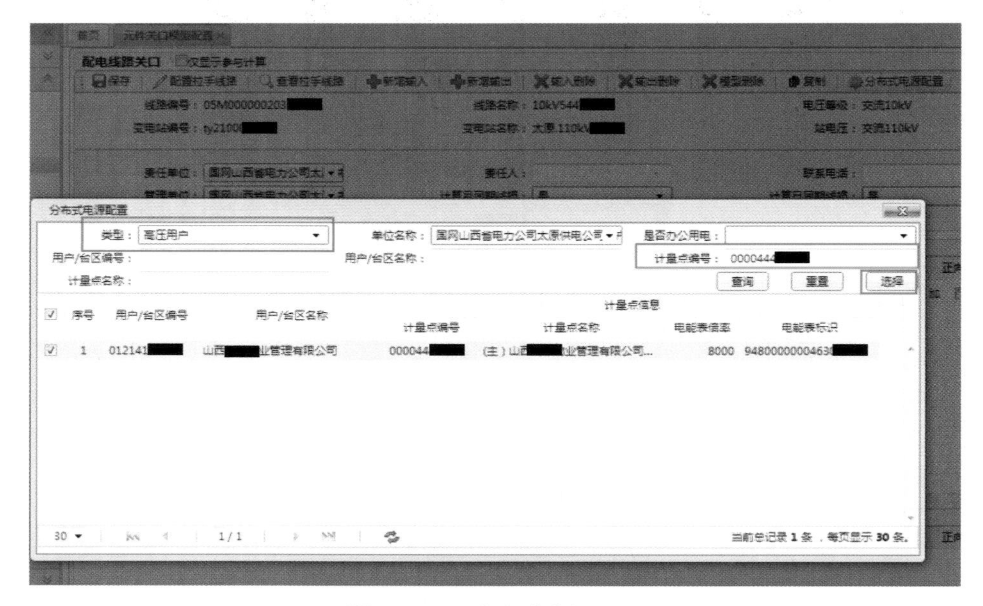

图 9-47　分布式电源配置

1）表底为空的，反馈相应的计量人员解决信号弱、更换电表等问题。

2）表底错误的，发现某些厂家部分电能表在抽数时错误抽取前一天 0 点数据的情况，反馈相应的计量人员，由计量人员联系厂家和公司计量室共同解决。

3）对于没有办理停电手续、私自停运专用变压器的用户，由营销相关人员督促办理相关手续，并将办理结果告知计量人员。

系统操作方法："同期线损管理→同期日线损→配电线路同期日线损"模块，点击线路名称，跳转至线路智能看板，通过智能看板可以直观查看线路供电关口采集情况、线路线损情况，见图 9－48 和图 9－49。

图 9－48　线路同期日线损查询

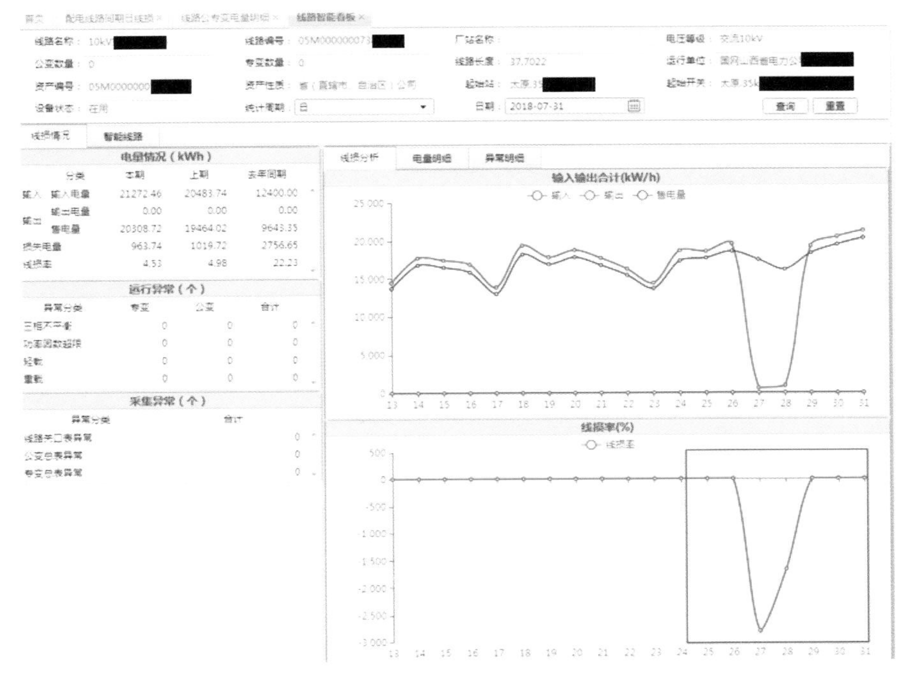

图 9－49　线路智能看板

（4）线路关口表精度问题。

整改方法：经核查，无此前四类问题，且损失电量在（－2×输入电量）范围内，确定为关口表计量精度问题，报计量室解决。

2. 高损常见问题

（1）线变关系错误。

整改方法：① 需核对公用专用变压器挂接线路是否正确，挂接错误的用户在 GIS 系统中做修改。② 需核对双电源高压用户的主备供是否与现场、营销 186 档案一致，若不一致在 GIS 系统中对开关状态做修改。

（2）带母联的双电源高压用户未配置。

整改方法：如核对线路线变关系正确，计量点信息无误，但线路仍然出现负损，需核查线路中是否存在带母联的双电源高压用户。如发现此类用户电量全部计算到一个计量点下，在线路输入模块配置计量点。

计量点配置方法：关口管理－元件关口模型管理，找到需要配置的线路，点击“分布式电源配置”，类型选择“高压用户”，输入计量点后查询、选择。计量点选择“正向，减”，点击保存。

（3）上下表底错误。

整改方法：查看线路连续几日线损波动情况，比对线路合格与不合格时各计量点电量浮动，查看上下表底是否无字或者突增，通过用采系统查看用户连续几日表底是否正常。

1）表底为空的，反馈相应的计量人员解决信号弱、更换电表等问题。

2）表底错误的，目前发现某些厂家部分电能表在抽数时错误抽取前一天 0 点数据的情况，反馈相应的计量人员，由计量人员联系厂家和公司计量室共同解决。

3）对于没有办理停电手续、私自停运专用变压器的用户，由营销相关人员督促办理相关手续，并将办理结果告知计量人员。

（4）线路故障停电。

整改方法：减少线路跳闸次数，尽快缩短送电时间。按照用采系统和同期线损管理系统设置要求，如在次日 8 点前恢复供电，可实现尽可能减少统计的售电量缺失。

（5）设备原因。

整改方法：梳理此类线路基本信息，因地制宜提出改造方案、分线工程，以技术降损为主要手段治理不达标问题。

（6）窃电。

整改方法：以上几种错误均排除后，考虑用户窃电原因。查看线路连续几日线损波动情况，比对线路负荷不同水平时各计量点电量浮动，并针对高可疑用户开展计量装置检查等工作。

9.4.11.4 应用成效

通过同期线损日监测模块，对配电设备线变关系、带母联的双电源高压用户、上下表底、线路故障信息、设备状态、窃电等问题进行综合分析治理，提高工作成效。

9.4.12 同期线损管理系统在用户超容分析与治理工作中的应用

涉及专业：运检、营销。

9.4.12.1 场景描述

10kV 配电线路损耗是电能在配电线路传输过程中产生的，它随着供电负荷大小变化而变化，当线路上供电负荷增加时，10kV 线路损耗也随之增加。随着同期线损管理系统建设的逐步深入，某市公司对 10kV 中压线损分析不再仅仅是对线面关系的核对与整改，同时对线路的三相平衡、配电变压器负荷率以及无功功率消耗等影响线损的因素进行深入分析并加以整改，确保 10kV 线路处于最经济运行状态。

该市公司在 3 月开展 10kV 同期线损分析工作中发现，10kV 283 霏霖线线损率异常，达到了 22.61%，见图 9－50。

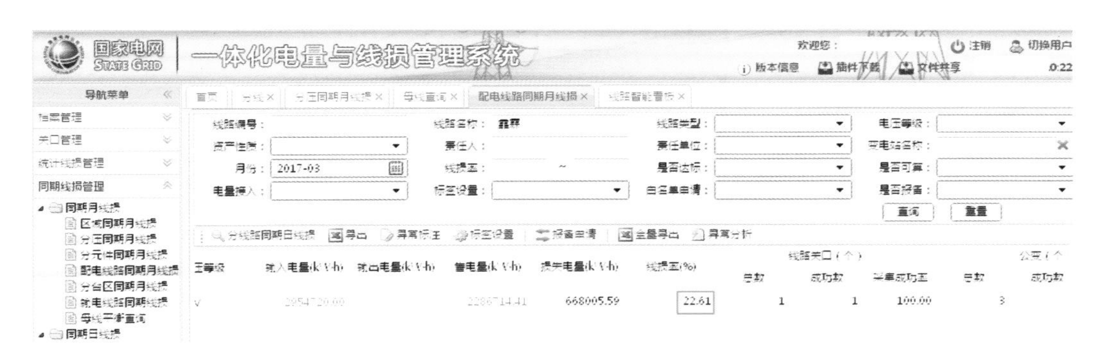

图 9－50 配电线路同期月线损

经过现场排查，该市公司发现了线变关系挂接异常，用户表计底码不完整以及计量互感器变比不正确等问题，但是解决这些问题以后，经线下计算，线损率达到 5.89%，仍远高于理论计算值。该线路 2016 年 8 月 5 日代表日理论计算线损率为 1.0%，详见图 9－51。

代表日20kV及以下电压层线路及变压器损失统计表

编制单位：仪征公司

代表日：2016年8月5日

序号	电压等级（kV）	变电站名称	变压器编号	线路名称	城区/郊区	输送电量（MWh）	线路损耗	铜损（MWh）	铁损（MWh）	总损（MWh）	总线损率（%）	占总线损比例（%）
138	10kv	浦西变		283霏霖线	城区	28.064	0.038887	0.192676	0.04962	0.3	1.00	0.653595

图 9－51 损失统计表示意

9.4.12.2 问题分析

该市公司将检查重点放在线路下专用变压器用户，对用户是否存在违约窃电等违规用电行为，保证用户用电过程中不发生管理因素造成的电能损失，查找线损率异常的原因，见图 9－52 和图 9－53。

一体化电量与线损管理系统

首页 | 分线 | 配电线路同期月线损 | 线路智能看板 | 线路售电量明细

用户/台区编号：　　用户/台区名称：　　月份：2017-05

类型：　　查询　重置

售电量明细 | 表底异常 | 档案异常

导出

序号	用户/台区编号	用户/台区名称	计量点编号	计量点名称	表号	出厂编号	资产编号	所属线路	类型	日期	倍率	发行电量	同期售电量(kW·h)	上表底(kW·h)	下表底(kW·
1	9600079715	仪征市万年红化纤有限公司	1	计量点 1	13820000002...	1537471060	1537471060	283霏霖线	高压用户	2017-05	120.0		223978.80	30552.43	324
2	9600082987	仪征天恒无纺制品有限公司	1	计量点 1	13820000002...	1537469588	1537469588	283霏霖线	高压用户	2017-05	120.0		63663.60	9261.86	97
3	9600075883	仪征市万弘化纤有限公司	1	计量点 1	13300013897...	1501791755	1501791755	283霏霖线	高压用户	2017-05	100.0		125319.00	30782.90	320
4	9600081707	扬州市纬达化纤厂	1	计量点 1	13820000002...	1537549008	1537549008	283霏霖线	高压用户	2017-05	80.0		69473.60	9930.81	107
5	9600076644	江苏慧通成套管道设备有限公司	1	计量点 1	13300006048...	1500785769	1500785769	283霏霖线	高压用户	2017-05	60.0		19308.00	9600.07	99
6	9100821110	江苏菲霖纤维科技有限公司	1	计量点 1	13820000002...	1531873122	1531873122	283霏霖线	高压用户	2017-05	4000.0		1107760.00	5792.82	60
7	9100849688	扬州锦辉化纤有限公司	1	计量点 1	13820000002...	1531892111	1531892111	283霏霖线	高压用户	2017-05	160.0		379576.00	40653.28	430
8	9100982307	仪征经纺伟业无纺有限公司	1	计量点 1	13300004362...	1500782504	1500782504	283霏霖线	高压用户	2017-05	160.0		185782.40	39481.06	406
9	9100996980	仪征市长城土工复合材料有限公司	1	计量点 1	13820000002...	1537559610	1537559610	283霏霖线	高压用户	2017-05	80.0		53134.40	5205.61	58
10	9101090408	仪征市杰达商贸有限公司	1	计量点 1	13300006048...	1500786153	1500786153	283霏霖线	高压用户	2017-05	160.0		77785.60	18336.96	188
11	30901022867...	PMS_[illegible]	1	计量点 1	13300000000...	1100597708	1100597708	283霏霖线	台区	2017-05	160.0		68451.20	14757.40	151
12	9101187259	仪征众和无纺布有限公司	1	计量点 1	13820000002...	1537469822	1537469822	283霏霖线	高压用户	2017-05	160.0		193606.40	22564.44	237
13	9101207418	仪征化联工业设备安装有限公司	1	计量点 1	13820000002...	1537548968	1537548968	283霏霖线	高压用户	2017-05	80.0		99570.40	15054.66	162
14	9101287253	仪征市利达化纤有限公司	1	计量点 1	13820000002...	1537469879	1537469879	283霏霖线	高压用户	2017-05	160.0		73369.60	23676.24	241
15	30901023126...	PMS_[illegible]	1	计量点 1	13300000000...	1100597742	1100597742	283霏霖线	台区	2017-05	120.0		16276.80	11230.09	113
16	9103574264	扬州史丹威贸易有限公司	1	计量点 1	13820000002...	1531892413	1531892413	283霏霖线	高压用户	2017-05	80.0		1317.60	746.06	7
17	30901024093...	PMS_[illegible]	1	计量点 1	13200004516...	1100597470	1100597470	283霏霖线	台区	2017-05	60.0		867.60	122.44	1
18	9103936824	仪征恒瑞化纤有限公司	1	计量点 1	13820000002...	1531910446	1531910446	283霏霖线	高压用户	2017-05	160.0		274171.20	4349.90	60
19	9103936824	仪征恒瑞化纤有限公司	2	计量点 2	13270001569...	1500044772	1500044772	283霏霖线	高压用户	2017-05	1.0		1498.10	5621.59	71

图 9－52　台区线损异常图

用户/台区编号	用户/台区名称	所属线路	类型	日期	合同容量（KVA）	倍率	同期售电量(kW h)	满载负荷电量(kW•h)
9600079715	仪征市万年红化纤有限	283霏霖线	高压用户	2017-05	400	120	223978.8	297600
9600082987	仪征天恒无纺制品有限	283霏霖线	高压用户	2017-05	400	120	63663.6	297600
9600075883	仪征市万弘化纤有限公	283霏霖线	高压用户	2017-05	315	100	125319	234360
9600081707	扬州市纬达化纤厂	283霏霖线	高压用户	2017-05	250	80	69473.6	186000
9600076644	江苏慧通成套管道设备	283霏霖线	高压用户	2017-05	200	60	19308	148800
9100821110	江苏菲霖纤维科技有限	283霏霖线	高压用户	2017-05	3300	4000	1107760	2455200
9100849688	扬州锦辉化纤有限公司	283霏霖线	高压用户	2017-05	500	160	379576	372000
9100982307	仪征经纺伟业无纺有限	283霏霖线	高压用户	2017-05	500	160	185782.4	372000
9100996980	仪征市长城土工复合材	283霏霖线	高压用户	2017-05	250	80	53134.4	186000
9101090408	仪征市杰达商贸有限公	283霏霖线	高压用户	2017-05	500	160	77785.6	372000
9101187259	仪征众和无纺布有限公	283霏霖线	高压用户	2017-05	500	160	193606.4	372000
9101207418	仪征化联工业设备安装	283霏霖线	高压用户	2017-05	250	80	99570.4	186000
9101287253	仪征市利达化纤有限公	283霏霖线	高压用户	2017-05	500	160	73369.6	372000
9103574264	扬州史丹威贸易有限公	283霏霖线	高压用户	2017-05	250	80	1317.6	186000
9103936824	仪征恒瑞化纤有限公司	283霏霖线	高压用户	2017-05	500	160	274171.2	372000
9103936824	仪征恒瑞化纤有限公司	283霏霖线	高压用户	2017-05	500	1	1498.1	372000

图 9－53　线路售电量明细

检查人员在核查公司（总户号 9100849688）用户信息时，发现该用户电量与合同容量不相符，用户合同容量为 500kVA，最大用电量不应超过 372 000kWh，而该用户 5 月用电量已经达到 379 576kWh，实际用电负荷已经远超出合同容量，通过用电信息采集系统查询到该用户负荷电流已超过额定电流，图 9－54 所示是用户异常的负荷电流曲线图。

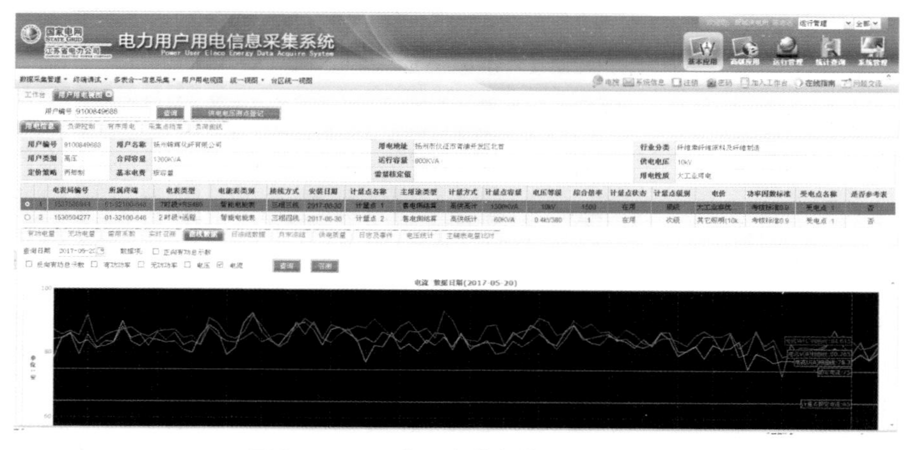

图 9－54　用户异常的负荷电流曲线图

9.4.12.3 解决措施

当电力用户计量电流互感器运行在额定电流及以下时，其运行误差基本不会出现超差，但当运行电流升高至额定电流的 120%以上，不仅会导致电流互感器精度降低，严重时还会引起互感器烧毁。由于电流互感器变比选择是在电力用户新装时，根据用户变压器容量设计配置，当电力用户长时间超容量运行，不仅影响计量准确性，造成电能损失增加，同时也给设备安全运行带来危害。针对该公司超容问题，用电检查人员根据供电营业规则，进行了违约用电处理，下达了整改通知书，责令用户立即进行整改。随后该用户到营业厅办理了增容手续，目前用户增容流程已完成，用户用电已正常。

图 9－55 所示是用户恢复正常后的负荷电流曲线图。

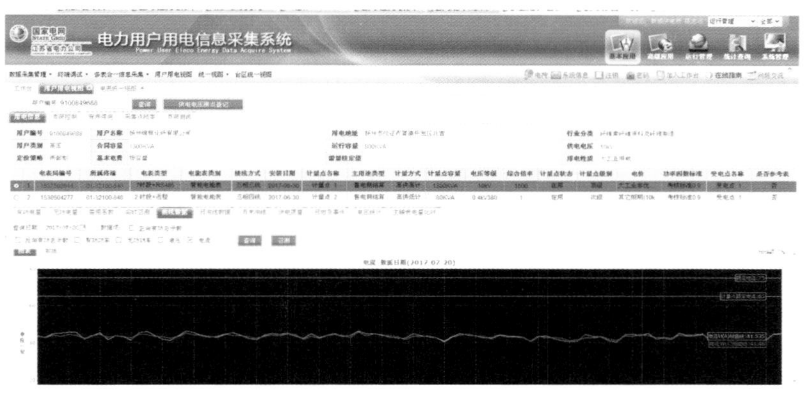

图 9－55 负荷电流曲线图

9.4.12.4 应用成效

通过对该公司增容处理，配置适当的计量装置，283 霏霖线线路线损率下降到 1.14%。从图 9－56 可以看出，随着用户超容问题的处理，该线路线损率不断在优化。

随着电力需求的增加，部分电力客户在经济利益的驱使下，未办理增容手续而擅自增加用电设备，导致设备超容运行，不仅危害供用电安全，扰乱正常的用电秩序，而且增加了电力线路损耗，给供电企业造成了经济损失。283 霏霖线线损分析和处理，充分暴露出管理上的一些漏洞，给今后线损管理工作提供几点经验：

（1）加强对电力客户用电管理，定期开展用户用电负荷检查，对确认用户超容用电应下达书面整改通知书，并按照相关法规对其进行违约处理。同时帮助用户开展用电负荷分析，通过调整负荷、增加无功补偿或办理增容等方式进行整改，对违约处理后办理增容的超容户，为其开放“绿色通道”，尽快完成改造，确保用户规范用电。

（2）当 10kV 线路线变关系与现场一致而分线线损率仍超出合理范围时，应从线路运行方式、三相负荷平衡、配变负荷率、无功功率消耗、计量装置完整性和正确性以及用户用电行为规范性等多方面进行深入分析，找出问题症结，制定出切实可行的降损措施，达到 10kV 线路管理线损最小技术线损最优的目标。

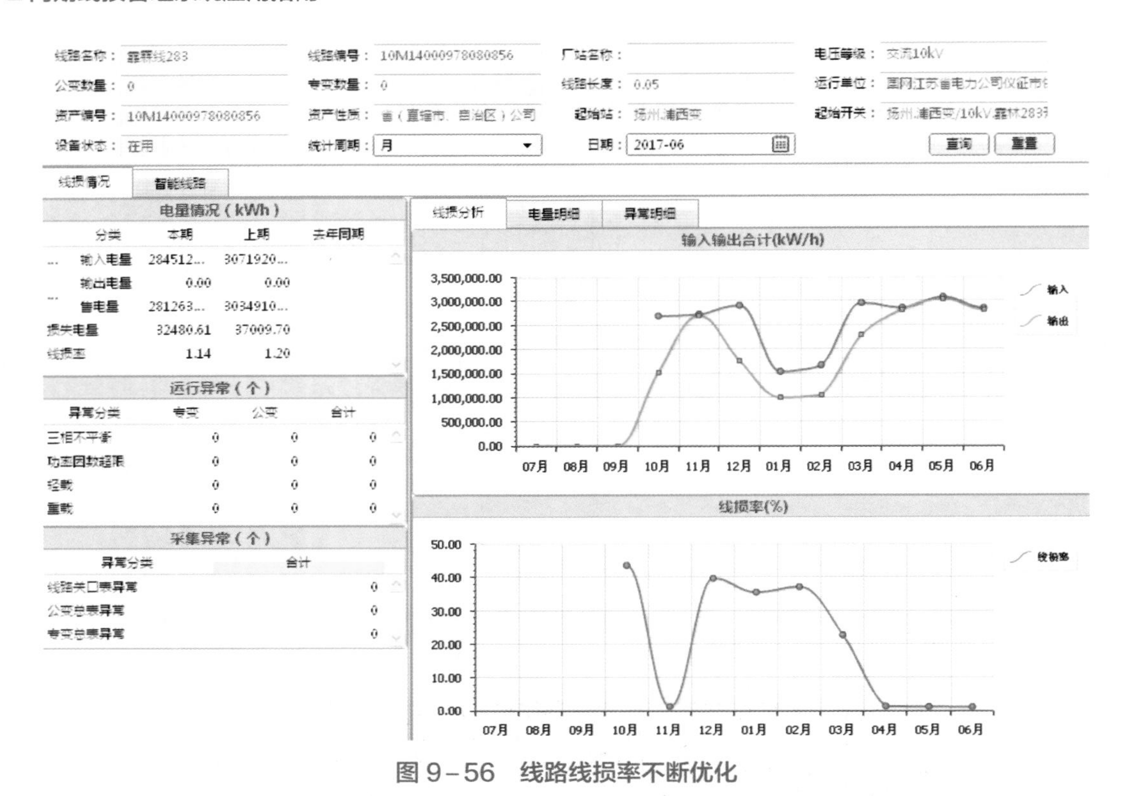

图 9-56　线路线损率不断优化

9.4.13　10kV 配电线路全方位分析治理方法

涉及专业：运检。

9.4.13.1　场景描述

影响 10kV 分线同期线损率的因素较多，对于线损率异常的 10kV 配电线路，在未定位到问题点时，应从线路关口输入（变电站关口电量、分布式电源等）、输出（办公用电等）模型的配置、线路关口电量的准确性、线路线变关系及运行方式、PMS、SG186 档案以及线路下挂接的台区、高压用户电量的准确性等几方面逐一排查。

9.4.13.2　问题分析

目前，同期线损管理系统的建设趋于成熟，系统已从建设阶段向应用阶段逐渐过渡。线损率异常问题的诊断分析也从“浅水区”向“深水区”迈进。在此过程中，往往存在的问题不易排查，需要线损管理人员从头到尾，逐一梳理。

9.4.13.3　解决措施

1. 解决思路

对于无法快速、清晰定位到问题点的线路，应从线路关口输入、输出模型的配置、线路关口电量的准确性、线路线变关系及运行方式、PMS、SG186 档案以及线路接带的台区、高压用户电量的准确性等几方面逐一排查。

2. 解决步骤

（1）模型配置，输入、输出电量排查。

同期线损管理系统中 10kV 分线的线损计算模型需要人工进行配置和确认，因此可能在此环节引入错误。目前 10kV 分线模型涉及供电关口输入和输出电量的配置，包括变电站 10kV 线路关口电量和分布式电源电量的配置。供电关口来自于电能量采集系统，需在同期线损管理系统中确认关口关联的开关、计量点信息是否正确。分布式电源用户来源于用采系统，需在 SG186 系统正确建档，在同期线损管理系统中进行配置。如发现未配置或配置关系错误的线路，需在同期线损管理系统中进行修改和调整。元件模型配置见图 9－57，分布式电源配置见图 9－58。

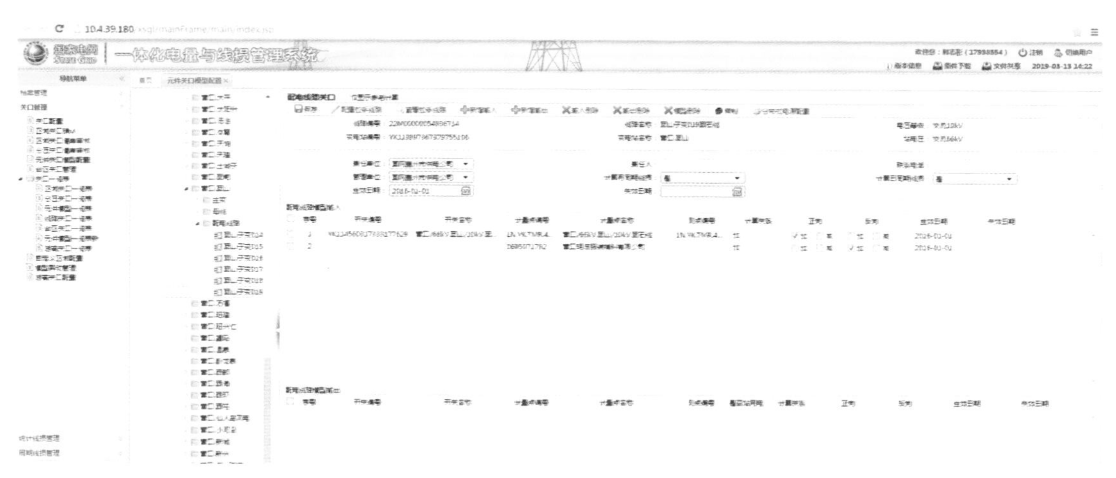

图 9－57　元件模型配置图

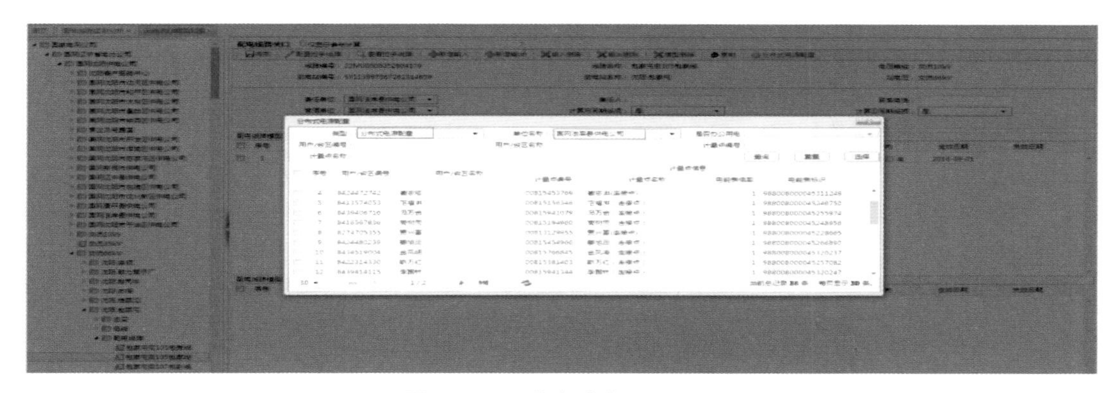

图 9－58　分布式电源配置图

线路输入、输出模型确认无误后应对输入、输出模型中的电量进行核对确认，重点是关口表倍率、接线方式，分布式电源计量点配置是否准确，见图 9－59。

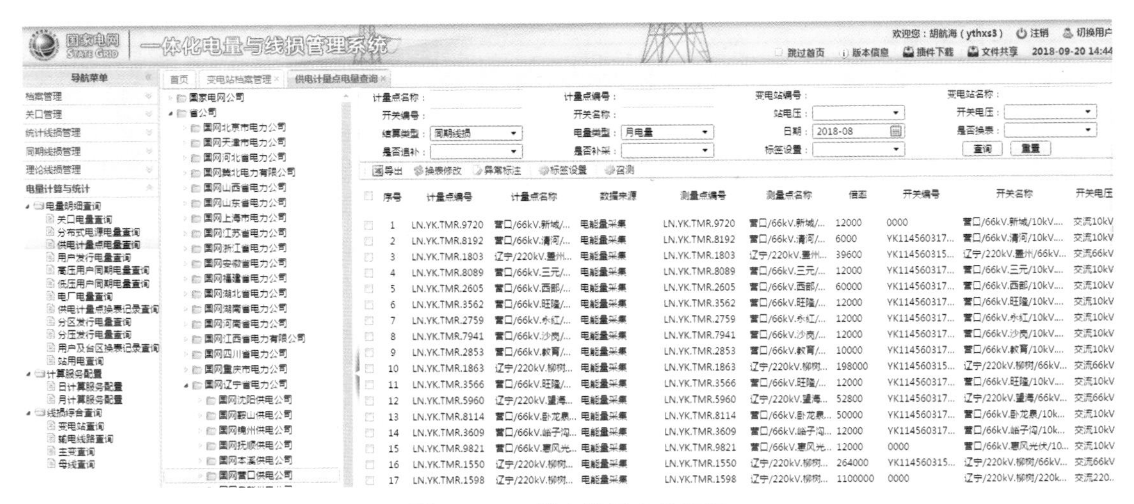

图 9－59　供电计量点信息图

（2）确认 GIS 系统线变关系准确性。

本步骤主要是按照系统单线图核查 GIS 系统该线路的线变关系是否正确，也就是与现场核查结果是否一致，特别注意确认专用变压器、临时变压器、路灯变压器等信息的准确性。GIS 系统与现场一致后，方可进行后续分析步骤，否则，应协调相关人员先完成 GIS 系统修改工作。

（3）检查同期线损管理系统与 GIS 系统线变关系一致性。

本步骤的目的是核查该线路在同期线损管理系统中的线变关系档案是否与 GIS 系统中的保持一致。同期线损管理系统中 10kV 线路的线变关系来源于 GIS 系统，两个系统之间的线变关系一致是保证线损率计算正确的前提条件。由于 GIS 画图、档案信息、生成大馈线、营配贯通、数据同步、SG186 系统变压器状态、是否安装表计等环节引入的错误，都可能导致不一致。发现此现象后，需要协调 GIS 维护人员、GIS 项目组、线损项目组、SG186 系统的相关人员来排查并解决问题。

（4）线路侧售电量核查。

同期线损管理系统在进行线路月线损统计时，可能由于多种原因导致该线路上的部分计量点未参与到日、月度售电量统计中，从而造成线路高损。一是需将同期线损管理系统售电量清单与线路的档案进行比对，标识出未参与售电量计算的计量点并在 PMS、SG186 系统核查档案；二是核实线路运行方式，在本月是否存在拉手供电、倒负荷等情况；三是核实是否存在协议电价等用户的实际电量未纳入统计的情况。

电量准确性还涉及表计倍率差错、换表、换 TA、表计故障、互感器故障、采集装置故障、接线错误、断相失电压、窃电、绕过表计用电等，也需对以上几点进行排查。台区关口一览见图 9－60。

图 9-60　台区关口一览表

9.4.13.4　应用成效

配电线路线损异常原因涉及关口模型配置、线变关系、基础档案维护和现场设备运行的实际情况，通过系统性的分析，对于准确发现问题、及时解决给予一定帮助。

9.5　台区异常线损诊断

9.5.1　同期线损治理典型经验窃电治理案例

涉及专业：营销。

9.5.1.1　场景描述

某供电公司于 2018 年 3 月对低压台区同期日线损数据进行分析，发现 PMS_恒大名都 4 号变电站 13 号干式变压器（台区编号 90100796267）台区同期日线损发生异常波动，超出 7%的合理区间，见图 9-61。

根据同期线损管理系统日数据分析，该台区线损处于不合格状态，线损率在 7%～11%波动。

9.5.1.2　问题分析

经查，3 月 10 日该台区供电量 1536kWh，售电量 1402kWh，损失电量 134kWh，见图 9-62。

针对同期线损异常，通过用电信息采集系统，进行分析：

比对 2018 年 3 月 10 日同期、用采两侧台区供售电量，见图 9-63。

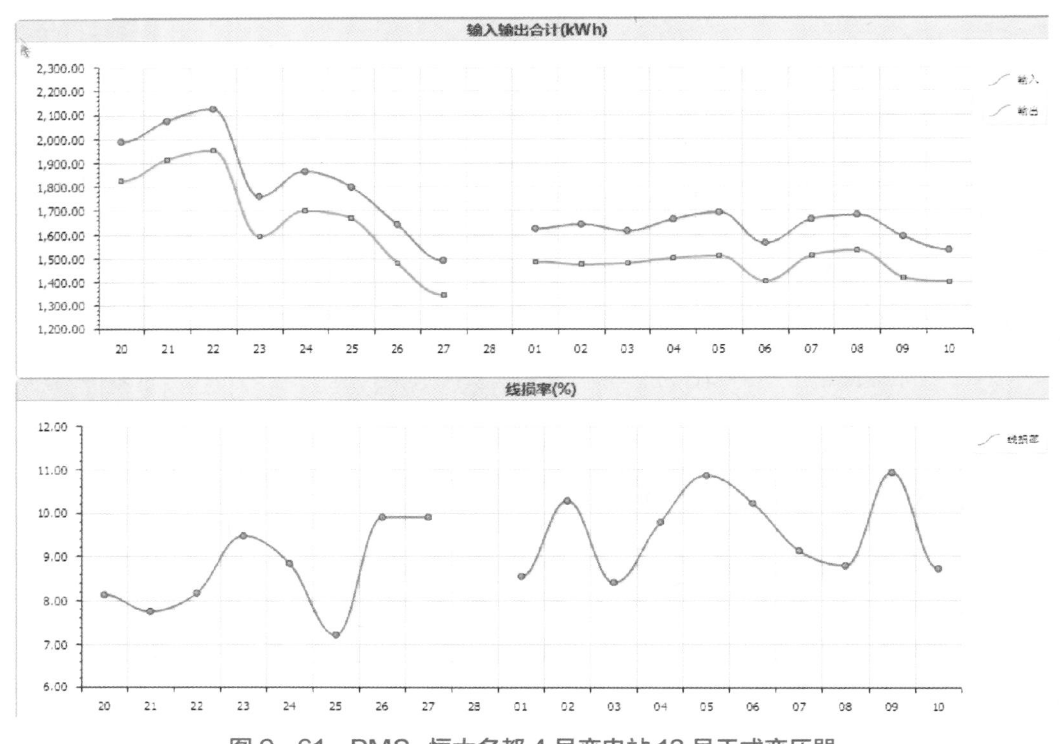

图 9-61　PMS_恒大名都 4 号变电站 13 号干式变压器 2018 年 3 月供售电量及线损率曲线（同期线损管理系统）

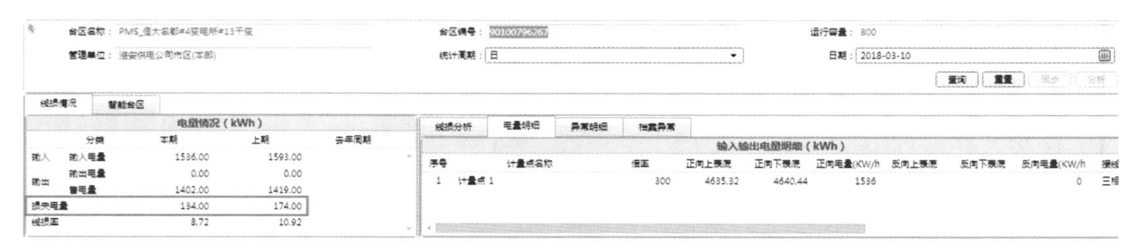

台区名称：PMS_恒大名都#4变电所#13干变　台区编号：90100796267　运行容量：800

管理单位：淮安供电公司市区(本部)　统计周期：日　日期：2018-03-10

查询　重置　同步　分析

线损情况　智能台区

电量情况（kWh）

	分类	本期	上期	去年同期
输入	输入电量	1536.00	1593.00	
输出	输出电量	0.00	0.00	
	售电量	1402.00	1419.00	
损失电量		134.00	174.00	
线损率		8.72	10.92	

线损分析　电量明细　异常明细　档案异常

输入输出电量明细（kWh）

序号	计量点名称	倍率	正向上表底	正向下表底	正向电量(KW/h	反向上表底	反向下表底	反向电量(KW/h	接线
1	计量点 1	300	4635.32	4640.44	1536			0	三相

图 9-62　PMS_恒大名都 4 号变电站 13 号干式变压器 2018 年 3 月 10 日供售电量（同期线损管理系统）

查询结果

	供电单位	变电站名称	线路名称	台区编号	台区名称	考核	线损率(%)	供电量(kwh)	售电量(kwh)	损失电量(kwh)	变比偏差率	配置系数	用户表参与率(%)
1	淮安供电公司市区	PMS_城南变	PMS_10kV搞园997...	90100796267	PMS_恒大名都#4变电所...	是	8.11	1536.00	1411.40	124.60	0.81	0.4	100.00

台区线损分析 - 线损明细列表 - Windows Internet Explorer

台区信息

台区编号 90100796267　台区名称 PMS_恒大名都#4变　数据日期 2018-03-10

用电量　抄表段　采集终端　载波搜索

查询结果　供电量：1536.00 售电量：1411.40 定量电量：

	电表局编号	用户编号	用户名称	用电地址	供用电标识	电量(kWh)	昨日示数	当日示数	综合倍率
1	0900564202	2102098805	恒大名都13#...	恒大名都13#变,10KV99...	供电	1536.0	4635.32	4640.44	300
2	0900198747	2102095498	淮安恒大名都	恒大名都7幢2单元1206	用电	0.0	3212.17	3212.17	1

图 9-63　同期、用采两侧台区供售电量

经查询，该台区 3 月 10 日台区用采供售电量与同期系统一致，排除同期线损因户变、

拓扑、表底示数等档案问题导致的线损异常。

该台区共计挂接客户 137 户，3 户非居民、134 户居民客户。通过用采或同期导出 3 月 10 日供售电量明细，见图 9－64。

电表局编号	用户编号	用户名称	用电地址	用电	电量（kwh）	昨日示数	当日示数	用户类别
0900564202	2102098805	恒大名都13#变(关口表)	恒大名都13#变,10KV997浦园线	供电	1536	4635.32	4640.44	考核
0900478453	2102097537	金碧物业有限公司淮安分公司	恒大名都7栋2单元	用电	115.4	8675.24	8681.01	低压非居民
0900478776	2102097536	金碧物业有限公司淮安分公司	恒大名都7栋1单元	用电	98	6596.28	6601.18	低压非居民
1530542316	2102449274	淮安恒大富丰房地产开发有限公司	淮安恒大名都人防单元配电间9	用电	90.9	7700.08	7706.14	低压非居民
1512680055	2102095540	淮安恒大名都	恒大名都7幢1单元603	用电	61.47	20680.02	20741.49	低压居民
1512676907	2102095545	淮安恒大名都	恒大名都7幢1单元802	用电	49.89	12313.67	12363.56	低压居民
0900199655	2102095560	淮安恒大名都	恒大名都7幢1单元1801	用电	41.94	24419.77	24461.71	低压居民
0900316775	2102095516	淮安恒大名都	恒大名都7幢2单元504	用电	34.68	2928.16	2962.84	低压居民
0900198745	2102095495	董方旭	恒大名都7幢2单元1106	用电	34.52	2529.2	2563.72	低压居民
1512689166	2102095517	淮安恒大名都	恒大名都7幢2单元505	用电	33.59	10452.22	10485.81	低压居民

图 9－64　供售明细表

该台区为小区变压器，通过用电地址核实户变关系无异常，表计采集均正常。因日损失电量达 100kWh 左右，优先对三户非居民客户进行电压、电量及相角召测，召测电压、电流均无异常，见图 9－65。

	电表局编号	用户编号	用户名称	用户类别	用电地址	终端资产号
1	1527269776	2100179236	淮安市高教园区投资实业有限公...	四类用户	明光路安置小区8、11#楼103商...	05-0900-0989
2	1527062514	2100541066	苏尚财	四类用户	淮安万达广场步行街南75号	05-3701-5303
3	0601035895	2101420272	李云	四类用户	白鹭湖庄园熙园5号楼102户	05-3714-3935
4	1542001328	2102209060	沈巍	四类用户	大同路287号枫丹白露26-27幢26...	05-0900-3030
5	0900478520	2102275611	箱变(一)93201	四类用户	和平镇金康花园	05-3559-8782
6	1529214275	2800208995	淮安市人防平战结合管理处	四类用户	北京北路83号	05-3717-8390
7	0900478422	2102275836	金康花园箱变四93204	四类用户	和平镇金康花园	05-3559-8785
8	1501819096	2101946010	淮安天翔房地产开发有限公司【...	四类用户	淮安市开发区优诗美地小区1幢...	05-0917-2725

图 9－65　源端系统异常明细

其余客户均为居民客户，集中表箱。故通过用采系统计量在线监测模块——开盖变化，核查该台区下表计开盖记录情况，未发现异常开盖。

故初步判断，该台区下存在私接线，绕越计量装置窃电情况。

9.5.1.3　解决措施

3 月 13 日上午 9 时，营销部组织用检、计量人员对该台区下客户进行地毯式突击排查，优先排查三户非居民客户，未发现计量异常。后分组逐个表箱核查是否存在隐蔽处私接线问题，上午 10 时左右，在 7 幢 2 单元处表箱发现存在私接线问题。

在确凿的窃电证据面前，用户承认了窃电事实并签字确认，见图 9－66。根据《供电营业规则》第 102 条、第 103 条第 2 款的规定，客户向供电公司交纳所窃电费 627.62 元，并承担 3 倍补交电费的违约使用电费 1882.86 元。

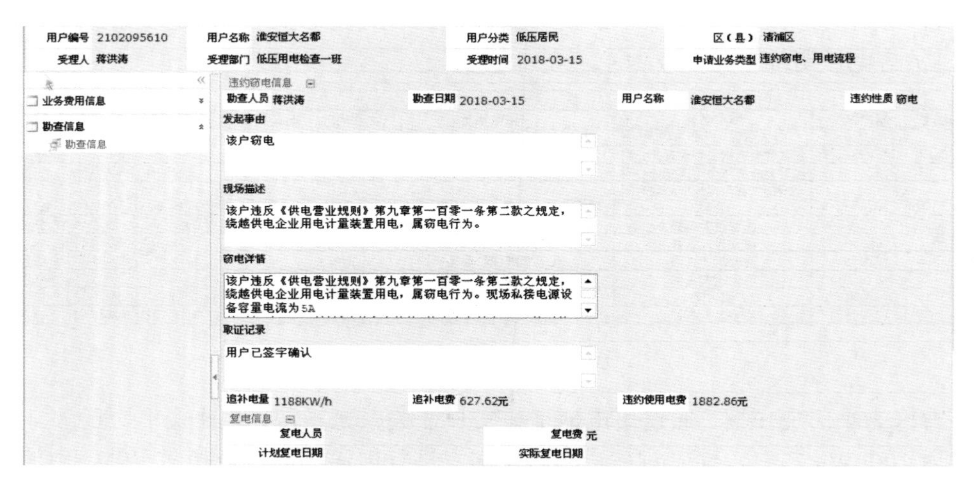

图 9-66 窃电罚款单

9.5.1.4 应用成效

完成现场窃电整治后，PMS_恒大名都 4 号变电站 13 号干式变压器台区线损率 3 月起已逐步恢复合格状态，提升同期线损合格率（见图 9-67），为该公司挽回经济损失，有效打击窃电行为。

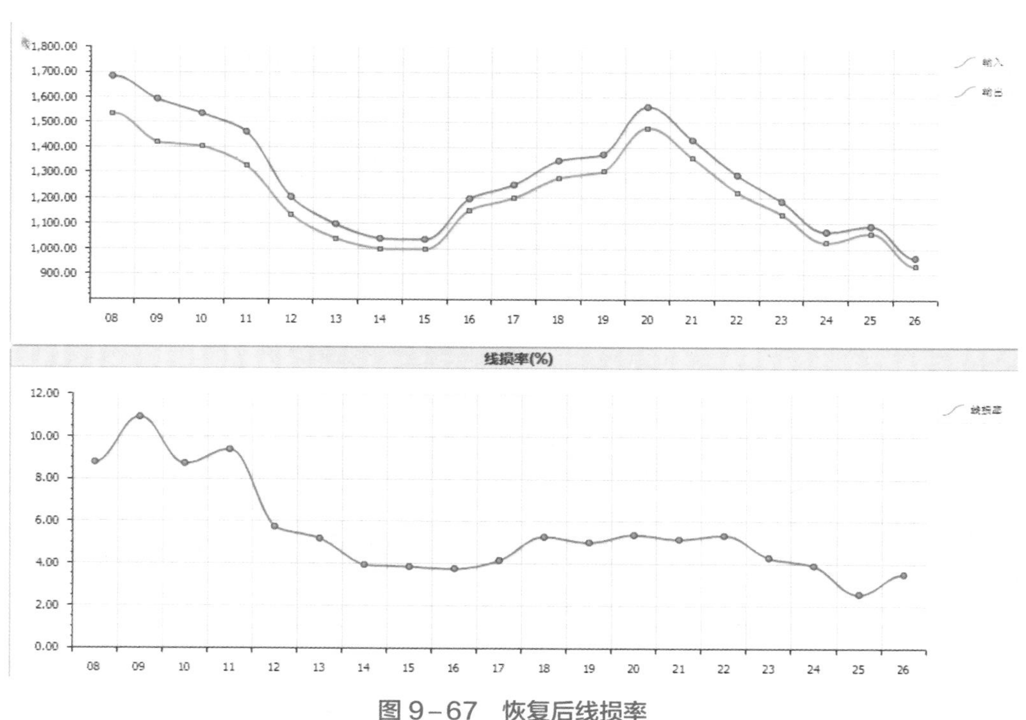

图 9-67 恢复后线损率

9.5.2 用户月末换表引起线损异常治理案例

涉及专业：营销。

9.5.2.1 场景描述

某公司 2018 年 8 月同期线损 35kV 及以上线路线损监控时，发现 35kV 太水 354 线 7 月线损突然异常。经查，该线路供电量侧正常，售电量侧在 7 月底出现表计故障，该公司及时处理并在 7 月 29 日上报了换表记录，一切都很正常，但线损率异常，见图 9－68 和图 9－69。

9.5.2.2 问题分析

根据图 9－68 和图 9－69，可能是供电量数据出现问题，因为同比、环比供电量大，而售电量数据比较符合逻辑，但反复核查太湖变电站的 35kV 太水开关的电量和母线平衡情况，未能发现问题。

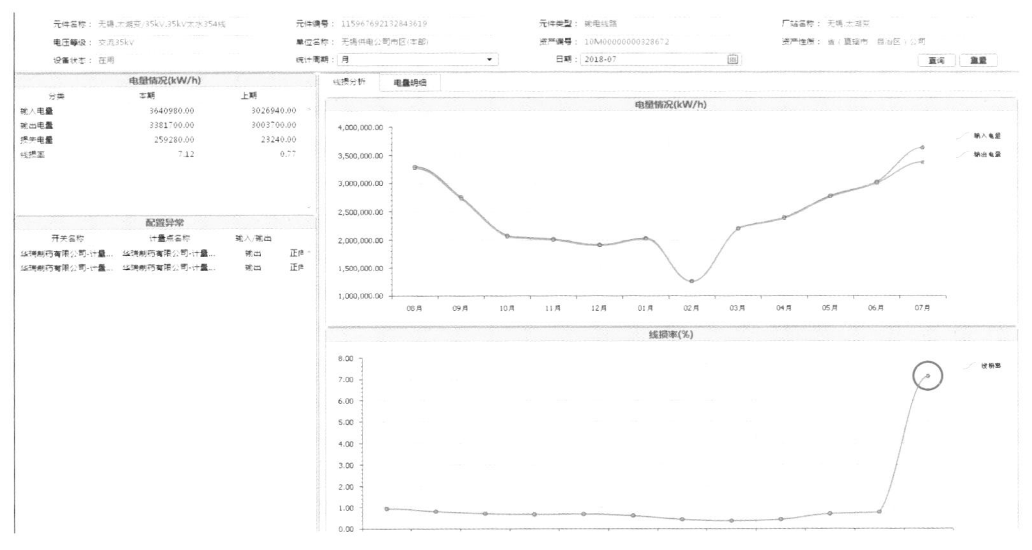

图 9－68　太水线历月线损图表

序号	计量点编号	计量点名称	表号	出厂编号	变电站名	开关编	开关名称	开关电压	换表时间	拟算电量 正向	拟算电量 反向	上表底 正向	上表底 反向	换表前 电能表标识	换表前 倍率	换表前 正向表底	换表前 反向表底	下表 正向
1	1505019972-1	无锡三洲冷轧硅钢...	13820000002347...	1531...	江苏...	15...	无锡三洲冷轧硅钢...	交流35...	2018-07-06					138200000...	21000	0	0	
2	1505019972-1	无锡三洲冷轧硅钢...	13820000003788...	1541...	江苏...	15...	无锡三洲冷轧硅钢...	交流35...	2018-07-06					138200000...	21000	0	0	0
3	1202124583-1	华瑞制药有限公司-...	13300004622442	1524...	江苏...	12...	华瑞制药有限公司...	交流35...	2018-07-29			168.03	0	133000046...	14000	169.1	0	
4	1202124583-1	华瑞制药有限公司-...	13820000003553...	1541...	江苏...	12...	华瑞制药有限公司...	交流35...	2018-07-29					133000046...	14000	169.1	0	
5	1114305057-1	无锡市新发集团有...	13820000003500...	1541...	江苏...	11...	无锡市新发集团有...	交流35...	2018-07-27			684.63	0	138200000...	28000	766.57	0	
6	1114305057-1	无锡市新发集团有...	13820000003500...	1541...	江苏...	11...	无锡市新发集团有...	交流35...	2018-07-27					138200000...	28000	766.57	0	
7	1114357227-1	无锡市新发集团有...	13820000003500...	1541...	江苏...	11...	无锡市新发集团有...	交流11...	2018-07-12			956.91	0	138200000...	88000	993.89	0	
8	1114357227-1	无锡市新发集团有...	13820000003500...	1541...	江苏...	11...	无锡市新发集团有...	交流11...	2018-07-12					138200000...	88000	993.89	0	98.42
9	1700141429-1	霍普机械(宜兴)有...	13820000002572...	1537...	江苏...	17...	霍普机械(宜兴)有...	交流11...	2018-07-20					131200057...	66000	2259.17	0	66.15
10	1700141429-1	霍普机械(宜兴)有...	13120005797461	0300...	江苏...	17...	霍普机械(宜兴)有...	交流11...	2018-07-20			2220.5	0	131200057...	66000	2259.17	0	
11	1110794841-1	晶盛光伏科技(中国...	13820000002311...	1531...	江苏...	11...	晶盛光伏科技(中...	交流35...	2018-07-30			2898.27	4.49	138200000...	28000	2904.25	7.69	
12	1110794841-1	晶盛光伏科技(中国...	13820000003716...	1541...	江苏...	11...	晶盛光伏科技(中...	交流35...	2018-07-30					138200000...	28000	2904.25	7.69	
13	1112228133-5	霍普(中国)有限公...	13820000003553...	1541...	江苏...	11...	霍普(中国)有限公...	交流35...	2018-07-26					138200000...	21000	4378.03	0	44.05
14	1112228133-5	霍普(中国)有限公...	13820000003553...	1541...	江苏...	11...	霍普(中国)有限公...	交流35...	2018-07-26			4043.67	0	138200000...	21000	4378.03	0	
15	1202124583-4	华瑞制药有限公司-...	13300006513842	1524...	江苏...	12...	华瑞制药有限公司...	交流35...	2018-07-29			6310.54	0	133000065...	14000	6552.09	0	
16	1202124583-4	华瑞制药有限公司-...	13820000003553...	1541...	江苏...	12...	华瑞制药有限公司...	交流35...	2018-07-29					133000065...	14000	6552.09	0	

图 9－69　太水线用户华瑞制药换表记录图

重新核查用户的售电量，并比对日电量，发现少了几天的电量，后续又发现该用户的电量在换表后就存在异常，问题初步判断为换表后数据出现异常导致线损率不合格，见图9－70。

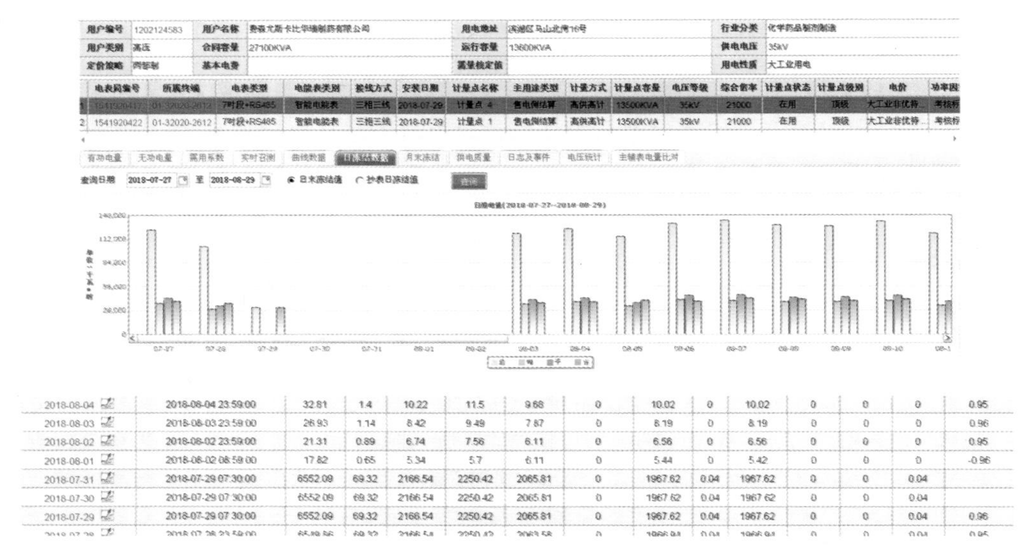

2018-08-04	2018-08-04 23:59:00	32.81	1.4	10.22	11.5	9.68	0	10.02	0	10.02	0	0	0	0.95
2018-08-03	2018-08-03 23:59:00	26.93	1.14	8.42	9.49	7.87	0	8.19	0	8.19	0	0	0	0.96
2018-08-02	2018-08-02 23:59:00	21.31	0.89	6.74	7.56	6.11	0	6.56	0	6.56	0	0	0	0.95
2018-08-01	2018-08-02 08:59:00	17.82	0.65	5.34	5.7	6.11	0	5.44	0	5.42	0	0	0	-0.96
2018-07-31	2018-07-29 07:30:00	6552.09	69.32	2166.54	2250.42	2065.81	0	1967.62	0.04	1967.62	0	0	0.04	
2018-07-30	2018-07-29 07:30:00	6552.09	69.32	2166.54	2250.42	2065.81	0	1967.62	0.04	1967.62	0	0	0.04	
2018-07-29	2018-07-29 07:30:00	6552.09	69.32	2166.54	2250.42	2065.81	0	1967.62	0.04	1967.62	0	0	0.04	0.96

图9－70　用户日用电量及底码数据

根据用采数据情况还原相关坏表的换表工作流程：

（1）7月29日某一时间，该用户表计故障，底码不再走动；供电公司及时发现问题，启动了坏表的换表流程，在8月2日8:59前完成了换表，并在用采系统中结束了相关流程，坏表换表顺利完成。

（2）从用采信息系统来看，此次工作非常迅速，根据该线路线损推算，新表肯定在7月31日前安装到位的。

但是从同期线损管理来看，存在以下两个问题：

（1）日累计电量有缺失。由于同期线损管理系统中的售电量采用的是日累计电量，对于8月来说，缺失了8月1～2号的日电量，导致计算出来的线路线损率虚高，超过3%。

（2）缺失1、2号零点底码。虽然现场表计安装到位了，但用采系统中相关流程没有结束，导致1、2日零点底码无法获取，使得同期线损管理系统中无法按照底码来计算售电量。

9.5.2.3　解决措施

针对这种月末换表，存在关键时点表底码缺失的现象，提出以下解决方式：

（1）在用采系统中能够完善重新召测功能，补齐1、2日零底码数，并自动生成日累计电量。

（2）在用采系统中及时完善换表记录的情况下，还需要在同期线损管理系统中补1日零点的底码数据。

9.5.2.4 应用成效

通过线下售电量的计算，该线路线损率恢复正常。

9.5.3 微负损台区治理的典型经验

涉及专业：营销。

9.5.3.1 场景描述

由于某市供电公司城区本部台区数共计 6559 个，其中线损率处于－1%～0%的台区数量较多，占比 6.77%，高于全省平均水平。－1%～0%的台区通常称为微负损台区，由于微负损台区损失电量少，且在该省公司台区达标率定义中属于暂缓处理的特殊合格台区，故在日常运维中常被忽略，但该市供电公司营销部认为微负损背后反映了部分基础管理问题，仍需要认真分析仔细核对并整改。

2018 年一季度，该市供电分公司营销部开展了微负损台区专项整治提升，逐台分析核查，减少基础异常问题，不断提升台区同期线损达标率。在排查过程中发现，微负损往往出现在负载率较低的台区，且负值相对稳定，引起的原因除了户变关系外、表计故障外，还有无计量用电定量数据不合理、高层电梯反向倒送电等较为特殊的原因。

9.5.3.2 问题分析

1. 案例分析一

户内变压器 PMS_德禾豪景苑 2 号变压器－1（台区编号 0490000012299），同期线损率长期为负，线损在－2%～0%波动，损失电量数值在－15～－5kWh 波动。经多次现场核实户变关系准确，并确定现场接电均建户并计量采集准确，其每日线损率逐步稳定于－1%～0%的区间，损失电量－5～0kWh 间波动，见图 9－71。在核查人员计划按照用电量的大小，逐户排查用户表计运行和现场用电情况。

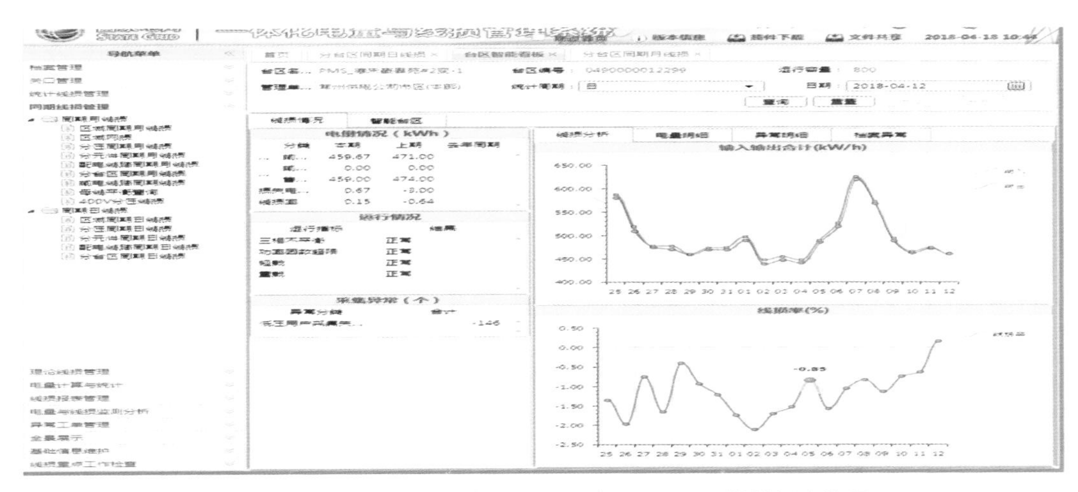

图 9－71　PMS_德禾豪景苑 2 号变压器－1 同期线损走势图

（1）调用采系统在线线损模块进一步分析，核对台区下所有用户用电情况，发现某公司（总户号 3602830806）是台区下每日用电量多者，其现场用电设备为小区电梯及楼道照明，楼高 30 层，为双电源供电，核查优先锁定该户，见图 9－72。

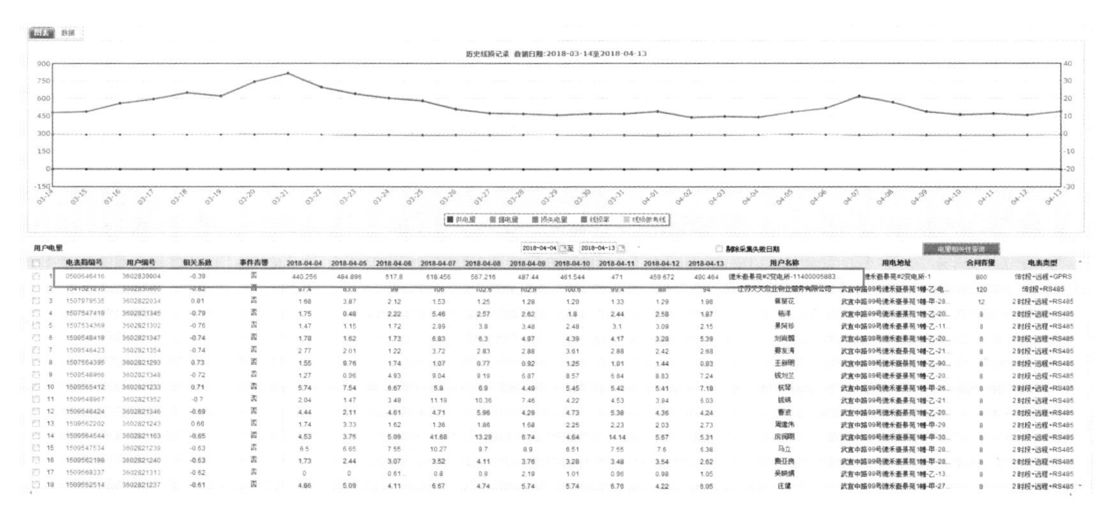

	电表局编号	用户编号	相关系数	事件告警	2018-04-04	2018-04-05	2018-04-06	2018-04-07	2018-04-08	2018-04-09	2018-04-10	2018-04-11	2018-04-12	2018-04-13	用户名称	用电地址	合同容量	电表类型
1	0500646416	3602839004	-0.39	否	440.256	484.896	517.8	618.456	567.216	487.44	461.544	471	459.672	490.464	德禾豪景苑#2变电所-11400005883	德禾豪景苑#2变电所-1	800	5时段+远程+GPRS
2	[illegible]	[illegible]	-0.82	否	97.4	83.8	99	106	102.6	102.8	100.6	99.4	88	94	江苏天天众业物业服务有限公司	武宜中路99号德禾豪景苑1幢-乙-电...	120	5时段+RS485
3	1507978535	3602822034	0.81	否	1.68	3.87	2.12	1.53	1.25	1.28	1.29	1.33	1.29	1.96	蒋留花	武宜中路99号德禾豪景苑1幢-甲-28...	12	2时段+远程+RS485
4	1507547419	3602821345	-0.79	否	1.75	0.48	2.22	5.46	2.57	2.62	1.8	2.44	2.58	1.87	杨洋	武宜中路99号德禾豪景苑1幢-乙-20...	8	2时段+远程+RS485
5	1507534369	3602821302	-0.76	否	1.47	1.15	1.72	2.89	3.8	3.48	2.48	3.1	3.09	2.15	景阿珍	武宜中路99号德禾豪景苑1幢-乙-11...	8	2时段+远程+RS485
6	1509548419	3602821347	-0.74	否	1.78	1.62	1.73	6.83	6.3	4.97	4.39	4.17	3.28	5.39	刘尚圆	武宜中路99号德禾豪景苑1幢-乙-20...	8	2时段+远程+RS485
7	1509546423	3602821354	-0.74	否	2.77	2.01	1.22	3.72	2.83	2.88	3.61	2.88	2.42	2.68	郭友涛	武宜中路99号德禾豪景苑1幢-乙-21...	8	2时段+远程+RS485
8	1507554395	3602821293	0.73	否	1.55	9.76	1.74	1.07	0.77	0.92	1.25	1.01	1.44	0.93	王新明	武宜中路99号德禾豪景苑1幢-乙-90...	8	2时段+远程+RS485
9	1509548966	3602821348	-0.72	否	1.27	0.96	4.93	9.04	9.19	6.87	8.57	6.84	8.83	7.24	钱刘兰	武宜中路99号德禾豪景苑1幢-乙-20...	8	2时段+远程+RS485
10	1509565412	3602821233	0.71	否	5.74	7.54	6.67	5.8	6.9	4.49	5.45	5.42	5.41	7.18	杭琴	武宜中路99号德禾豪景苑1幢-甲-26...	8	2时段+远程+RS485
11	1509548967	3602821352	-0.7	否	2.04	1.47	3.49	11.19	10.36	7.46	4.22	4.53	3.94	6.03	钱锦	武宜中路99号德禾豪景苑1幢-乙-21...	8	2时段+远程+RS485
12	1509546424	3602821346	-0.69	否	4.44	2.11	4.61	4.71	5.96	4.29	4.73	5.38	4.36	4.24	曹波	武宜中路99号德禾豪景苑1幢-乙-20...	8	2时段+远程+RS485
13	1509562202	3602821243	0.66	否	1.74	3.33	1.62	1.36	1.86	1.68	2.25	2.23	2.03	2.73	周建伟	武宜中路99号德禾豪景苑1幢-甲-29	8	2时段+远程+RS485
14	1509564544	3602821163	-0.65	否	4.53	3.75	5.09	41.68	13.29	6.74	4.64	14.14	5.67	5.31	厉福明	武宜中路99号德禾豪景苑1幢-甲-30...	8	2时段+远程+RS485
15	1509547534	3602821239	-0.63	否	6.5	6.65	7.55	10.27	9.7	8.9	6.51	7.55	7.6	6.38	马立	武宜中路99号德禾豪景苑1幢-甲-28...	8	2时段+远程+RS485
16	1509562198	3602821240	-0.63	否	1.73	2.44	3.07	3.52	4.11	3.76	3.28	3.48	3.54	2.62	费亚良	武宜中路99号德禾豪景苑1幢-甲-28...	8	2时段+远程+RS485
17	1509569337	3602821313	-0.62	否	0	0	0.61	0.8	0.9	2.19	1.01	0.96	0.98	1.05	吴映娟	武宜中路99号德禾豪景苑1幢-乙-13...	8	2时段+远程+RS485
18	1509552514	3602821237	-0.61	否	4.86	5.09	4.11	6.67	4.74	5.74	5.74	6.76	4.22	6.05	庄健	武宜中路99号德禾豪景苑1幢-甲-27...	8	2时段+远程+RS485

图 9－72　PMS_德禾豪景苑 2 号变压器－1 用户用电量统计图

（2）调取该户每日用电数据，发现该电梯表每天正向电量数据正常，同步每日产生一定反向电量。手工计算每日反向电量值为约 5～6kWh，与该台区的每日损失电量相近，见图 9－73。

数据日期 2018-03-11 至 2018-04-09　查询　导出Excel

查询结果

	日期	检核	不合格类型	正向有功总	尖	峰	平	谷	反向有功总	尖	峰	平	谷	正向无功总	反向无功总	一象限无功	二象限无功	三象限无功	四象限无功	抄表时间	日最大需量
1	2018-04-09	已检查		546.82	0	246.14	187.85	112.81	44.43	0	21.81	15.04	7.57	0.75	268.85					2018-04-09 23:59:00	0.1497
2	2018-04-08	已检查		541.68	0	243.76	186.21	111.7	43.94	0	21.56	14.9	7.48	0.74	266.43					2018-04-08 23:59:00	0.1497
3	2018-04-07	已检查		536.56	0	241.49	184.45	110.6	43.52	0	21.37	14.76	7.39	0.74	264.03					2018-04-07 23:59:00	0.1497
4	2018-04-06	已检查		531.25	0	239.08	182.59	109.57	43.05	0	21.13	14.6	7.32	0.73	261.64					2018-04-06 23:59:00	0.1497
5	2018-04-05	已检查		526.3	0	236.77	180.84	108.68	42.67	0	20.94	14.46	7.26	0.72	259.21					2018-04-05 23:59:00	0.1497
6	2018-04-04	已检查		522.11	0	234.88	179.44	107.77	42.34	0	20.77	14.36	7.21	0.71	256.76					2018-04-04 23:59:00	0.1497
7	2018-04-03	已检查		517.24	0	232.77	177.84	106.63	41.92	0	20.57	14.23	7.11	0.71	254.33					2018-04-03 23:59:00	0.1497
8	2018-04-02	已检查		512.35	0	230.58	176.26	105.5	41.45	0	20.35	14.08	7.01	0.71	251.91					2018-04-02 23:59:00	0.1497
9	2018-04-01	已检查		507.44	0	228.32	174.74	104.37	40.98	0	20.12	13.94	6.91	0.7	249.5					2018-04-01 23:59:00	0.1497
10	2018-03-31	已检查		502.19	0	226.07	172.87	103.23	40.46	0	19.89	13.74	6.81	0.7	247.1					2018-03-31 23:59:00	0.1512
11	2018-03-30	已检查		496.99	0	223.83	171.03	102.12	39.97	0	19.66	13.57	6.73	0.69	244.68					2018-03-30 23:59:00	0.1512
12	2018-03-29	已检查		491.89	0	221.59	169.36	100.93	39.48	0	19.44	13.42	6.61	0.68	242.27					2018-03-29 23:59:00	0.1512
13	2018-03-28	已检查		487.1	0	219.38	167.91	99.8	39.05	0	19.22	1[illegible].3	6.52	0.68	239.85					2018-03-28 23:59:00	0.1512
14	2018-03-27	已检查		482.32	0	217.12	166.46	98.73	38.64	0	19.01	1[illegible].2	6.43	0.67	237.65					2018-03-27 23:59:00	0.1512
15	2018-03-26	已检查		477.35	0	214.75	164.97	97.62	38.17	0	18.77	13.06	6.32	0.67	235.25					2018-03-26 23:59:00	0.1512
16	2018-03-25	已检查		472.16	0	212.31	163.35	96.49	37.69	0	18.53	12.92	6.22	0.66	232.85					2018-03-25 23:59:00	0.1512
17	2018-03-24	已检查		466.78	0	210.01	161.24	95.52	37.18	0	18.28	12.73	6.15	0.65	230.45					2018-03-24 23:59:00	0.1512
18	2018-03-23	已检查		461.49	0	207.71	159.28	94.49	36.72	0	18.07	12.57	6.07	0.64	228.04					2018-03-23 23:59:00	0.1512
19	2018-03-22	已检查		456.15	0	205.26	157.48	93.4	36.25	0	17.83	12.42	6	0.64	225.64					2018-03-22 23:59:00	0.1512
20	2018-03-21	已检查		450.97	0	202.88	155.79	92.29	35.85	0	17.63	12.29	5.91	0.63	223.21					2018-03-21 23:59:00	0.1512
21	2018-03-20	已检查		446.08	0	200.57	154.28	91.22	35.49	0	17.45	12.19	5.85	0.62	220.77					2018-03-20 23:59:00	0.1512
22	2018-03-19	已检查		441.3	0	198.4	152.76	90.13	35.16	0	17.29	12.08	5.77	0.62	218.26					2018-03-19 23:59:00	0.1512
23	2018-03-18	已检查		436.27	0	196.01	151.17	89.07	34.77	0	17.1	11.97	5.7	0.61	215.79					2018-03-18 23:59:00	0.1512
24	2018-03-17	已检查		431.28	0	193.74	149.42	88.11	34.37	0	16.9	11.82	5.64	0.61	213.34					2018-03-17 23:59:00	0.1505
25	2018-03-16	已检查		426.16	0	191.53	147.51	87.11	33.98	0	16.72	11.68	5.58	0.6	210.96					2018-03-16 23:59:00	0.1505
26	2018-03-15	已检查		421.28	0	189.38	145.87	86.03	33.58	0	16.52	11.55	5.5	0.59	208.58					2018-03-15 23:59:00	0.1485
27	2018-03-14	已检查		416.63	0	187.25	144.45	84.92	33.18	0	16.33	11.43	5.41	0.59	206.12					2018-03-14 23:59:00	0.138
28	2018-03-13	已检查		412.23	0	185.2	143.03	83.99	32.82	0	16.15	1[illegible].3	5.35	0.59	203.68					2018-03-13 23:59:00	0.138
29	2018-03-12	已检查		408.07	0	183.33	141.64	83.09	32.55	0	16.04	11.19	5.31	0.59	201.27					2018-03-12 23:59:00	0.138
30	2018-03-11	已检查		403.62	0	181.47	139.98	82.16	32.26	0	15.93	11.07	5.26	0.59	198.82					2018-03-11 23:59:00	0.138

图 9－73　3602830806 日冻结数据统计图

（3）为准确验证该电梯表是否存在反向电量，台区责任人到现场使用钳形电流表测量，跟踪该户在电梯不同运行工况下，电流及电量的变化，经一段时间的数据采样，责任人发现电梯在下行时，确产生反向电量，类似台区接入一个不定期的小发电机。由于统计规则中，对于普通用户只将其正向有功计入售电量，忽略其反向有功，造成台区线损计算时少计部分供电量。

2. 案例分析二

台架式配电变压器 PMS_浦北 53 幢（台区编号 3090102490767），线损率长期处于0%～－1%的区间，该台区客户售电量中有定量方式的无计量用电，供售电量差值往往小于 1kWh/天，如此小的电量差异，初步核查排除户变关系错误及表计异常，怀疑台区下的小功率定量数值不合理引起的负线损，需要重点排查台区下的小功率定量用户。

（1）通过用电信息采集系统的线损统计查询模块，导出该台区下所用用户列表，发现某公司（户号 3603483634）存在两条记录且均为小电量无计量用电。

（2）在营销系统中查询该用户，发现存在两个计量点，且都关联问题台区 PMS_浦北 53 幢（台区编号 3090102490767），存在重复计量的问题。

9.5.3.3 解决措施

（1）台区 PMS_德禾豪景苑 2 号变压器－1。初步考虑如何将电梯产生且本台区下用户实际消耗的反向有功电量计入台区供电量中，由于涉及统计规则和系统功能，地市暂无法处理，台区责任人观察台区线损变化，待台区负荷日渐提高后，该统计性问题将自动消失。建议总部对此类因电梯用户设“电梯供电白名单”，同时对“是否为电梯户”考虑引入白名单验证关系：台区形式为箱式变压器或户内变压器、双电源户、当日正向电量大于反向电量，同时符合这三个条件，则将通过验证并此户的反向部分的电量计入所在台区的供电量中。

（2）台区 PMS_浦北 53 幢。在营销系统中，发起改类流程，删除一个重复的计量点，同时对于多计量点造成的电量电费重复计算，与客户协商进行退补。

9.5.3.4 应用成效

（1）经过现场分析核查，该市城区确定共计 8 个台区因电梯反向电量引起统计负损问题，后期将参考光伏发电的计入方式，尝试精准计量反向电量，以合理线损计算并及时发现各类异常。

（2）删除重复的计量点后，无计量定量用电合理，PMS_浦北 53 幢的线损已稳定达标，见图 9－74。

9.5.4 台区异常分析诊断

9.5.4.1 场景描述

同期线损管理系统中开发了台区异常分析诊断功能，是为了帮助基层单位业务人员对电量或线损率异常的台区进行异常定位及原因分析，便于对异常台区进行分析治理，提高线损治理效率的辅助工具。

9.5.4.2 问题分析

1. 如何定义异常台区

同期线损管理系统根据台区的电量与线损率异常情况将异常台区分为四种异常，分别为高损台区、负损台区、零供台区和零售台区。高损台区是指线损率大于 10%的台区；

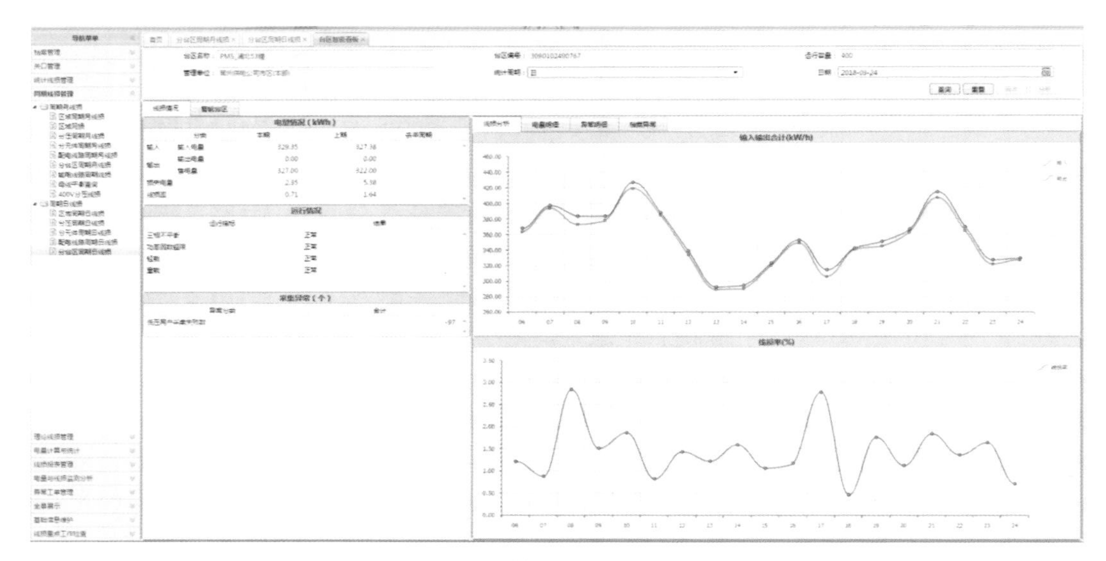

图 9-74 某个台区线损率情况

负损台区是指线损率小于 0 的台区；零供台区是指供电量为 0 的台区；零售台区是指售电量为 0 的台区。

2. 如何对异常台区系统开展分析诊断

（1）高损台区。

1）台区关口表倍率比实际大，判断台区所在线路是否为负损，线路线损率小于 -2 即为异常。

2）台区关口表计接线虚连或缺相。

3）台户关系错误，台区下用户采集失败，没有维护在台区下。无总表用户（表号为空）；有总表无数值（电量或表底数据缺失）；零度户（上下表底数值相等）；任何一项有问题即为采集失败。

4）台区下有用户计量异常、电量突变等。根据用户表底的波动率来判断，波动率 =（本月电量 - 上月电量）/上月电量；波动率小于 -0.2 为异常。

（2）负损台区。

1）台区下的分布式电源用上网用户电量未计算进去。

2）台区关口表倍率比实际小，判断台区所在线路是否为高损，线路线损率大于 15 即为异常。

3）台区关口表计接线虚连或缺相。

4）台户关系错误，错将非本台区的用户的关系维护到本台区。

5）台区下有用户计量异常，如表底冒大数等异常情况。

（3）零供台区。

1）供电侧表计表底数值，上表底为空；下表底为空；上下表底为空；下表底小于上表底；有表底无电量。

2）供电侧表计上下表底数值是否相等。

3）查看台区的模型配置，计量点档案中未找到模型中计量点编号即为异常。

（4）零售台区。

1）营配变关系是否为空，线路下挂低压用户为 0 即为营配变关系为空。

2）下挂用户表计数值，无总表用户（表号为空）；有总表无数值（电量或表底数据缺失）；零度户（上下表底、电量均为零）。

3）台区下用户表计是否走电，上下表底数值相等。

9.5.4.3 解决措施

1. 如何在系统中进行异常分析

首先进入同期线损管理系统，在菜单导航栏中找到“同期线损管理—同期月线损—分台区同期月线损”模块，选中一条异常台区（高损、负损、零供或零售台区）记录，点击【异常分析】按钮，便可以开展台区异常分析，系统将根据对应异常类型的诊断原理，自动开展分析，如图 9－75 所示。

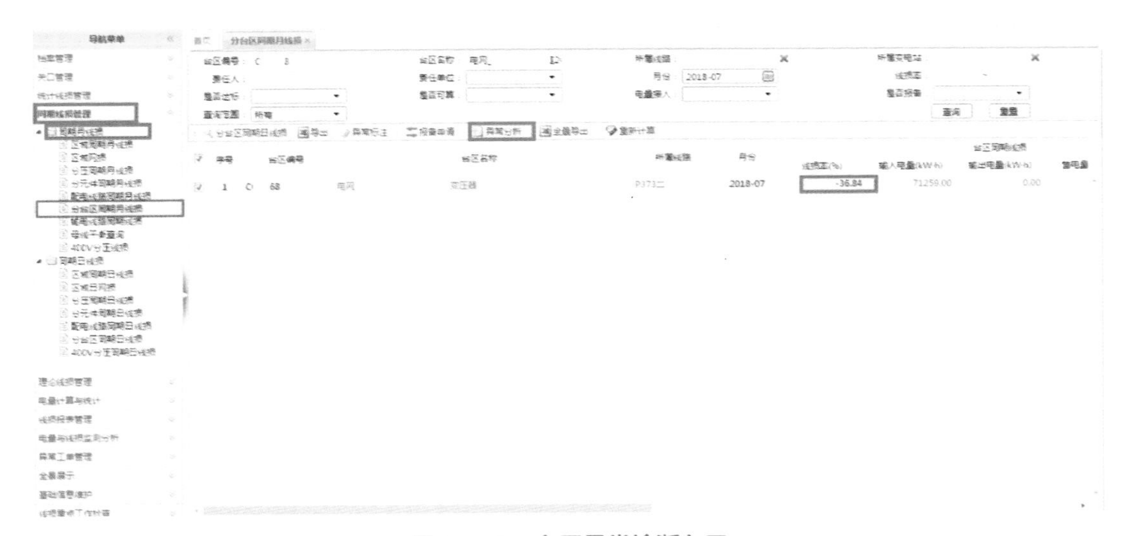

图 9－75 台区异常诊断入口

注意：当选中的台区供售电量都为 0 时，可选择诊断项为零供台区分析或零售电量分析；对于已诊断台区可选择是否再次分析。

台区异常分析界面由三部分组成：

第一部分展示了台区的详情信息，包括台区编号、名称、电量及线损率等信息，并提供异常分析导出和诊断说明功能；用电地址分析功能可以查看台区下用户的用电地址，根据用户用电地址辅助业务人员查看是否为该台区的用户，见图 9－76。

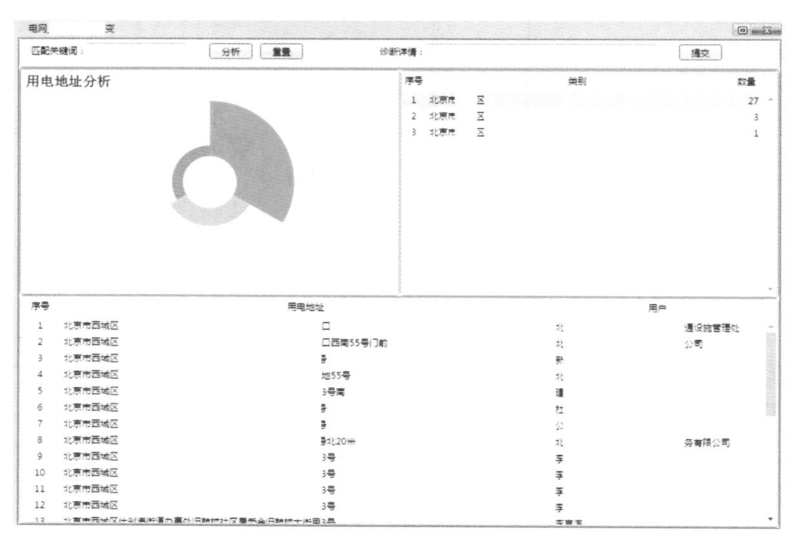

图 9-76　用电地址分析界面

第二部分展示了台区的分析诊断详情，包括原因分析、诊断项、诊断详情及诊断结果。

第三部分展示了各类诊断项的异常详情及明细，便于对异常台区进行治理，见图 9-77。

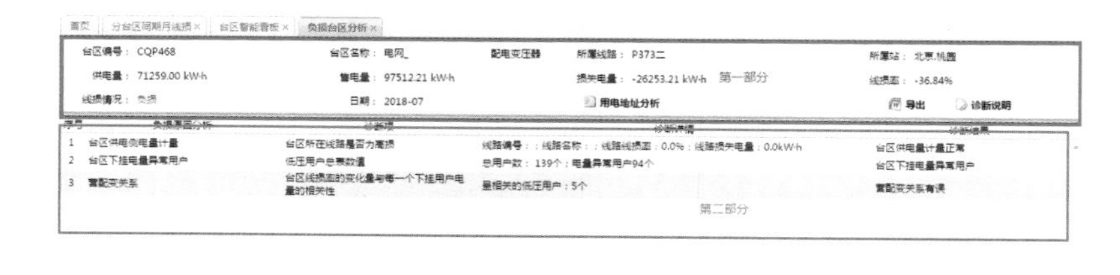

图 9-77　异常分析诊断界面

分析诊断界面的第二部分与第三部分是互相关联的，点击第二部分诊断项，可在第三部分查看异常明细，便于对各诊断项的异常明细进行查看治理。

2. 如何查看台区的线损情况及线损趋势

为了将台区信息进行整合，方便对台区线损情况及线损趋势、电量明细进行查看，提供了台区智能看板功能，在分台区同期月线损界面点击台区名称即可穿透到该台区的智能看板界面，见图 9-78。

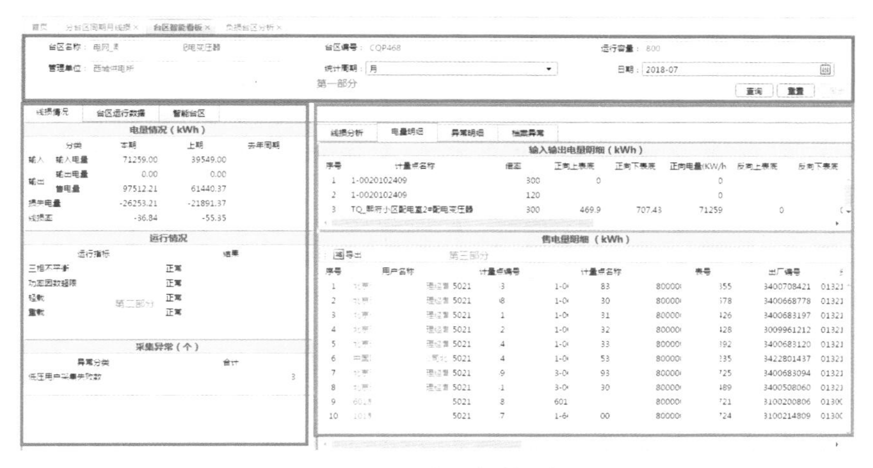

图 9－78　台区智能看板

9.5.4.4　应用成效

通过智能看板界面进行查看，界面由三部分组成：

第一部分展示了台区的详情信息，包括台区编号、名称、容量等信息，并提供统计周期，可查看日、月不同周期的线损率情况；

第二部分展示了台区的线损情况，包括电量情况、运行异常以及采集异常等相关信息，并提供异常个数，便于进行治理；

第三部分展示了台区的线损分析、电量明细及异常明细情况，可对该台区供售电量与线损率趋势和供售电量明细以及售电量异常明细进行查看，便于对台区线损趋势和电量异常进行分析治理，见图 9－79 和图 9－80。

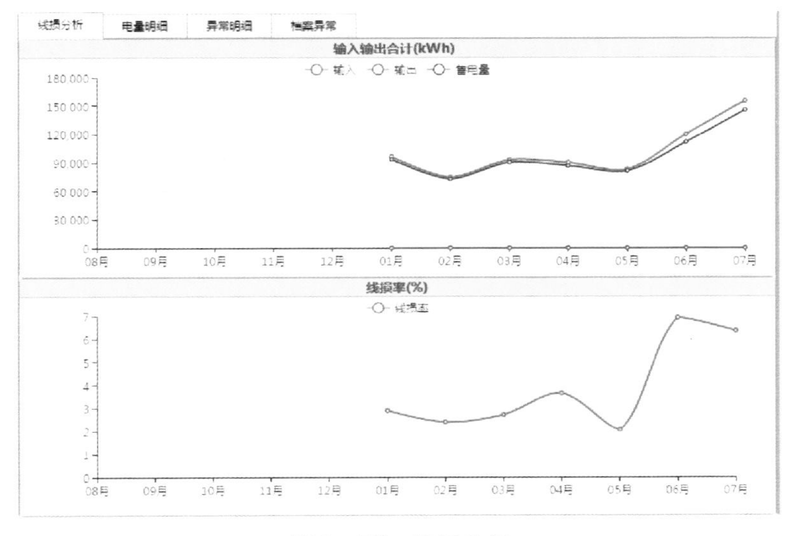

图 9－79　线损分析

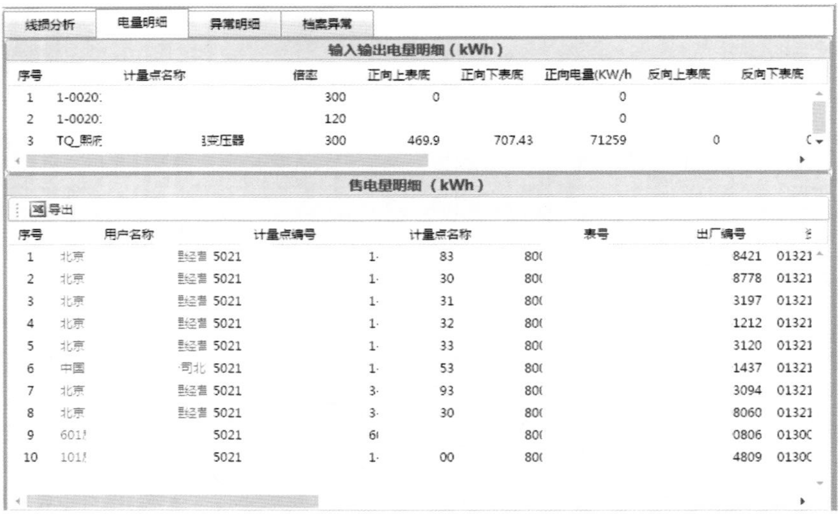

线损分析 | 电量明细 | 异常明细 | 档案异常

输入输出电量明细（kWh）

序号	计量点名称		倍率	正向上表底	正向下表底	正向电量(KW/h	反向上表底	反向下表底
1	1-0020:		300	0		0		
2	1-0020:		120			0		
3	TQ_熙府	变压器	300	469.9	707.43	71259	0	(

售电量明细（kWh）

导出

序号	用户名称		计量点编号	计量点名称		表号	出厂编号	
1	北京	5021	1·	83	80(		8421	01321
2	北京	5021	1·	30	80(		8778	01321
3	北京	5021	1·	31	80(		3197	01321
4	北京	5021	1·	32	80(		1212	01321
5	北京	5021	1·	33	80(		3120	01321
6	中国	司北 5021	1·	53	80(		1437	01321
7	北京	5021	3·	93	80(		3094	01321
8	北京	5021	3·	30	80(		8060	01321
9	601	5021	6		80(		0806	0130C
10	101	5021	1·	00	80(		4809	0130C

图 9-80　电量明细

异常明细是低压用户同期售电量缺失等异常，见图 9-81。

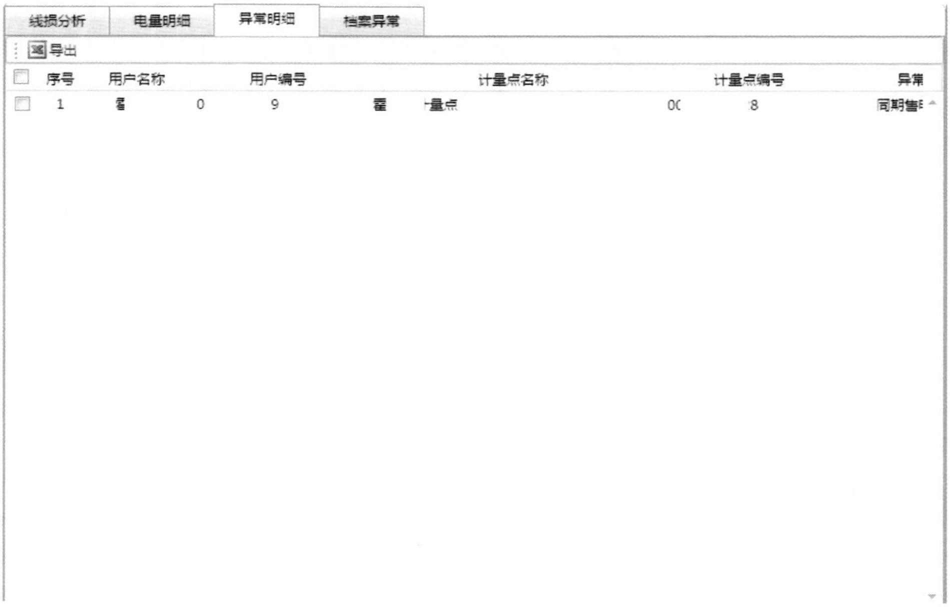

线损分析 | 电量明细 | 异常明细 | 档案异常

导出

序号	用户名称		用户编号	计量点名称		计量点编号	异常
1		0	9	量点	0(	8	同期售

图 9-81　异常明细

档案异常是营配和营销中台户关系的比较，营配有没有台户关系营销或者营销有没有台户关系营配，见图 9-82。

线损分析 电量明细 异常明细 档案异常

用户名称	用户编号	计量点名称	计量点编号	异常类型
岭	5739	点	98815	有营销无营配
杰	5609	47号(BX01027)	06325	有营销无营配
播电...	0445	见网络有限公司宝坻分公司计量...	79603	有营销无营配
播电...	3954	见网络有限公司宝坻分公司计量...	16671	有营销无营配

图 9-82　档案异常

造成台区负损的情况可能是以上的一种或多种原因。

9.6　分区、分压异常线损诊断

9.6.1　分区监控数据应用分析治理经验

涉及专业：发展、营销、信通。

9.6.1.1　场景描述

按照国网总部管控组统一要求部署，某公司充分利用系统监测新功能，积极组织开展考核后分析工作，实现考核、监测、分析一体化闭环管理。

9.6.1.2　问题分析

分区供售电电量和关口数量都比较大，尤其是高压用户售电量，计算逻辑相对复杂，有日累计计算的，也有供电关口通过表底计算的，这样就出现有表底没电量，或者表底和电量对不上，同期电量和发行电量以及满载电量差异较大等异常数据，对每期工作的持续性增加不少负担。

9.6.1.3　解决措施

1. 解决思路

根据监控数据结果和明细，标签分类问题，然后导出明细数据，进一步分类，同时进行联动关口分析和环比分析，精准定位问题。

2. 解决步骤

（1）分区线损监控结果见图 9－83。

监控指标明细

用户电量接入监控指标	
10kv及以上高压电量异常数	7
营销同期售电量与表底计算电量比对异常数	1762
低压用户智能电表未采集覆盖数	0

图 9－83 监控指标明细

10kV 及以上高压用户电量异常数：根据 10kV 及以上高压用户电量异常数据分析，比对满载用电量、同期售电量、发行售电量，对明细数据进行进一步分类。

1）同期售电量为 0，发行售电量不为 0。

同期售电量是日电量累计，主要从用采系统的日采集数据分析，见图 9－84。

2）同期售电量不为 0，发行售电量为 0。

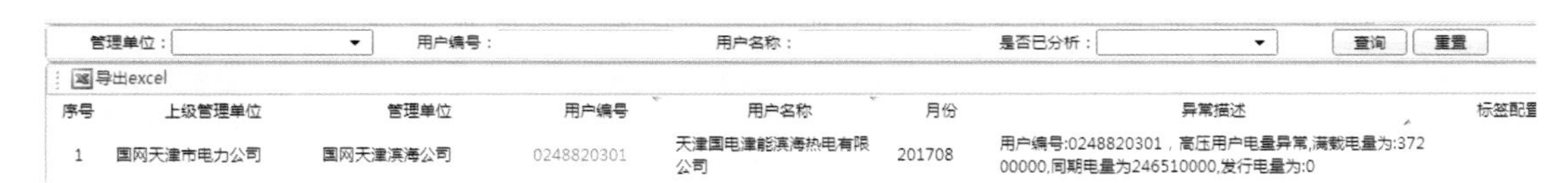

管理单位： 用户编号： 用户名称： 是否已分析： 查询 重置

导出excel

序号	上级管理单位	管理单位	用户编号	用户名称	月份	异常描述	标签配置
1	国网天津市电力公司	国网天津滨海公司	0248820301	天津国电津能滨海热电有限公司	201708	用户编号:0248820301，高压用户电量异常,满载电量为:372000000,同期电量为246510000,发行电量为:0	

图 9－84 采集系统日采集数据

主要原因是正向上网、反向用电，该户实际反向用电，反向用电量为 0，该类问题属于指标监控功能需要完善。

3）同期售电量为 0，发行售电量为 0。

核查源端是否为停运用户。

4）同期售电量不为 0，但与满载用电量偏差较大。

核查源端容量档案和日电量数据。

（2）营销同期售电量与表底计算电量比对异常数。通过比对营销表底计算电量和营销同期售电量比对，分析找出异常数据，见图 9－85。

1）表底计算值为 0，省公司上报电量不为 0，见图 9－86。

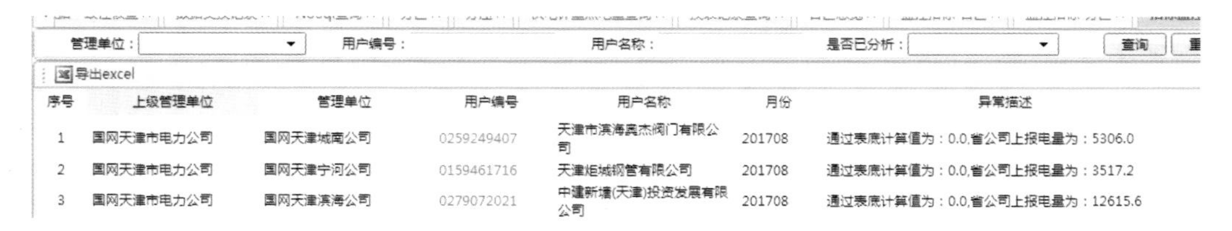

管理单位： 用户编号： 用户名称： 是否已分析： 查询

导出excel

序号	上级管理单位	管理单位	用户编号	用户名称	月份	异常描述
1	国网天津市电力公司	国网天津城南公司	0259249407	天津市滨海真杰阀门有限公司	201708	通过表底计算值为：0.0,省公司上报电量为：5306.0
2	国网天津市电力公司	国网天津宁河公司	0159461716	天津炬城钢管有限公司	201708	通过表底计算值为：0.0,省公司上报电量为：3517.2
3	国网天津市电力公司	国网天津滨海公司	0279072021	中建新塘(天津)投资发展有限公司	201708	通过表底计算值为：0.0,省公司上报电量为：12615.6

图 9－85 同期线损管理系统上表底数据

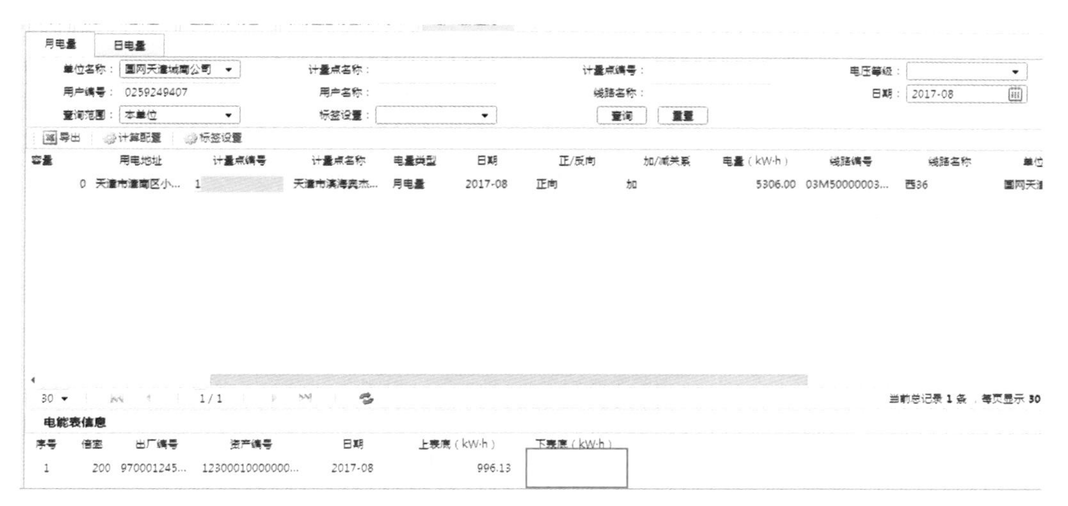

图 9-86　同期线损管理系统下表底数据

核查是否 1 号 0 点有上下表底缺失情况。

2）表底计算值不为 0，省公司上报电量不为 0，差值偏差大。

核查是否 1 号 0 点有上下表底缺失情况。

（3）环比数据比对分析。对于监测出来的高压用户的异常数据，再汇总对应环比数据，比对同期售电量、发行售电量、表底电量数据，进一步筛确认问题数据，见图 9-87。

图 9-87　同期线损管理系统售电量数据

该户上月表底和电量均属正常，只是本月缺失下表底，因此继续核查表底缺失的起始时间。

（4）联动关口数据优先重点排查。导出系统模型，根据表号 meter_id，找出同时存在分区、分压、分线等模型中的表号，该部分数据重点核查和联动，如有计量点或者表计更换，或者表底缺失、电量不完整，优先安排处理该类关口数据，提升数据核查效率，见图 9－88。

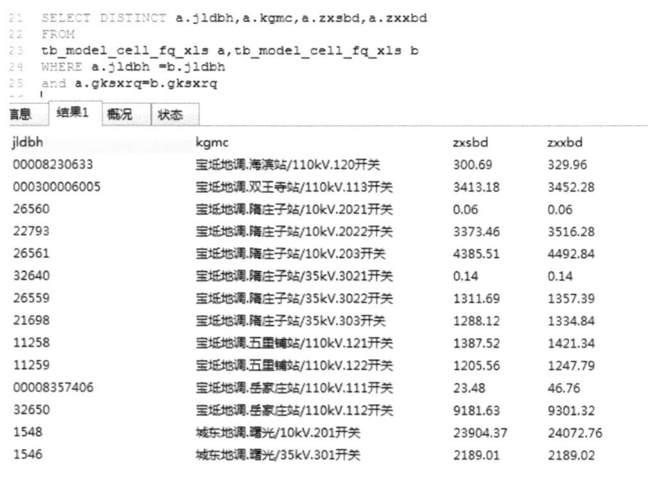

```
21 SELECT DISTINCT a.jldbh,a.kgmc,a.zxsbd,a.zxxbd
22 FROM
23 tb_model_cell_fq_xls a,tb_model_cell_fq_xls b
24 WHERE a.jldbh =b.jldbh
25 and a.gksxrq=b.gksxrq
```

信息 结果1 概况 状态

jldbh	kgmc	zxsbd	zxxbd
00008230633	宝坻地调.海滨站/110kV.120开关	300.69	329.96
000300006005	宝坻地调.双王寺站/110kV.113开关	3413.18	3452.28
26560	宝坻地调.隋庄子站/10kV.2021开关	0.06	0.06
22793	宝坻地调.隋庄子站/10kV.2022开关	3373.46	3516.28
26561	宝坻地调.隋庄子站/10kV.203开关	4385.51	4492.84
32640	宝坻地调.隋庄子站/35kV.3021开关	0.14	0.14
26559	宝坻地调.隋庄子站/35kV.3022开关	1311.69	1357.39
21698	宝坻地调.隋庄子站/35kV.303开关	1288.12	1334.84
11258	宝坻地调.五里铺站/110kV.121开关	1387.52	1421.34
11259	宝坻地调.五里铺站/110kV.122开关	1205.56	1247.79
00008357406	宝坻地调.岳家庄站/110kV.111开关	23.48	46.76
32650	宝坻地调.岳家庄站/110kV.112开关	9181.63	9301.32
1548	城东地调.曙光/10kV.201开关	23904.37	24072.76
1546	城东地调.曙光/35kV.301开关	2189.01	2189.02

图 9－88　关口数据

（5）治理与现场核查处理派工。通过监测数据分析核查，统计归类出哪些是采集通道异常还是档案异常，如是采集问题需确认是采集临时故障还是长期现象，以便有针对性进行数据治理和现场派工核查，最终将问题进行进一步消缺。

9.6.1.4　应用成效

按电量数据进行问题分类，分析出不同原因，总结治理规律，大幅提升工作效率，提高供售电量数据完整性，提升线损率计算准确率。

9.6.2　地市公司供电量异常快速诊断经验

涉及专业：发展、调控。

9.6.2.1　场景描述

某省公司在开展全省分地市供电量计算过程中发现，各地市公司在供电量出现偏差时很难判断异常原因，需要与项目组反复电话沟通确认，费时费力，同时也占用了项目组大量的精力，降低了工作效率。

9.6.2.2　问题分析

该省公司经过调研，发现该问题是由于使用者权限不同，所能查看到的数据也不同，导致出现问题不能及时发现原因。但是为了固化前期工作成果，避免地市公司随意调整数据，省级账号权限不能交给地市公司操作，导致该问题一直存在。

9.6.2.3　解决措施

1. 解决思路

经过分析，该省公司认为可以通过电能量系统和同期线损管理系统的几个不同口径的供电量数据对比，快速诊断出问题大致范围，同时将诊断结果和项目组每日处理地市问题的进度清单通过省信通 5186 平台向全省各地市公布，使问题处理进度能够及时被记录和跟踪，直至问题解决，形成问题处理闭环机制。

2. 解决步骤

（1）制定省调电厂、地调电厂及各地市电能量系统与同期线损管理系统合计电量差异表（见图 9－89），以省调电厂、地调电厂与系统合计电量的分类进行偏差率计算，并进行排查。

省调电厂、地调电厂及各地市电能量系统与线损系统合计电量差异表

2016 年 5 月　　（单位：千瓦时）

序号	单位	统计报表数据	电能量系统合计电量	线损系统合计电量	偏差率（7.14）	偏差率（7.15）	电能量系统地调电厂上网电量	线损系统地调电厂上网电量	偏差率	电能量系统省对地上网电量	线损系统省对地上网电量	偏差率
1	省调电厂	29197618200		30207497040	-3.46%	-3.46%	-	-	-	-	-	-
2	地调电厂	1935650000	1770157529	1770014106	8.56%	8.56%	-	-	-	-	-	-
3	苏州公司	9898930000	9901873615	9888667619	0.10%	0.10%	317356932	317356280	0.00%	9584516683	9571311339	0.14%
4	南京公司	3222275100	3222212838	3222229034	0.00%	0.00%	64964176	64976308	-0.02%	3157248662	3157252726	0.00%
5	淮安公司	1086159852	1086217932	1080706543	0.50%	0.50%	75735868	70285055	7.20%	1010482064	1010421488	0.01%
6	盐城公司	2265850000	2265852549	2272660190	-0.30%	-0.30%	232421281	234019831	-0.69%	2033431268	2038640359	-0.26%
7	宿迁公司	1300352870	1300352870	1285889591	1.11%	1.11%	119455964	120586475	-0.95%	1180896906	1165303116	1.32%
8	徐州公司	2384171353	2384171353	2378422216	0.24%	0.24%	197475595	193113308	2.21%	2186695758	2185308908	0.06%
9	泰州公司	1713090000	1713088398	1713113042	0.00%	0.00%	107439733	107502526	-0.06%	1605648665	1605610516	0.00%
10	扬州公司	1547130000	1536470850	1547134089	0.00%	0.00%	94697173	95110430	-0.44%	1441773677	1452023659	-0.71%
11	镇江公司	1609570000	1609734961	1608253866	0.08%	0.08%	38751192	38753773	-0.01%	1570983769	1569500093	0.09%
12	连云港公司	1233070000	1233076876	1237268535	-0.34%	-0.34%	58283214	58283253	0.00%	1174793662	1178985282	-0.36%
13	南通公司	2797760000	2797764493	2927577041	-4.64%	-4.64%	189949148	191742224	-0.94%	2607815345	2735834817	-4.91%
14	无锡公司	4787716045	4787109825	4786179674	0.03%	0.03%	191060888	187758902	1.73%	4596048937	4598420772	-0.05%
15	常州公司	3246680000	3249222921	3269687482	-0.71%	-0.71%	97898357	90525741	7.53%	3151324564	3179161741	-0.88%

图 9－89　电厂分类表

（2）如省对地上网电量偏差较大，地调电厂上网偏差较小，基本可以确定是省对地关口出现问题，见图 9－90。

省调电厂、地调电厂及各地市电能量系统与线损系统合计电量差异表

2016 年 5 月　　（单位：千瓦时）

序号	单位	统计报表数据	电能量系统合计电量	线损系统合计电量	偏差率（7.14）	偏差率（7.15）	电能量系统地调电厂上网电量	线损系统地调电厂上网电量	偏差率	电能量系统省对地上网电量	线损系统省对地上网电量	偏差率
1	省调电厂	29197618200		30207497040	-3.46%	-3.46%	-	-	-	-	-	-
2	地调电厂	1935650000	1770157529	1770014106	8.56%	8.56%	-	-	-	-	-	-
3	苏州公司	9898930000	9901873615	9888667619	0.10%	0.10%	317356932	317356280	0.00%	9584516683	9571311339	0.14%
4	南京公司	3222275100	3222212838	3222229034	0.00%	0.00%	64964176	64976308	-0.02%	3157248662	3157252726	0.00%
5	淮安公司	1086159852	1086217932	1080706543	0.50%	0.50%	75735868	70285055	7.20%	1010482064	1010421488	0.01%
6	盐城公司	2265850000	2265852549	2272660190	-0.30%	-0.30%	232421281	234019831	-0.69%	2033431268	2038640359	-0.26%
7	宿迁公司	1300352870	1300352870	1285889591	1.11%	1.11%	119455964	120586475	-0.95%	1180896906	1165303116	1.32%
8	徐州公司	2384171353	2384171353	2378422216	0.24%	0.24%	197475595	193113308	2.21%	2186695758	2185308908	0.06%
9	泰州公司	1713090000	1713088398	1713113042	0.00%	0.00%	107439733	107502526	-0.06%	1605648665	1605610516	0.00%
10	扬州公司	1547130000	1536470850	1547134089	0.00%	0.00%	94697173	95110430	-0.44%	1441773677	1452023659	-0.71%
11	镇江公司	1609570000	1609734961	1608253866	0.08%	0.08%	38751192	38753773	-0.01%	1570983769	1569500093	0.09%
12	连云港公司	1233070000	1233076876	1237268535	-0.34%	-0.34%	58283214	58283253	0.00%	1174793662	1178985282	-0.36%
13	南通公司	2797760000	2797764493	2927577041	-4.64%	-4.64%	189949148	191742224	-0.94%	2607815345	2735834817	-4.91%
14	无锡公司	4787716045	4787109825	4786179674	0.03%	0.03%	191060888	187758902	1.73%	4596048937	4598420772	-0.05%
15	常州公司	3246680000	3249222921	3269687482	-0.71%	-0.71%	97898357	90525741	7.53%	3151324564	3179161741	-0.88%

图 9－90　省对地关口有问题的数据

（3）如省对地上网电量偏差较小，地调电厂上网偏差较大，则基本可以判定是地市关口维护出现错误，见图 9－91。

省调电厂、地调电厂及各地市电能量系统与线损系统合计电量差异表												
2016年5月											（单位：千瓦时）	
序号	单位	统计报表数据	电能量系统合计电量	线损系统合计电量	偏差率（7.14）	偏差率（7.15）	电能量系统地调电厂上网电量	线损系统地调电厂上网电量	偏差率	电能量系统省对地上网电量	线损系统省对地上网电量	偏差率
1	省调电厂	29197618200		30207497040	-3.46%	-3.46%	-	-	-	-	-	-
2	地调电厂	1935650000	1770157529	1770014106	8.56%	8.56%	-	-	-	-	-	-
3	苏州公司	9898930000	9901873615	9888667619	0.10%	0.10%	317356932	317356280	0.00%	9584516683	9571311339	0.14%
4	南京公司	3222275100	3222212838	3222229034	0.00%	0.00%	64964176	64976308	-0.02%	3157248662	3157252726	0.00%
5	淮安公司	1086159852	1086217932	1080706543	0.50%	0.50%	75735868	70285055	7.20%	1010482064	1010421488	0.01%
6	盐城公司	2265850000	2265852549	2272660190	-0.30%	-0.30%	232421281	234019831	-0.69%	2033431268	2038640359	-0.26%
7	宿迁公司	1300352870	1300352870	1285889591	1.11%	1.11%	119455964	120586475	-0.95%	1180896906	1165303116	1.32%
8	徐州公司	2384171353	2384171353	2378422216	0.24%	0.24%	197475595	193113308	2.21%	2186695758	2185308908	0.06%
9	泰州公司	1713090000	1713088398	1713113042	0.00%	0.00%	107439733	107502526	-0.06%	1605648665	1605610516	0.00%
10	扬州公司	1547130000	1536470850	1547134089	0.00%	0.00%	94697173	95110430	-0.44%	1441773677	1452023659	-0.71%
11	镇江公司	1609570000	1609734961	1608253866	0.08%	0.08%	38751192	38753773	-0.01%	1570983769	1569500093	0.09%
12	连云港公司	1233070000	1233076876	1237268535	-0.34%	-0.34%	58283214	58283253	0.00%	1174793662	1178985282	-0.36%
13	南通公司	2797760000	2797764493	2927577041	-4.64%	-4.64%	189949148	191742224	-0.94%	2607815345	2735834817	-4.91%
14	无锡公司	4787716045	4787109825	4786179674	0.03%	0.03%	191060888	187758902	1.73%	4596048937	4598420772	-0.05%
15	常州公司	3246680000	3249222921	3269687482	-0.71%	-0.71%	97898357	90525741	7.53%	3151324564	3179161741	-0.88%

图 9－91　地市关口维护有问题的数据

（4）每天将最新统计的省调电厂、地调电厂及各地市电能量系统与同期线损管理系统合计电量差异表下发到各个地市，由各地市自行分析问题并解决。

（5）每天项目组将地市反馈的问题和解决情况加以记录，形成“同期线损管理系统实施问题逐日汇总表”，放在信通 5186 网站上供地市公司下载查看，避免对类似的问题重复电话沟通，见图 9－92 和图 9－93。

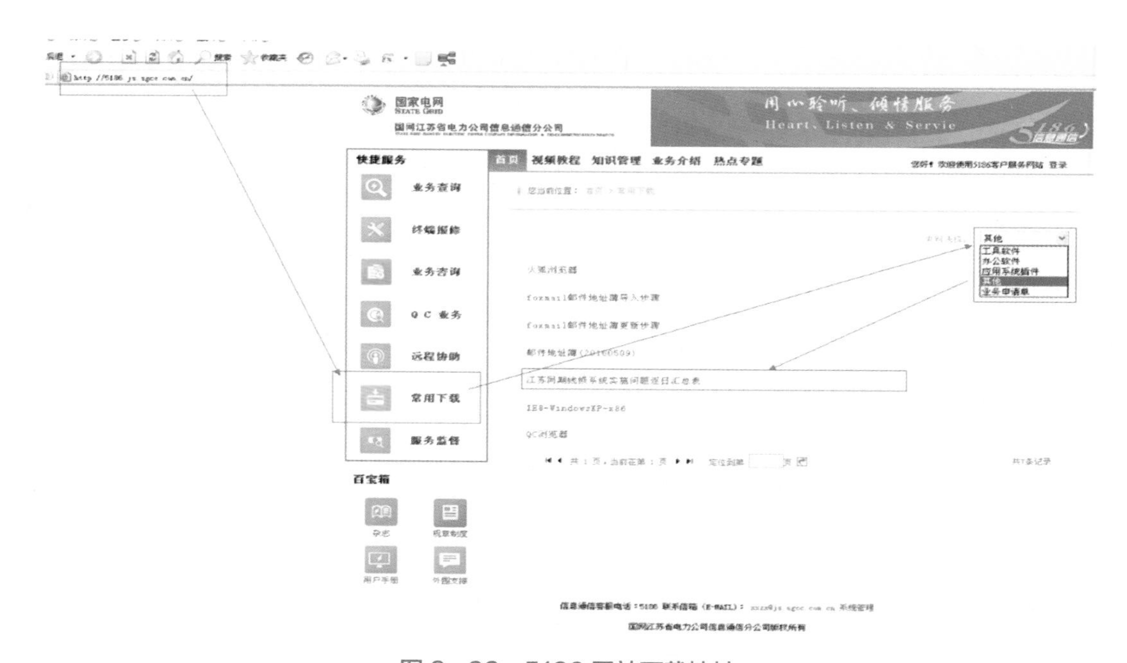

图 9－92　5186 网站下载地址

江苏同期线损系统实施问题逐日登记汇总表

序号	地市公司	*联系方式	*问题/需求描述	问题类型	项目组处理人	问题提交时间	问题状态	解决时间	备注（解决方案）
1	盐城	13815585123	射阳吉阳II期光伏电厂，二期701线，关口需要删除，要去掉该电量，已包含在854口子中，重复计算	关口配置	王云	2016.07.18下午4点半	已解决	2016.07.19上午9点半	
2	盐城	13815585123	华电东台光伏一三期，263，要去掉该电量，已包含在253口子中，重复计算	关口配置	王云	2016.07.18下午4点半	已解决	2016.07.19上午9点40	
3	盐城	13815585123	天合响水光伏，隆光988线，1、要减掉永能光伏301乙的电量，988包含了301乙电量，2、电量要乘系数	电量增补		2016.07.18下午5点半	未解决		等待总部下发程序
4	盐城	13815585123	盐城.响水天合光伏/35kV.35kV变压器301乙开关，目前在线损系统中该关口已去除，对总电量无影响，但是对省对地关口和地调电厂关口两个分类有影响。：永能光伏301乙关口在地调、省调口子都要出现的，在地调电厂直接用301计算永能电量，在统调电厂里是要用988-301，得出恒能光伏电量	电量增补		2016.07.18下午6点半	未解决		等待总部下发程序
5	苏州	13806208406	江苏.吴江热电/220kV.热泽4X96开关，需要增加虚拟关口	关口配置	王云	2016.07.19上午9点40	已解决	2016.07.19上午10点40	
6	南通	13962934506	南通市，海安变，1号主变-低，南通市，海安变，2号主变-低，南通市，海安变，2号主变-中，需要重新配置	关口配置	王云	2016.07.19上午10点	已解决	2016.07.19上午11点20	
7	盐城	13815585123	盐城市，黄尖变，东南I线741-新，盐城市，黄尖变，东南II线742-新，增补电量	电量增补	王云	2016.07.19上午12点	已解决	2016.07.19下午2点	
8	泰州	13952634629	泰州医药城分布式电站，发电并网口开关，泰州核润光伏，马灌核润795支线，增补电量	电量增补	王云	2016.07.19下午2点	已解决	2016.07.19下午3点	
9	常州	15961201505	常州6月份新增加的4个地调电厂关口	关口配置	董刚	2016-7-18	已解决	2016-7-18	
10	盐城	025-85082205	请与项目组联系，把不对的关口改过来	电量增补	闫小龙	2016-7-18	已解决	2016-7-18	电话技术解决，现场自行配置和修改
12	南京	15077843856	南京6月电量核对说明：	关口配置	董刚	2016-7-19	已解决	2016-7-19	
13	镇江	13506104167	增加4个开关	关口配置	董刚	2016-7-20	解决中	2016-7-20	已发开发，等待开发组更新数据
14	宿迁	18751035632	大兴兴塘河光伏.发电机并网口.正向有功	新增电厂开关计量点	王云	2016.07.19上午10点	已解决	2016.07.20上午11点半	
15	宿迁	18751035632	德信泰和罗圩光伏.南电931线.正向有功（分量表没有）	新增电厂开关计量点	王云	2016.07.19上午10点	已解决	2016.07.20上午11点半	
16	宿迁	18751035632	中建材郑楼光伏电厂.电郑1#178.正向有功0.984	新增电厂开关计量点	王云	2016.07.19上午10点	已解决	2016.07.20上午11点半	
17	宿迁	18751035632	中建材郑楼光伏电厂.电郑2#188 正向有功0.984	新增电厂开关计量点	王云	2016.07.19上午10点	已解决	2016.07.20上午11点半	
18	宿迁	18751035632	西郊变.#2主变-中.反向有功	新增电厂开关计量点	王云	2016.07.19上午10点	已解决	2016.07.20上午11点半	
19	宿迁	18751035632	西郊变.#2主变-低A.反向有功	新增电厂开关计量点	王云	2016.07.19上午10点	已解决	2016.07.20上午11点半	
20	宿迁	18751035632	西郊变.#2主变-低B.反向有功	新增电厂开关计量点	王云	2016.07.19上午10点	已解决	2016.07.20上午11点半	
21	宿迁	18751035632	汪圩变.#2主变-中.反向有功	新增电厂开关计量点	王云	2016.07.19上午10点	已解决	2016.07.20上午11点半	
22	宿迁	18751035632	汪圩变.#2主变-低102A.反向有功	新增电厂开关计量点	王云	2016.07.19上午10点	已解决	2016.07.20上午11点半	
23	宿迁	18751035632	汪圩变.#2主变-低102B.反向有功	新增电厂开关计量点	王云	2016.07.19上午10点	已解决	2016.07.20上午11点半	
24	宿迁	18751035632	文城变.#2主变-中.反向有功	新增电厂开关计量点	王云	2016.07.19上午10点	已解决	2016.07.20上午11点半	
25	宿迁	18751035632	文城变.#2主变-低102A.反向有功	新增电厂开关计量点	王云	2016.07.19上午10点	已解决	2016.07.20上午11点半	
26	宿迁	18751035632	文城变.#2主变-低102B.反向有功	新增电厂开关计量点	王云	2016.07.19上午10点	已解决	2016.07.20上午11点半	
27	徐州	13815306777	徐州，大庙变，大凤304，关口电量差距多，换表，表底数据有问题，	电量增补	王云	2016.07.19下午5点	已解决	2016.07.20上午12点	
28	南京		1.计量点id3033327 槽坊变2#主变中关口倍率由132000变成264000 2.然后帮我在6月统计电量中，增补正向电量 -362084606	电量增补	董刚	2016-7-20	已解决	2016-7-20	
29	盐城	13815585123	解释偏差率的原因，发邮件具体说明，串联电厂，系数等差异；	电量增补	闫小龙	2016-7-21	已解决	2016-7-21	
30	南通	13962934506	跨市关口，常乐变海崇线，影响偏差较大（300多万电力），	关口配置	王云	2016-7-21	解决中		
31	宿迁	18751035632	系统界面供入电量与昨天有差异，	关口配置	王云	2016-7-21	已解决	2016-7-21	
32	淮安		缺少一个水电站，需要增加	新增电厂开关计量点	董刚	2016-7-21	未解决	2016-7-21	
33	苏州	13806208406	关口配置出现问题，需要配合解决；	关口配置	王云	2016-7-21	已解决	2016-7-21	
34	泰州	13952634629	系统界面保存增补电量出现问题：需要切换端口	电量增补	董刚	2016-7-21	已解决	2016-7-21	

图 9－93　同期线损管理系统实施问题逐日汇总表

9.6.2.4　应用成效

该省公司根据省调电厂、地调电厂及各地市电能量系统与同期线损管理系统合计电量差异表，能从全局角度对全省各地市的供电量情况有一个清晰的了解，同时能根据不同统计角度的偏差率，迅速判断出系统使用中的问题，并通过多种沟通渠道对地市进行反馈，地市供电量数据异常快速诊断的要求得以解决。

9.6.3　计算供电量与统计报表数据存在偏差的分析及解决

涉及专业：发展、信通、调控。

9.6.3.1　场景描述

现阶段需要在同期线损管理系统中进行某省公司、大型供电企业的 5 月分区供电量接入及计算，通过海量平台获取该省电能量计量系统的表底数据并上传至总部后，将系统计算结果与业务部门的 5 月统计报表进行核对，发现计算结果与统计报表存在偏差。

9.6.3.2　问题分析

此问题涉及同期线损管理系统计算数据、统计报表、关口系统、海量平台四个环节，所以需要对每个环节进行核查以明确原因。

1. 同期线损管理系统计算数据与统计报表进行核对

从同期线损管理系统的“区域关口一览表”界面导出分区关口的表底及供电量数据，与统计报表进行逐条核对，发现部分关口的表底数据存在差异，导致供电量计算结果不一致。

2. 同期线损管理系统计算数据与关口系统进行核对

由于统计报表是从关口系统导出，为进一步查明原因，将同期线损管理系统计算数据与关口系统中的数据进行核对，发现此类异常数据均存在主、副表现象，而同期线损管理系统都取了副表值。以该省某市供电公司的临海1号主变压器中压侧111表为例，在关口系统中查到该测点反向有功主表值为14 004.070 0，副表值为8876.120 0，但同期线损管理系统中导入的表底数据为副表值8876.1200，表底取值错误，见图9－94。

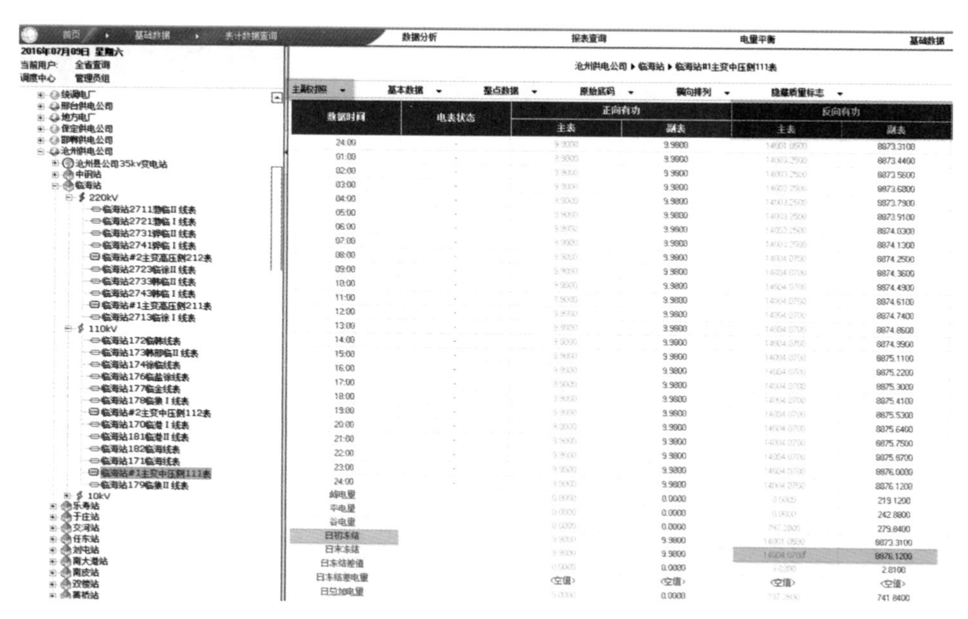

图9－94 源端系统关口表数据

3. 同期线损管理系统计算数据与海量平台进行核对

排除源端系统数据错误的可能后，将同期线损管理系统中导入的表底数据与海量平台中的数据进行比对，发现两者一致，协调海量厂商共同分析，最终确定是由于海量平台在抽取关口系统表底数据时未对主、副表进行区分，抽取同一测点主、副表的正向有功、反向有功数据可能都等于主表值，也可能都等于副表值，所以导致同期线损管理系统计算供电量产生偏差。

9.6.3.3 解决措施

1. 解决思路

发现问题后，对同期线损管理系统计算数据、统计报表、关口系统、海量平台四个环节进行核查比对，明确了问题原因，最终由海量厂商配合整改解决问题。

2. 解决步骤

协调海量厂商修改海量平台抽取此类测点的数据抽取逻辑，区分主表、副表的表底数据，保证与源端一致，完成整改后将表底数据上传总部数据库并重新计算。

9.6.3.4 应用成效

解决此问题后，该省公司、该市分区5月供电量计算结果与统计报表的偏差率由30%

降低至 10%左右，提升了准确性。

目前系统建设工作逐渐向要求数据准确性过渡，以后遇到类似问题时，同样需要按“线损数据、目标数据、源端系统数据、中间库”逐个环节核查的思路分析、解决问题，以提高工作效率，提升数据准确性。

第 10 章

应用管理提升

系统的深化应用，需要各部门的鼎力支持，作为跨专业跨部门的信息系统，各部门的配合显得尤为重要。本章主要从应用管理的角度，阐述面向同期线损管理系统在应用中遇到的问题及其解决措施。

10.1 多专业业务协同

10.1.1 领导主抓、发策牵头、专业协同、多方推进

涉及专业：发展、信通、运检、营销、调控。

10.1.1.1 场景描述

国网同期线损管理系统的实施工作是一个关系多个层级、涵盖 5 个部门（即发展、调度、生产、营销、科信）、涉及 8 个应用系统 4 个平台实施厂商的高复杂性工作，因此建立一个结构合理、分工明确、管理有力、沟通高效的项目工作组织是完成项目实施的关键。

10.1.1.2 问题分析

主要问题为各专业部门之间各项业务流程相互独立，不同专业之间存在壁垒，缺乏有效沟通渠道，难以形成合力开展同期线损管理系统建设工作。

10.1.1.3 解决措施

为保障同期线损管理系统试点工作在有序开展，明确建设计划和要求，高质量完成系统建设任务，按照国家电网有限公司统一部署，成立以省公司副总经理及各业务部门领导组成的项目领导组和工作组，总体指导项目实施工作。工作组下成立由发展部负责的业务

管理组，以及实施厂商成立的项目实施组，开展国网同期线损管理系统具体实施工作（见图10－1）：

1）省公司领导主抓，对重大事务进行决策。

2）发展部牵头，协调业务部门配合。

3）业务部门协同，推进数专业数据集成。

4）科信部门监督，推动支撑厂商工作进度。

5）成立实施工作组，明确分工、落实责任。

（1）项目领导组。负责项目建设的组织和领导，总体领导各组开展工作，对项目重大事务进行决策，对总体工作进行指导、对项目资源进行部署，领导本单位实施项目建设。

（2）项目工作组。按照领导组的部署和安排，协调项目建设的各项资源，指挥各组开展工作；对项目建设全过程进行管理，跟踪和管控项目总体进度、质量。

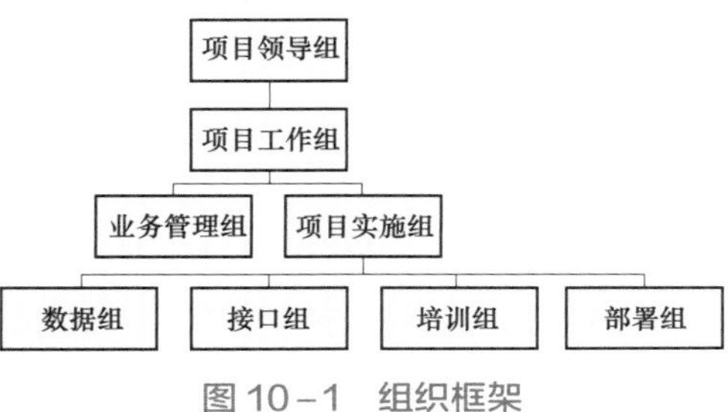

图10－1　组织框架

（3）业务管理组。负责提供业务指导、管理业务数据质量。

1）发展部。工作牵头部门，负责组织协调各部门贯彻落实工作安排和要求，组织开展专题研究、业务管理功能需求设计、系统测试等工作，做好实施进度和质量的过程管控，按进度计划完成工作。

2）营销部。负责营销专业线损管理需求的梳理和审核；负责做好营销业务应用系统、用电信息采集系统维护工作，组织客户服务中心做好智能电能表、关口表计的维护、及时消缺工作，确保计量设备运行正常，综合采集成功率在99%以上；加快新装智能电表应用的进度，确保采集接入率达100%；配合系统实施厂商做好同期线损管理系统与营销业务应用系统、用电信息采集系统的对接、集成与测试工作。

3）运检部。负责运检专业线损管理需求的梳理和审核；牵头开展营配调信息集成与应用工作，与营销部、客户服务中心、配电运检室协同开展基础数据治理，梳理核对并修正“变电站—线路—台区—用户”拓扑关系及台账；配合系统实施厂商做好同期线损管理系统与PMS系统的对接、集成与测试工作。

4）调控中心。负责调度专业线损管理需求的梳理和审核；负责做好电能量采集系统维护工作，确保系统数据准确；配合系统实施厂商做好同期线损管理系统与SCADA、电能量采集系统的对接、集成与测试工作。

5）信通公司。配合开展信息技术支持与硬件支撑协调工作。

（4）项目实施组。按照项目工作组要求开展项目实施工作。由数据组、接口组、培训组、部署组构成。

1）数据组。负责国网同期线损管理系统的数据治理、功能验证、数据验证、数据迁移工作。

2）接口组。负责接口方案落实、联调计划制定，开展配置验证及联调实施工作。

3）培训组。负责系统功能的培训工作。

4）部署组。负责省级数据库程序部署工作。

建立沟通机制，实时监督进度，解决难点问题：通过四方例会制度、周通报制度、工作日汇报制度，加强实施工作的监督，使各方掌控、了解实施工作细节，及早发现问题、及时消除问题，推进实施进度，保障实施质量。

组织专业协调周例会：省公司发展部、科信部牵头组织运检部门、营销部、调控中心相关人员每周召开专业协调会，主要对系统集成情况、数据治理情况进行跟踪，讨论、解决系统建设过程中遇到的重大事项及难点，有效保障系统建设进度及质量。

系统集成工作有序开展：各业务部门相互协作，安排各业务系统相关人员落实集成方案，设计、开发数据推送接口，并通过“日跟踪－日通报”机制，每日跟踪并通报各业务系统接口开发进度，保障系统集成工作按时、保量完成。

10.1.1.4　应用成效

不同部门、不同专业的分工协作，不断优化改善各类业务流程，有效提升公司基础管理水平。

10.1.2　深化推进营配贯通工作

涉及专业：运检、营销。

10.1.2.1　场景描述

营配调贯通工作对各专业的协同要求高，工作涉及多个部门、多套系统，协调难度大，如线变户一致率提升工作难度大。

10.1.2.2　问题分析

运检、营销的专业系统侧重于专业管理，相关指标管理要求和评价标准与同期线损管理系统的要求存在偏差。为确保系统建设成效，对数据规范治理、系统集成、数据接入等方面提出了更高要求，需推动营配调贯通工作进一步深化。

10.1.2.3　解决措施

1. 解决思路

按照“夯实数据基础、加强系统支撑、深化业务应用”的方针，在先期开展数据综合治理工作的基础上，制定《营配调信息集成与应用工作方案》，加强短板重点攻坚，运检、营销、配电等专业部门加强营配贯通“线－变”关系核查整改，提升数据质量，同时严格管控低压异动流程，确保数据治理成效，努力提升营配调业务的高度融合。

2. 解决步骤

（1）在组织机构方面，形成以指挥部为领军、多部门配合、全基层班组参与的管理结构。

（2）分工维护，数据共享。营配贯通采录范围涉及从馈线－配电变压器－动力箱－表箱－用户的基础信息，及它们之间的网络拓扑关系，并在运检 GIS、营销 SG186、用电信息采集三大系统实现分头维护，数据共享，见图 10－2 和图 10－3。

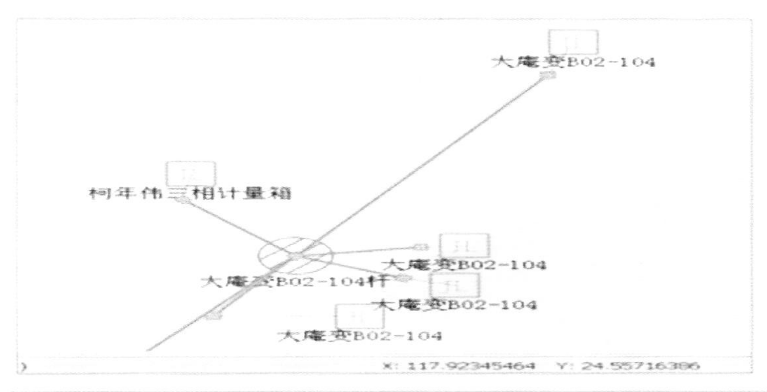

所属线路名称	变压器名称	低压接入点	计量箱名称	计量箱编号
东孚变电站915	大庵变	大庵变B02-104	大庵变B02-104	354022257963

图 10－2　源端系统采录图

计量箱编号	计量箱ID	电表ID	用户标识	用户名称
354022257963	106602051	1024980670	0520661077	邵国强
354022257963	106601977	1024951817	0520661177	柯年伟

图 10－3　源端系统计量点信息

（3）协同开展现场勘察工作。为使基层班组更方便、有效、正确地开展现场勘察工作，编写《营配线变户提升现场工作手册》对现场勘察工作进行操作说明，包括以下内容：

1）开工前准备材料。

一是台区低压线路地理图，用来核对台区、低压动力箱、低压电杆、表箱的位置等信息。

二是抄表顺序表，抄表人员用来核对现场表箱编号及用户户号的信息，作为系统关联依据。

三是营配基础提升台区普查表，见图 10－4。

营配基础提升台区普查表								
序号	所属台区	表箱低压电源接入点（如：低压A1、A2杆或XX动力箱403等）	表箱编号（若无表箱编号，登记“所在表箱内的其他任一电表EP编号”）	表箱地址（如：XX路XX号门边或XX门牌对面等）	单/三相	表位数	实际装表数	备注
1								

图 10－4　营配基础提升台区普查表示意

2）图纸标绘。配电人员打印地理位置图，核对台区、低压电杆、动力箱、表箱位置等，并对表箱位置进行虚拟编号。

打印台区的供电地理信息图，现场核对时，在地理信息图上画出低压杆号及表箱大致位置、表箱编号；建模人员依据台区现场人员标绘的图纸，进行建模或核对。

3）表格填写。

一是抄表顺序表。抄表人员打印抄表顺序表，核对现场表箱和户号的信息，该表格作为 SG186 数据修改的依据和系统表箱关联的对接；抄表人员重新核对表箱并粘贴表箱编号，同时采集表箱编码及表箱用户信息，上传 SG186 系统。

二是表箱位置表。用于系统关联及录入表箱台账信息，便于今后的维护及抢修管理。

营配基础提升台区普查表示意见图 10－5。

营配基础提升台区普查表								
序号	所属台区	表箱低压电源接入点（如：低压A1、A2杆或XX动力箱403等）	表箱编号（若无表箱编号，登记“所在表箱内的其他任一电表EP编号”）	表箱地址（如：XX路XX号门边或XX门牌对面等）	单/三相	表位数	实际装表数	备注
1	中华配电站	中华#1配电箱403开关	010087448339 010091337385 BX4360694	海坛路58号旁	单相	6	3	
2	中华配电站	中华#1配电箱403开关	010091400382	海坛路58号旁	单相	1	1	
3	中华配电站	中华#1配电箱402开关	010086523168	海坛路对面	三相	1	1	

图 10－5　营配基础提升台区普查表示意

4）台区用户识别仪使用。针对低压电缆连接关系不明、表箱归属关系不清的台区，通过台区用户识别仪，确定用户归属台区。

（4）合力提升数据治理相关指标。通过明确责任部门与责任人，加强部门协作，制定变压器箱户一致率、公用专用变压器一致率指标提升计划，以周为一个通报周期，下达周目标值，辅以奖惩方案加强监督，紧跟目标全程管控。通过建立营配指标考评体系，包括基础数据提升、深化系统应用、现场人工抽查三大类共 24 项指标，实现营配工作全流程管控，闭环管理。

（5）增量信息采录，严控低压异动管理，确保数据治理成效。编写制定《营配异动管理办法》《低压异动管理办法》《营配线变户提升现场工作手册》《采集调试作业指导手册》等两个办法和五个手册，进一步规范营配异动交互流程，明确岗位职责，为营配贯通提供制度保障与系统支撑。

强化标准化低压异动管理模式，遵循“谁负责项目，谁发起设备异动”原则，异动由项目负责部门发起或项目负责部门委托施工检修部门发起；由营销部门负责零星业扩用户异动及 GIS 表箱建模；配电部门负责批量新装、分流改造的 GIS 变压器箱关系建模，并确保变压器箱户关系建档正确；调度抢修指挥中心负责低压异动管控。

每周召开低压异动管理协调会，对低压异动情况进行抽查、预警、通报、考核，确保低压异动的正确性、及时性、规范性，避免同一类问题重复出现，确保基础数据治理成效。

10.1.2.4 应用成效

通过系统建设，促进不同专业信息资源的融合共享，跨专业分析，共同查找、解决存在问题，实现专业闭环管理，极大提升了规划、生产、营销、运行等部门业务协同及专业管理水平，促进了营配调末端业务的高度融合。

结合营配基础数据治理工作，运检、营销等部门协同编写了《营配线变户提升现场工作手册》，指导现场勘察工作，推动试点工作有序开展。

10.1.3 专业联动，提升同期线损精益化管理水平

涉及专业：发展、信通、运检、营销、调控。

10.1.3.1 场景描述

根据一段时间的工作完成情况看，某公司各专业、各单位的协同配合还有待加强，部分指标互相支撑不足。如“母线电量平衡合格率”指标，虽然是调控中心牵头负责，但须“运检维护完善 PMS 台账信息、营销确保用电采集电量及时准确、调控中心模型配置无误”这三项工作同时完成时才能保证该指标合格。

10.1.3.2 问题分析

虽然经过阶段性的工作磨合，该公司各相关专业、各直属单位的分工配合积累了一些经验，但随着系统建设的深入，需要相互配合完成的指标更多、数据量更大，意味着日常沟通协调次数更多，内容更广。若要尽快达到国网总体进度目标，顺利完成各项考核指标，需各专业、各单位付出更多、更大的辛勤劳动。

10.1.3.3 解决措施

1. 解决思路

该公司高度重视专业间的协同配合，明确各专业部门管理职责，确保责任落实到位，编制并下发了《电力 2017 年同期线损管理系统建设实施方案》。同时，结合兄弟网省先进管理经验，建立多种沟通及考核机制，促进同期线损项目顺利、稳步推进。

2. 解决步骤

（1）发挥专业优势，主动作为，提升基础档案台账和数据采集质量。

1）多系统对照排查，规范基础档案信息。各部门紧密合作，利用 SG186 系统、OMS 系统和 PMS 系统清理 35kV 及以上变电站一次设备档案，保证变电站、主变压器、线路档案匹配率 100%。

2）清理关口台账，明确考核范围。调度与发展部门紧密合作，清理 35kV 及以上分线、分压关口，对主站和用户资产辨识，明确考核范围，保证关口档案正确率 100%。

3）开展表计排查，加强数据治理。运维与营销部门紧密合作，利用电量采集系统电量数据和报表进行数据比对，及时发现关口电量异常（源端采集失败、表计接线错误、计量点倍率错误、表计精度等问题）并通知计量人员处理，提高关口处缺时效性，确保基础数据质量。

（2）强化专业协同，提高“流程跨专业”工作效率。针对国家电网有限公司月通报同期线损各专业指标排名情况，该公司采取了“指标排名末位督导”工作机制，对指标排名靠后的部门进行专项督导，组织专业人员现场对达标率不满足考核要求的数据逐条查找问题，分析原因，制订整改计划并将督导情况及时向发展、运检、营销、调度等专业部门通报，各专业部门共同商讨解决方案，提高“流程跨专业”工作效率。截至 6 月底，由发展建设部牵头，组织专业人员现场共计解决治理涉及 2 个变电站 9 条高负损线路。

为促进线损管理全面提升，通过集中办公及学习同期线损先进单位的典型经验，该公司成立了以公司领导班子为成员的同期线损专项线损督查小组。以旗县为单位，举行 10kV 线路综合线损率、台区合格率 “两项”劳动竞赛项目，按月对供电所进行排序，前三名授予“红牌•优”表彰牌，后三名授予“白牌•差”警示牌。对连续两次排名靠后的旗县进行集中约谈。旗县员工倍感压力，形成了“你追我赶”的竞争态势。

（3）五个明确。一是目标明确。根据同期线损管理工作要求，明确工作计划，在确保满足同期线损管理要求的基础上实现管理水平的更好提升。二是责任明确。按照确定的线损管理职责分工，进一步细化责任落实，加强专业协同，扎实开展线损管理工作。三是问题明确。仔细梳理线损管理存在的问题，加强定性、定量分析，确保问题清晰、原因明了。四是措施明确。在问题明确的基础上，制定落实整改措施，确保措施到位。五是时间节点明确。制定工作计划，明确时间节点，确保全年工作目标的圆满完成。

10.1.3.4 应用成效

通过以上措施，各专业部门、直属单位开展工作的目标更加明确，工作更加积极，“踢皮球”现象得到根本解决，加快了蒙东同期线损项目建设进度，提升了同期线损数据质量。

10.1.4 信息安全加固助力同期线损管理系统高效实施、安全运行

涉及专业：信通、运检、营销、调度。

10.1.4.1 场景描述

同期线损管理系统通过集成了运检、营销、调度等核心系统获取了档案、电量等重要数据，而系统数据的安全至关重要。因此，某省公司决定从系统实施初期完成系统安全防护及加固工作、助力同期线损管理系统高效实施、安全运行。

10.1.4.2 问题分析

同期线损管理系统数据安全至关重要，如存在软件漏洞将带来极大安全风险。系统上线后，开展补丁修复等停机检修工作将在一定程度上影响系统对外服务。

10.1.4.3 解决措施

1. 解决思路

将同期线损管理系统信息工作落实在系统实施初级阶段。在安全加固工作提升系统数据安全的同时，也提高了系统建设实施效率。该方案对同期线损管理系统功能实现无影响，而且能够在极大程度上提升系统安全稳定性。

2. 解决步骤

（1）操作系统部署阶段，使用安全定制后的操作系统克隆操作，简化操作系统部署工作，提高系统实施效率。

（2）系统安全加固工作，针对主机、数据库等核心部件进行安全加固，建立安全。检查项目及内容见图10－6。

序号	检查项目	安全建议
1	检查openssh版本情况	openssh版本不低于7.0
2	检查高级电源管理服务	禁用apmd高级电源管理服务
3	检查系统自动挂载管理服务	禁用系统自动挂载管理服务autofs
4	检查系统xinetd访问服务	禁用系统inetd访问服务
5	检查系统打印管理服务	禁用系统cups打印管理服务
6	检查系统打印切换服务	禁用系统打印切换服务cups-config-daemon
7	检查系统红外端口守护服务	禁用系统红外端口守护服务irda
8	检查系统isdn宽带拨号访问服务	禁用系统isdn宽带拨号访问服务
9	检查系统硬件探测服务	禁用系统硬件探测服务kudzu
10	检查系统ldap轻量级目录访问服务	禁用系统ldap轻量级目录访问服务
11	检查系统DNS域名解析服务	禁用系统DNS域名解析服务named
12	检查网络文件锁定服务	禁用网络文件锁定服务nfslock
13	检查系统nfs网络文件系统服务	禁用系统nfs服务
14	检查系统netfs网络文件系统自动挂载服务	禁用系统netfs自动挂载服务
15	检查系统名字缓存服务	禁用系统名字缓存服务nscd
16	检查系统pcmcia服务	禁用系统pcmcia服务
17	检查系统rwhod远程登录用户列表查询服务	禁用系统rwhod远程登录用户列表查询服务
18	检查系统sendmail邮件服务	禁用系统sendmail邮件服务
19	检查系统dhcp服务	禁用系统dhcp服务
20	检查系统samba服务	禁用系统samba服务
21	检查系统X Window字型服务	禁用系统X Window字型服务
22	检查xinetd是否启动不必要的服务	禁用intd中全部服务。对于inetd启用的telnet和ftp明文协议，可以使用ssh进行安全替代。

图10－6 检查项目及内容

（3）系统漏洞扫描工作，借助漏洞扫描软件，对常见漏洞开展扫描工作，对扫描出的漏洞安装补丁修复，见图10－7。

5. 漏洞分布

漏洞名称	出现次数
SSL 3.0 POODLE攻击信息泄露漏洞(CVE-2014-3566)【原理扫描】	1
OpenSSH verify_host_key函数 SSHFP DNS RR 检查绕过漏洞(CVE-2014-2653)	1
SSL/TLS 受诫礼(BAR-MITZVAH)攻击漏洞(CVE-2015-2808)【原理扫描】	1
SSH版本信息可被获取	1
可通过HTTP获取远端WWW服务信息	4
检测到目标主机加密通信支持的加密算法	1
远端服务器运行着EPMD服务	1
允许Traceroute探测	2
检测到远端RPCBIND/PORTMAP正在运行中(CVE-1999-0632)	1
检测到远端rpc.statd服务正在运行中	1
ICMP timestamp请求响应漏洞	2
合计	16

图 10－7　漏洞分部

10.1.4.4　应用成效

通过此方案完成同期线损管理系统安全加固工作，在完全满足同期线损管理系统业务需求的同时，提供了系统安全保障。

10.2　核查线变关系和台户关系　实现用户信息精准定位

通过同期线损管理系统的建设，业务部门核准线变关系、户变关系和接入点位置，为停电信息准确推送、抢修精准定位提供支撑；由于同期线损管理系统线变关系、户变关系和接入点位置是基于 PMS、GIS 系统，停电信息推送、抢修定位也是基于 PMS 和 GIS 系统，因此线路和台区线损治理的同时，实现用户信息精准定位，提高了停电信息推送准确性和抢修精准定位准确性。

10.2.1　专用变压器主备供挂接错误导致线损异常分析

涉及专业：运检、营销。

10.2.1.1　场景描述

某省公司 10kV A 线、B 线在同期线损管理系统中线损分别为 100.00%、－201.1182%，严重不合格。

10.2.1.2　问题分析

10kV A 线、B 线线损异常主要是因为同期线损管理系统中月度供电量与月度售电量差值较大造成。

10.2.1.3　解决措施

（1）线路线路关口采集率、公用专用变压器采集率是否为 100%。

登录同期线损管理系统，在配电线路同期月线损模块查询 10kV A 线、B 线采集率均为 100%。

（2）核查线路公用专用变压器是否一致性。

联合运检部、营销部及农电各供电所开展线路公用专用变压器核查的专项活动，核查发现专用变压器用户线变关系不一致。即有一专用变压器用户（某公司）挂接关系有问题，主要体现为该用户有主备供两路电源，现场专用变压器用户实际挂接关系与 GIS 图形、营销系统、同期线损管理系统不一致。

（3）核查电量差异。

登录同期线损管理系统，在配电线路同期月线损模块找到 10kV A 线、B 线，查询 A 线、B 线月度售电量情况。根据用采系统的月度售电量数据对比发现同期线损管理系统线路售电量明细及数据不一致。

针对同期线损管理系统月度售电量明细及数据问题进一步进行核查分析售电量异常问题原因为专用变压器线变关系不一致。即专用变压器用户该公司主备供两路电源，现场专用变压器用户实际挂接关系与 GIS 图形统不一致。后面通过在数据源端 GIS 图形做变更，予以整治。

10.2.1.4 应用成效

运检部联合营销部针对双电源用户专用变压器线变关系进行专项梳理排查整治，完善了 GIS 图形、PMS 台账、营销系统台账信息，对用户信息实现精准的线路挂接关系和定位。

10.2.2 日线损定位线变关系错误导致线损异常分析

涉及专业：运检。

10.2.2.1 场景描述

10kV 某线路在同期线损管理系统中线损为－0.65%，线损率不合格。

10.2.2.2 问题分析

似小负损线路单纯通过月供售电量进行分析，定位出的嫌疑变压器数量可能较多，不利于现场核查工作的开展，但若通过观察系统日线损的波动情况可以尽可能缩小问题的排查范围，加快线损整治效率。

10.2.2.3 解决措施

（1）登录同期线损管理系统，10kV 该线路 2 月的日线损情况见表 10－1。

表 10－1　10kV 该线路 2 月日线损明细

日期	供电量（kWh）	售电量（kWh）	日线损（%）
2月1日	98 400	98 636.87	－0.24
2月2日	100 920	100 820.05	**0.10**
2月3日	94 560	94 592.07	－0.03
2月4日	87 960	88 310.94	－0.40
2月5日	91 320	91 596.06	－0.30
2月6日	86 400	86 928.92	－0.61

续表

日期	供电量（kWh）	售电量（kWh）	日线损（%）
2月7日	83 160	83 726.69	-0.68
2月8日	68 760	77 907.57	-13.30
2月9日	61 680	71 967.24	-16.68
2月10日	36 360	46 601.99	-28.17
2月11日	24 600	34 795.97	-41.45
2月12日	23 280	33 326.81	-43.16
2月13日	18 240	23 349.64	-28.01
2月14日	20 280	18 312.39	9.70
2月15日	20 160	29 947.63	-48.55
2月16日	16 920	26 640.37	-57.45
2月17日	15 240	16 147.96	-5.96
2月18日	17 780	18 700.3	-5.18
2月19日	18 720	20 030.22	-7.00
2月20日	17 160	18 192.39	-6.02
2月21日	17 880	18 765.32	-4.95
2月22日	16 680	17 472.55	-4.75
2月23日	22 080	21 266.93	3.68
2月24日	41 280	41 712.77	-1.05
2月25日	70 920	70 881.15	0.05
2月26日	81 840	81 274.62	0.69
2月27日	84 360	83 504.58	1.01

通过观察可发现，10kV 线路 2 月日线损大多为负，此与月线损为负的情形大体一致，但其中有 6 天的线损为正损，由于线路月线损为负，可以断定当前系统中线路上肯定有多余变压器挂接，如日线损为正则可能此变压器当日用电量减少且用电量小于当日线路的实际线损电量，故可以对日线损一正一负的两个单日的用户日用电量进行比对，将日线损由负到正的过程中日用电量降幅最大的几台变压器列为重点怀疑对象。

（2）为更准确地定位问题，选取 2 月 13 日和 2 月 14 日这组相邻日期进行用户电量比对，一是由于这组代表日间线损由负到正，二是由于这两代表日电量差异不大，表 10-2 为具体比对结果。

表 10－2　日线损波动的用户

用户编号	用户/台区名称	13日	14日	电量波动（kWh）
560000****	兴化****限公司	68.8	55.2	13.6
560004****	兴化****限公司	6	9.2	－3.2
560004****	陈****带厂	2.8	2.9	－0.1
560005****	陈****费站	92.4	97.4	－5
560005****	泰州市A有限公司	4357.5	2630	1727.5
560006****	兴化****厂	0.9	0.9	0
560007****	兴化****限公司	3.9	6	－2.1
12901000****	PMS_****镇3号变压器	961.6	966.4	－4.8
12901000****	PMS_陈****陈南1号变压器	1654.8	1666.2	－11.4
12901000****	PMS_陈****变压器	405.6	348	57.6
12901000****	PMS_****变压器（＋1）	1341	1229.4	111.6
56000****	兴化市****限公司	20.4	17.7	2.7
129010****	PMS_陈****集镇8号变压器	1367.4	1362.3	5.1
56000****	泰州****有限公司	0	0	0
560008****	泰州安****有限公司	0	0	0
1290100****	PMS_****1号变压器	1057.2	978	79.2
560009****	江苏****限公司	0	0	0
56000****	泰州市****械有限公司	52	34.4	17.6
1290100****	PMS_陈****6号变压器	357.54	336.588	20.952
129010****	PMS_陈****7号变压器	893.6	808	85.6
129010****	PMS_陈堡****区变电站	1904.4	1574.4	330
5101445****	江苏****有限公司	718.4	592	126.4
51015****	江苏B有限公司	2400	150	2250
510155****	江苏****有限公司	2.55	2.4	0.15
1290100****	PMS_****中队变电站	409.2	366	43.2
12901000****	PMS_陈****东3号变压器	515.4	430.8	84.6
3090101****	PMS_陈****4号变压器	362.4	342.4	20
1290100****	PMS_****6号变压器	1028.4	1058.4	－30
3090101****	PMS_陈****变电站	994.4	932	62.4
560009****	江苏海****有限公司	81.45	102.6	－21.15
309010****	PMS_陈****园1号变压器	1154.4	1137.6	16.8
30901****	PMS_陈****园开闭1号变电站	0	0	0
3090102****	PMS_陈****园开闭3号变电站	0	0	0
3090102****	PMS_****变电站	1135.2	1075.2	60

通过比对可以发现用户泰州市 A 有限公司和用户江苏 B 有限公司在 2 月 13 日和 2 月 14 日间日用电量发生了大幅下降，日用电量分别下降了 1727.5kWh 和 2250kWh，可以确定这两个用户至少必有一户不在此线路上。经过线路班长现场核查，发现用户泰州市 A 有限公司系统与另外一个专用变压器用户在系统中挂反，已在 PMS 系统中进行整改。此方法同时适用于负损和高损线路的线变关系问题定位，且春节期间居民用电和工业用电都发生比较明显的波动，利于问题分析。

10.2.2.4 应用成效

经过核查分析后，该两条线路线损合格，用户专用变压器挂接关系精准定位，该省公司根据日线损同步核查出现挂接关系错误的用户并杜绝再发生系统中变压器挂接错误的情况。

10.2.3 户变关系不一致导致台区日线损异常分析

涉及专业：营销。

10.2.3.1 场景描述

PMS_某队台区，根据同期线损管理系统日数据分析，该台区 4 月 7 日之前线损率长期保持合格状态，4 月 9 日起线损发生异常波动，线损率达－66.42%，见图 10－8 和图 10－9。

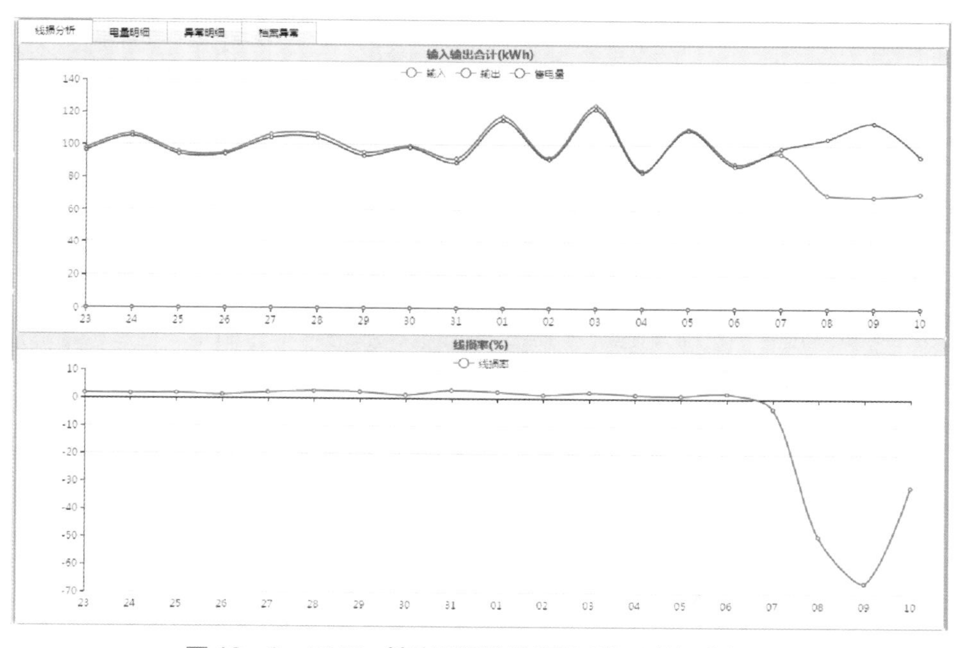

图 10－8 PMS_某队同期线损管理系统日数据分析图

10.2.3.2 问题分析

经查，4 月 9 日该台区供电量 68.50kWh，售电量 114.00kWh，损失电量－45.50kWh。

台区内共有用户表计 4 个，系统内无分布式电源。

针对同期线损异常现象，结合用采系统进行分析：查询 2018 年 4 月 9 日用采系统供售电量。通过数据对比，该台区 4 月 9 日用采供电量与同期线损管理系统电量一致，排除电量四舍五入的因素，排除同期线损因拓扑不连通、表底示数等档案问题导致的线损异常。线损不合格前后用采系统内户变关系没有发生变化，采集成功率 100%。检查总表电压电流无异常，见图 10－10 和图 10－11。

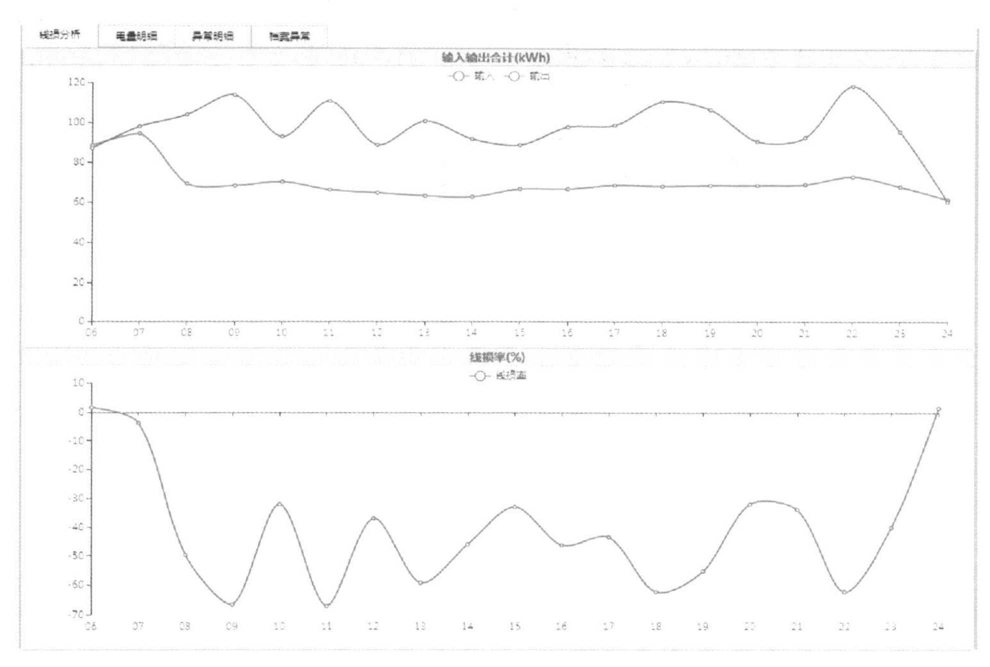

图 10－9　PMS_某队 2018 年 4 月 6～24 日供售电量及线损率曲线

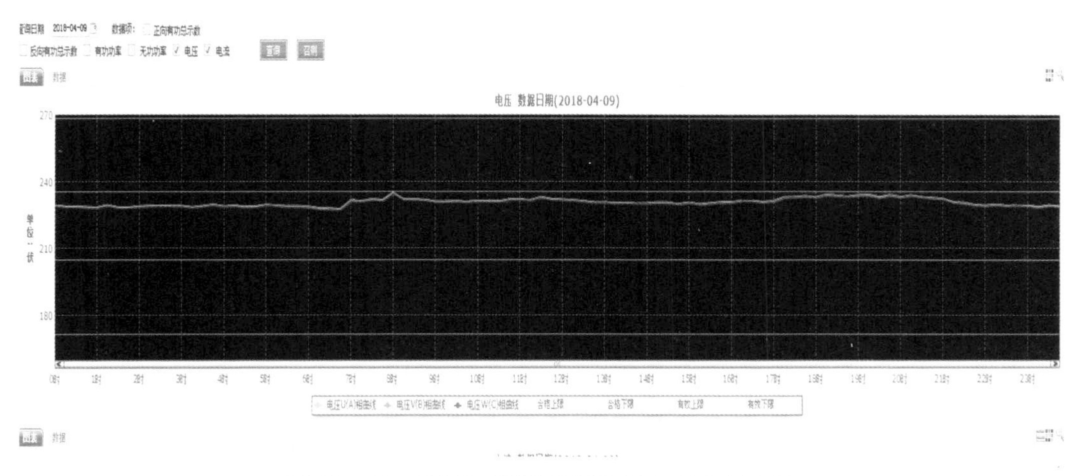

图 10－10　PMS_某队 2018 年 4 月 9 日电压

10.2.3.3 解决措施

该台区现有 4 户用户、1 户非居民用户，2 户农业生产用电，1 户居民用电，配电变压器容量 200kVA。

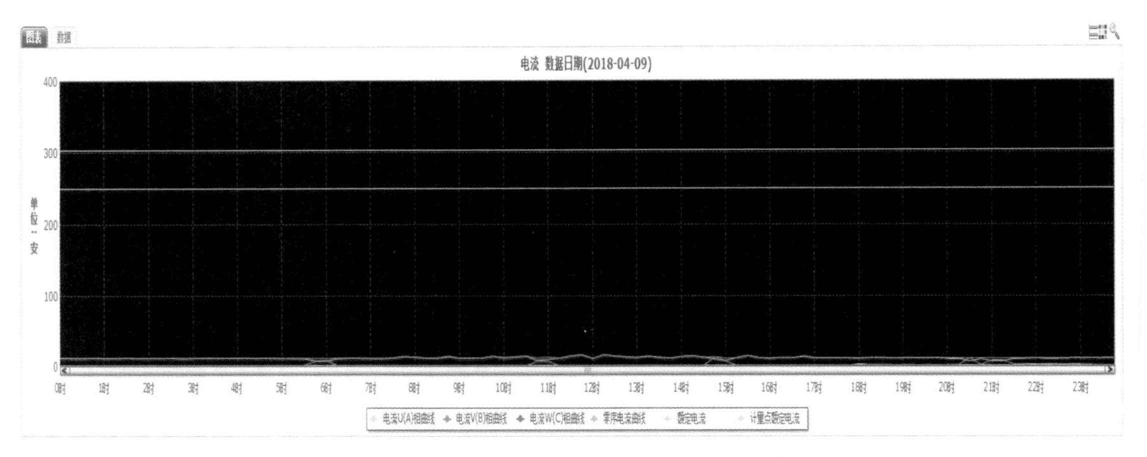

图 10－11 PMS_某队 2018 年 4 月 9 日电流

现场对总表进行电流和电压测量并无异常。对台区的户变系进行现场核查，发现台区中的周*康（用户编号**00414018）该户的接户线接在了 PMS_某队台区的 103 号杆上。

经过与农网项目施工单位的联系得知，2018 年 4 月 6 日，由于 PMS_竹某台区农网改造中将周*康的用户线路从 PMS_某队台区迁移至了 PMS_竹××台区，由于台区责任人没有及时在 PMS2.0 进行维护，现场与系统户变关系不一致，导致台区线损发生异常。

再对客户周*康的日用电量与同期台区的损失电量比较，两者相近，因此可以判定台区线损异常确实由于该户的户变关系不一致造成的影响。

在营销系统内发起了营销 GIS 图形维护流程，维护该户的户变关系，PMS_某队台区调整至 PMS_竹××台区，户变关系一致，线损恢复正常。

10.2.3.4 应用成效

该台区线损恢复正常，同时，该公司规定现场低压台区异动后，要及时对 PMS2.0 进行维护，确保户变关系一致，实现用户信息精准定位。

第四部分

展望篇

第 11 章

大数据价值挖掘

数据挖掘（data mining），又译为资料探勘、数据采矿，是数据库知识发现（knowledge－discovery in databases，KDD）中的一个步骤。数据挖掘一般是指从大量的数据中通过算法搜索隐藏于其中信息的过程。数据挖掘通常与计算机科学有关，并通过统计、在线分析处理、情报检索、机器学习、专家系统（依靠过去的经验法则）和模式识别等诸多方法来实现上述目标。

电力系统是一个复杂的系统，数据量庞大，特别是在电力企业进入大数据时代后，仅电力设备运行和电力负荷的数据规模就已十分惊人。因此，光靠传统的数据处理方法就显得不合时宜，而数据挖掘技术的实现为解决这一难题提供了新的出路。数据挖掘技术在电力系统负荷预测和电力系统运行状态监控、电力用户特征值提取、电价预测等方面有很好的应用前景。

当前，国家电网有限公司已初步建成了国内领先、国际一流的信息集成平台，随着后续智能电能表的逐步普及，电网业务数据将从时效性层面进一步丰富和拓展。通过对拓展到家庭、企业的广泛覆盖的数据采集网络进行深度的数据挖掘，可以进一步实现智能用电管理，使用户掌握实时用电信息、在线互动能耗数据，实现能源高效循环利用，进而为节能减排提供依据。

在电力设备的更新中，有两种方式：一种是电力设备意外损坏，需要即时更新，这种更新通过电力设备监控系统即可发现，然后予以维修更换；另一种是对老化设备的更新，目前是通过经验来判断，比如说通过使用年限等，可是这样存在很多问题，像有的设备已经到期了，但是保养得好，仍然可用，却要更换，造成浪费，有的设备虽然没到期，但是各种使用参数已经不符合要求了，却没有更换，导致电力的较大损耗。通过数据挖掘技术可解决后一种方式存在的问题，可通过挖掘由故障报修、电力损耗、各种电力参数等数据组成的主题仓库，来分析电力设备的故障和老化情况，从而最终决定设备的更新。

随着电力企业改革的不断深入发展，客户关系管理（customer relationship management，CRM）已经广泛应用到电力企业管理中，电力用户日益成为电力企业竞争的核心。不同用户对电力的需求是不同的，供电企业如果能够及时运用一定的方法和工具将电力需求不同的客户进行分类，就能获得先机，取得竞争优势。对此，可以通过挖掘由客户信息、用电信息组成的主题仓库，来对电力用户进行进一步了解。通过对这些情报数据进行分析，将具有类似电力需求的客户归在一类，有助于电力企业寻找最有价值的电力客户。

对于电网企业来说，最大的损失来自于两个方面，一是线损，二是用户偷电、窃电。可以在最短的时间内通过分析用户数据，来发现异常数据，最后准确地找出偷电、窃电者，从而将企业的损失减少到最小。

作为国家电网有限公司首个覆盖规划、生产、营销、运行四大专业的应用系统，同期线损管理系统建设克服了各专业系统部署模式、标准、进度不一等问题，完成与 3 大专业、6 大系统、4 大平台的统一集成，打破信息壁垒，充分利用国家电网有限公司公共数据资源，实现跨专业信息共享融合。依托系统开展省公司和大型供电企业的“四分”线损“三率”计算，以用促核，在模型配置、计算分析、异常消缺等过程中进一步落实同期管理理念，发挥监测作用。因此，同期线损管理系统为数据挖掘提供了丰富的数据基础。

同期线损管理系统通过对线损计算结果开展聚类分析，得到高损线路和高损台区，并以此着手，深入分析问题、督促基层整改、跟踪整改情况、提炼典型经验，全面推广与宣传。通过以点带面、由浅入深实现“以用促建，建管并行”，全面推进同期线损深化应用。基于大数据聚类分析进行分时防窃电技术挖掘，能够有效察觉并定位到窃电用户，方便、快捷、有效，可靠性较高，有利于基层人员排查，提高稽查人员反窃电的工作效率，节约反窃电工作投入成本，为降损增效做出贡献。配电网线损管理一直是线损管理的重点和难点，涉及工作部门多、管理难度大、复杂性突出。采用大数据处理技术对四分线损计算结果进行分析，可快速定位配网各异常设备。为进一步挖掘线损大数据价值，考虑到线损异常过程分析困难，线损治理时效性尚有较大提升空间，可采用基于动态监测的线损移动管理应用作为解决方案。

11.1 专项治理辅助分析

线损率是综合反映电网规划设计、生产运营和经营管理水平的关键技术经济指标。加强线损管理是推动国家电网有限公司高质量发展的内在需求、是适应改革新形式的必然要求，同时也是推动管理转型升级的重要手段。线损问题是电网企业运营管理的重要内容，但一直得不到有效解决，达标率不高，治理目标不明确、治理方案落地困难，治理效果不明显等问题日益突出。因此，基于大数据挖掘，科学制定降损措施，加强线损管理，降低线损率势在必行。

针对部分单位管理薄弱，达标率不高，治理效果不明显、专业协同困难等问题，依托电网大数据平台，深化系统应用，实施精准降损。从高损线路及高损台区着手，深入分析问题、督促基层整改、跟踪整改情况、提炼典型经验，全面推广与宣传。通过以点带面、由浅入深实现“以用促建，建管并行”，全面推进同期线损深化应用。

在优化线损管控模式过程中，主要针对高损线路及高损台区的线损异常进行专项治理。首先，通过制定抽样方案定期抽取 27 家省公司一定数量的高损线路及台区，各单位将所抽取的线路及台区纳入问题库，省公司针对异常清单开展原因分析，制定整改措施并开展整改。其次，在系统次月线损计算后，上月未达标数据将自动转入本期工作任务，省公司对于清单中仍未达标的线路及台区，做出详细原因分析并上报总部开展问题交流。最后，通过座谈会商、深入分析，实现以点带面全面推进同期线损深化应用。

各单位在选取线损异常的高损线路及高损台区过程中，基本思路如下：首先是通过各台区 12 个月的线损数据重新确定线损波动标准，然后各单位通过台区线损波动值尽可能全面公平的进行抽取，从而实现以点带面全额面深化同期线损管理。具体抽样方案如下：

（1）剔除当月各省公司的达标的线路或台区；

（2）计算未达标台区及线路的线损波动标准值（使用当月向前推 12 个月的线损数据进行计算）；

（3）确定抽取的数据量；

（4）根据抽取的数据量使用线损波动标准值尽可能公平全面的确定省公司下各市公司的数据量；

（5）对高损线路及台区以线损波动标准值为标准进行降序排列，按照上面确定的各市公司的数据量进行抽取，并汇入问题库。

11.2 基于分时同期线损的用电异常诊断

目前，某些用电客户为了降低缴纳电费而进行偷电漏电，利用窃电追求经济利益、降低生产成本，给电网公司造成巨大的经济损失，且给用户带来用电安全隐患等问题，因此，窃电行为须严厉反击。电网公司也在不断改进反窃电技术，并投入了大量的人力物力。窃电分子的偷电方法主要有欠/失电压法、断/失电流法、移相法，这些方法使得偷电较为隐秘，反侦察能力较强，国家电网有限公司需要利用一些智能化硬件设备和科学技术手段开展反窃电工作，通过堵漏增收，降低线损，达到降损增效的目的。

窃电分子根据电网防窃电漏洞采取窃电手法进行窃电，目前电网企业防窃电方法中的漏洞主要体现在以下几方面：

（1）防窃电装置。防窃电装置被安装在窃电客户现场，主要针对常见的某种或几种窃电手段进行防范，为局部防范，不能防范所有的窃电行为，这种防窃电手段往往被窃电分子识破，转而采用更加专业化、隐蔽化的技术方法进行窃电。

（2）防窃电手段时效性。由于防窃电装置安装在客户端，工作人员定期检查易于发现，加上用户之间可通风报信，窃电分子便可利用易于恢复的窃电手法在工作人员的休闲时间进行窃电，工作人员不易发现。针对这种窃电，电网企业只能通过专项行动进行跟踪调查，线索调查。

（3）防窃电装置可靠性。由于表箱安装在客户端，加装的防窃电封印很容易被破坏掉而无法取得证据，其他额外的防窃电部件也都是加装于计量装置之上，容易影响计量装置的正常工作，影响计量装置的准确性及可靠性。

现阶段反窃电措施主要包括管理手段和技术手段。管理手段指的是将反窃电与线损考核相结合，利用奖勤罚懒制度，充分调动基层人员的积极性，从现场定量检测查找窃电点。由于客户量大，查询效率低，管理手段措施在一定程度上可以定位窃电用户，但其有效性、准确性不能保证。技术手段是指利用仪表、设备等进行反窃电的措施，它利用新型带防窃电计量柜，通过监控设备的失电压、失电流、电流不平衡、逆相序等，定位窃电用户，由于用户较多，全部改装用户计量装置将耗费大量人力物力且缺乏目标性，该措施目前难以全部实现。

同期线损管理系统在反窃电方面做了优化，它基于大数据聚类分析进行分时防窃电技术挖掘，能够有效察觉并定位到窃电用户，方便、快捷、有效，可靠性较高，有利于基层人员排查，提高稽查人员反窃电的工作效率，节约反窃电工作投入成本，为公司降损增效做出贡献。该方案具体步骤如下：

（1）基于大数据将配线进行聚类分析，并计算线路的无损线损（按小时计算）；

（2）筛选线损波动较大的线路为异常线路（统计线路 24 小时线损率波动）；

（3）筛选出某条异常线路下可能存在窃电行为的用户；

（4）计算可疑用户电量与线路损失电量的相关系数；

（5）定位窃电用户（相关系数大于 0.8）。

该方案是基于目前的反窃电技术手段结合大数据应用提出的反窃电方案，相对目前的反窃电方法，该方法更加科学化、智能化，且操作简单，可靠性、有效性相对较高，由于不法分子也在提高其窃电技术，反窃电方案仍需完善与优化，尽最大可能提高公司的经济效益。

11.3 基于动态监测的线损移动应用

同期线损管理系统建设应用以来，各单位依托同期线损管理系统，开展线损“四分”管理，同期线损数据在异常线损治理、档案数据治理、采集消缺、营配数据校核、反盗电分析等方面发挥了重要作用。为进一步挖掘线损大数据价值，考虑到线损异常过程分析困难，线损治理时效性尚有较大提升空间，可采用基于动态监测的线损移动管理应用作为解决方案。

一是研究大数据动态监测算法。当前 AI 技术兴起，人工智能、机器学习等新技术已经得到广泛应用，同期线损推广应用，也积累了高质量、高纯度的线损大数据，为线损数据自动开展聚类分析提供契机。聚类分析主要研究样本或变量的亲疏程度，常用方法包括计算相关系数和距离，以 10kV 配电线路为例，采用 K 均值聚类（K－means cluster）方法，可以反映线路所属电网区域、负荷特征、线损率区间、线损率波动范围等特征，实现对 10kV 线损状态的自动“数据画像”。按照聚类分析方法，可以对不同数据特征的线损数据进行自动分组，其线损率水平存在共性特征，线损率范围相对固定，由此能够实现线损数据的动态统计监测，为线损治理提供明确方向。

二是设计线损管理移动应用平台。充分利用移动通信技术和移动应用技术，是实现线损便捷式管理，解决配电网线损治理时效性的关键，以配电网线损管理辅助应用为例，开展配电网同期线损管理移动平台建设，能够在提升线损管理效率，开展精益化管理方面产生良好经济效益和管理效益。在移动平台，能够现场核查配网运行切改、设备数据异常情况，实时随地排查异常，降低基层治理工作难度，提高基层人员工作积极性。移动平台能够很好地满足了日线损排查治理需求，能够高效定位线损异常原因，及时发现窃电漏电现象，提升线损管理水平。

11.4 基于大数据的四分线损异常快速定位

配电网线损管理一直是线损管理的重点和难点，涉及工作部门多、管理难度大、复杂性突出。线损涉及管理和技术原因复杂，而通常情况下无法归属一个部门管理，导致管理线损与技术线损在管理中难以划清界限，线损异常原因判断缺乏有效的手段。为此，采用大数据处理技术可以准确的定位电网设备、配网线路、低压台区和计量点。

1. 异常定位判别

异常定位判别以线损异常分析和电量异常分析为抓手。可以采用定性分析和定量分析两种方法进行判定。定量分析是依据统计数据，建立数学模型，并用数学模型计算出分析对象的各项指标及其数值的一种方法。定性分析则主要凭借分析者的直觉和经验，以及凭借分析对象过去和现在的延续状况及最新的信息资料，对分析对象的性质、特点、发展变化规律做出判断的一种方法。定性分析与定量分析应该是统一的，相互补充的；定性分析是定量分析的基本前提，没有定性的定量是一种盲目的、毫无价值的定量；定量分析使定性分析更加科学、准确，它可以促使定性分析得出广泛而深入的结论。

在线损异常分析业务活动中，线损异常可以为分电量异常、线损异常、档案异常、运行异常、采集异常。电量异常主要是通过连续考查计量点的表计数值，分析该计量点电量的变化情况，以确定其是否存在电量突增、突减或占比突变的情况。线损异常主要是通过计算考核客体（线路、台区等）的线损指标，结合一些关联信息和参考数据，分析出该线损异常的可能成因，进而作出定性判断。档案异常主要暴露的是管理方面的问题，具体表现为一些考核客体的档案信息与生产环境的真实信息不符。运行异常主要是通过对采集系统反馈的数据信息进行对比分析，发现运行状态与正常水平发生偏离的考核客体，如关口失电压断相、关口表计电流过载。采集异常主要是通过对考核客体的运行时数据采集成功率的分析，发现采集通信系统的问题。各类线损异常所异常的问题可以归结为通信问题、计量问题、档案问题、疑是窃电、经济运行、设备问题。

2. 异常智能定位分析

异常原因分析涵盖了电量差错追补、二次计费分析、抄表时间变动、配电变压器损耗计算、负荷割接分析、计量监测异常、线变对应关系不准、表计残旧分析、功率因数低、用户 TA 饱和、三相不平衡、负荷率分析等常规异常判别。在高损异常诊断中需要充分利用智能电表数据，定位是技术线损问题还是管理线损问题，按照档案问题、供售波动分析、分层异常、实时线损异常、小时线损异常、电网质量数据超标等异常判断来逐级挖掘定位高损单元。具体算法，如利用电量异动模型加智能电能表，分析专用变压器用户用电异常；根据电压合格率、三相不平衡度、负载异常、功率因数异常等电能质量参数来定位高损元器件。线损运行管控中主要监控变电站采集数据和用电采集数据，同时要重点监控好营销部门的换表记录，电网调度部门的旁带路记录和线路切改记录。

参 考 文 献

[1] 石磊. 降低供电所线损的方法及实践 [J]. 通信电源技术，2016（05）.

[2] 王蓝森. 线损管理中存在的问题及对策探讨 [J]. 科技创新与应用，2014（03）.

[3] 邓应希. 论如何提高线损管理的成效 [J]. 电子制作，2014（21）：38.

[4] 陈列. 如何提高电力线损管理效率 [J]. 科技创新导报，2015（12）.

[5] 李建. 关于华电企业线损管理和降低线损措施的研究 [J]. 科协论坛，2013（01）.

[6] 王毅. 基于用电信息采集系统的台区线损管理研究 [J]. 中国市场，2016（45）：129.

[7] 蔡晓燕. 基于智能用电大数据分析的台区线损管理初探 [J]. 科技创新与应用，2017（17）：181.

[8] 路芷欣. 试论低压台区线损精细化管理存在的问题及解决对策 [J]. 军民两用技术与产品，2017（22）：173.

[9] 林兆忠. 营配贯通应用下配电变压器台区线损异常数据的治理方法探究 [J]. 中国新技术新产品，2016（22）：82－83.

[10] 赖毅生. 浅谈如何加强县级供电企业线损管理 [J]. 科技创新与应用，2017（04）.

[11] 胡平娥，黄健. 10kV 配电网的电能计量及线损管理 [J]. 电子制作，2015（03）.

[12] 时娅楠，周燕青. 浅谈低压台区线损精细化管理 [J]. 经营者，2016（22）.

[13] 马伟. 用电信息采集系统在线损管理中的应用研究 [J]. 科技创新与应用，2014（17）.

[14] 宋煜，郑海雁，尹飞. 基于智能用电大数据分析的台区线损管理 [J]. 电力信息与通信技术，2015，13（08）：132－135.

[15] 常冲，唐森木，华玲燕. 基于用电信息采集系统的台区线损精益管理 [J]. 中国电力企业管理，2015（10）：48－49.

[16] 马骥，王俊飞. 如何加强用电检查反窃电工作的建议 [J]. 企业改革与管理，2015（08）：183.

[17] 张雯雯. 加强用电检查反窃电工作的方法研究 [J]. 中国高新技术企业，2016（11）：123－124.

[18] 周勇. 加强用电检查反窃电工作的措施分析 [J]. 中国高新技术企业，2015（01）：139－140.

[19] 刁林勇. 如何加强用电检查反窃电工作的建议 [J]. 科技致富向导，2014（32）：280+295.

[20] 谢颂宇. 刍议计量自动化技术在配网线损管理中的应用 [J]. 中国新技术新产品，2012（22）：187.

[21] 王相勤. 电力营销实时信息系统建设的实践与思考 [J]. 电网技术，2006，30（4）：1－5.

[22] 龙禹，陈泉，周前. 新形势下电网企业线损管理策略 [J]. 现代经济信息，2017（23）：318－319.

[23] 郭燕红. 配电网线损管理现状及节能降耗技术分析 [J]. 电子世界，2017（21）：168－169.

[24] 张琨. 配电网线损管理中存在的问题及应对措施 [J]. 企业改革与管理，2015（24）：191－192.

[25] 姜冰. 10kV 配电网的线损管理及降损措施 [J]. 山东工业技术，2018（03）.

[26] 李刚，罗刚，刘长江. 谈 10kV 配电网的线损管理及降损策略 [J]. 南方农机，2018（14）.

[27] 滕烨. 研究 10kV 配电网的线损管理及降损措施 [J]. 低碳世界，2017（30）.

[28] 马文华. 输配电及用电工程中线损管理的要点分析 [J]. 民营科技，2015（03）：78.

[29] 高丽清. 输配电及用电工程中线损管理的要点 [J]. 技术与市场，2015，05：282.
[30] 郭育成. 输配电及用电工程的线损管理 [J]. 科技创新与应用，2014，32：161.
[31] 程露. 输配电及用电工程中线损管理的要点探究 [J]. 中国高新技术企业，2015（28）.
[32] 郭成辉. 输配电及用电工程中线损管理的要点探究 [J]. 经营管理者，2015（30）.